改訂
大学生のための
化学の教科書
Fundamentals of Chemistry

松本一嗣

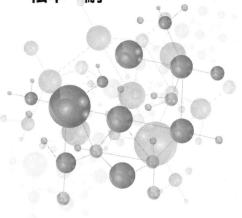

幸書房

まえがき

　化学は非常に古い学問の1つであり、基礎的な内容は既に体系化されている。だから、小学校の理科から中学校・高等学校に至るまで化学に関して学ぶ機会は多いはずである。いわゆる「理系」の人であれば、程度の差こそあれ何らかの形で高校時代に化学を学習しているはずだ。しかし、いざ理工系学部に進学して、高等教育における「化学」を学ぼうとすると、それまで学んでいたものと結構なギャップがあることに気づかされることになる。最も大きな問題は、仕方がないことではあるが、段階的に難しい内容を学ばせなければならない教育体系にある。例えば、小学校でも中学校でも化学を学ぶが、もちろん理科の一部。初めは現象を教えるところから始まって、だんだんと化学式を使うようになる。確かに、いきなり化学式がたくさんでてきては面食らってしまうかもしれないが……。化学を学ぶたびに、以前の内容は一度リセット。次のステップ（教科書）では簡単な表現からより正確な記述になっているのは間違いないけれど、また元に戻って同じことを学び、ようやく正しい理解に近づく、ということを繰り返すことになる。「三歩進んで二歩下がる」365歩のマーチのようである。まあ、理解が進めばいいのだが、簡単な表現というのは、ともすれば間違った知識を植え付けることになり、ますます混乱することになる。例えば高校では、原子核の周りを電子が回っているように原子の構造を示したボーアモデルを信じていたのに、大学ではのっけからボーアモデルは否定されることになる。それでは、今まで習ってきたのはなんだったのか！と思わずにはいられない。これだけ体系化されている学問なので、小学校・中学校では仕方ないにしろ、高校では始めからもう少し正確なことを教えられないものか、と思わざるを得ない。

　一方で、巷には大学における「基礎の化学」を学ぶための教科書はたくさん存在するが、どれもこれも幅が広すぎ、似たようなものが多いと思うのは

私だけだろうか。大学の授業は、半期15回であるが、最初の1回目はオリエンテーションの意味合いがあり、15回目ないしは別の時間を使って理解度確認のためのテストを行うことになる。化学を専門として学ばない学生が半期で一般化学を学ぶ場合、わずか14〜15回位の授業で幅広い内容の教科書1冊をこなすのは不可能であろう。また、「基礎化学」で有機化学を重視している本はほとんどない。しかも、高校教科書の延長線上であったり、記述が少ない上に内容がわかりにくかったりで、有機化学が専門の筆者が満足する「基礎化学」の本は残念ながらなかった。

　化学教育がかかえる問題を知った上で、専門でなくともこのくらいは知っていて欲しい「化学の基本」を、学びやすい範囲で、できるだけ詳しく集大成的にまとめたのが本書である。今やインターネットで簡単に調べることができる時代ではあるが、膨大な情報が散らばっており、情報の取捨選択は意外と難しい。正しい様々な情報をまとまった書にすることは、現代でも意味あることと思う。本書のコンセプトは、「あまり幅広くはないが、重要だと思える正しい化学知識を、できるだけわかりやすく」まとめること。一応の対象は、高校までにある程度化学に接していて「大学レベル」の基礎化学を学ぶ学生であるが、高校で化学を学んでいない学生、そして高校生にこそ読んでもらいたい。高校で学ぶ化学の内容を復習しつつ新しいことを学び、疑問に思っていたようなことが理解できるようになる本を目指した。基本になったのが、実際に講義を行っている早稲田大学基幹理工学部（化学を専門としない）1年生「化学C」、そして、明星大学理工学部生命科学・化学系1年生「基礎有機化学」の内容であった。これらの授業をもとに、「化学」または「有機化学」を一般常識として考えた場合、知っておいて損をしない項目を、独断と偏見でまとめてみた。高校で重点的に学習する内容は、同じことの繰り返しになるので必要最低限にし、無機物質や天然物、高分子などの詳細については各論になってしまうので、思い切って割愛している。一方、有機化学はなるべく多くの構造式を用い、物質の命名法・構造式の書き方を重視した。反応に関しては、覚えるのではなく理解することを促している。かなり分野に偏りがあるかもしれないが、今までにない本書の特徴と考えてもらえれば幸いである。それでも、本に含めた内容は数多い。実際の15回

の講義では、全てをカバーするのは難しいかもしれないが、より高度な内容や豆知識をまとめた「コラム」も含めて、この本が少しでも「化学」リテラシー（人間の営みの中で身につけておくべき化学知識と素養）の取得に役立つことを願っている。そして、化学に興味がわいたら、より専門的な書を手にとって下さい。そこには、深くて広い、でも魅力的な化学の世界が皆さんを待ち受けていることでしょう。

　なお、化学・物理の発展に大きく貢献し、ノーベル化学賞と物理学賞の両方を受賞しているマリー・キュリー博士に敬意を払い、本書「コラム」の解説者（イラスト）としてお越しいただいた。より多くの読者、特に、社会でのいっそうの活躍が期待される女性の方々に化学への親近感を持っていただければ幸いである。筆者の所属する明星大学図書館に「マリー・キュリーの実験ノート」が所蔵されている縁があることも併記しておこう。

　本書出版に当たり、幸書房（株）代表取締役社長・夏野雅博氏には大変お世話になりました。ここに深謝いたします。また、お忙しい中、貴重なご意見をいただいた明星大学理工学部鈴木陽子先生に感謝いたします。そして、「コラム」キュリー夫人のイラストという無理難題を、安倍蓉子氏に可愛く実現していただきました。ありがとうございます。

平成 26 年 2 月

松　本　一　嗣

改訂版　序

　本書の初版を平成26年に刊行させていただいて以来、明星大学と早稲田大学の講義で教科書として使用してきた。当たり前だが、講義内容と教科書とをリンクして進めることができるので、非常に講義がやりやすくなった。そのせいもあってか、学生からのウケもよいようである。まあ、こちらは多分にお世辞が含まれているだろうが……

　刊行して間もなく、ある大学名誉教授の方から、本書に関するFAXが編集部に届いたという連絡を頂いた。図書館で手にとっていただき、ありがたいことに内容をお褒めいただくと同時に、記述の誤りのご指摘もいただいた。望外にも、全く面識のない方からの激励に、大変うれしく思ったものである。それと同時に、単純な間違いが散見されることに恥ずかしくもなった。

　教科書として実際に使っていくうちに、言い回しも含めて修正したい箇所が結構出てきた。そして、平成28年（2016年）に日本初の新元素名「ニホニウム」が正式に決まったことから、この事実を早く本書に反映させたいという思いも手伝い、少し早いけれども改訂版の刊行に至った次第である。あらためて見直してみると、有機化合物命名法の改定や講義内容の変更（明星大学の講義は、2019年度から「基礎化学2」となる）の影響もあり、できるだけ完成度の高いものに仕上げたいがために、追加した内容も結構増えてしまった。ご迷惑だったでしょうが、本書改訂版の出版にあたり、引き続きお世話になった幸書房夏野雅博氏に感謝したい。本書が、少しでも化学の理解への助けになれば、この上ない喜びである。

平成31年（2019年）2月

松　本　一　嗣

目　　　次

第1章　化学の基礎の基礎 ………………………………………… 1
　1.1　何故化学を勉強するのか……「化学」リテラシーという考え方 … 1
　1.2　物質の分類 ………………………………………………… 5
　1.3　物質の単離・精製 ………………………………………… 10
　1.4　数の取扱方と単位 ………………………………………… 17

第2章　様々な元素の世界 ………………………………………… 22
　2.1　原子説そして分子の概念へ（歴史を学ぶ）……………… 22
　2.2　原子の構造 ………………………………………………… 24
　2.3　元素の周期表 ……………………………………………… 28
　2.4　原子量・分子量・物質量 ………………………………… 33

第3章　原子軌道と電子配置 ……………………………………… 37
　3.1　ボーアの原子モデル ……………………………………… 37
　3.2　原　子　軌　道 …………………………………………… 42
　3.3　原子の電子配置 …………………………………………… 52
　3.4　原子核の壊変と放射性同位体 …………………………… 58

第4章　物質の成り立ち〜化学結合 ……………………………… 64
　4.1　イオン結合 ………………………………………………… 64

4.2　共 有 結 合 ………………………………………………… 73
　4.3　構造式の様々な表記法 …………………………………… 80

第5章　分子の軌道と極性 …………………………………… 91

　5.1　混成軌道と分子の形 ……………………………………… 91
　5.2　電気陰性度と分極 ………………………………………… 103
　5.3　様々な化学結合 …………………………………………… 108

第6章　有機化合物の分類と命名法の基本 ……………… 115

　6.1　有機化合物の分類と名前の付け方 ……………………… 115
　6.2　分岐アルカンの命名法 …………………………………… 121

第7章　有機化合物の官能基と性質 ……………………… 128

　7.1　多重結合を有する化合物 ………………………………… 128
　7.2　様々な官能基 ……………………………………………… 134

第8章　有機化合物の異性体 ………………………………… 145

　8.1　有機化合物の構造異性体 ………………………………… 145
　8.2　立体配置に由来する立体異性体 ………………………… 148
　8.3　立体配座に関する立体異性体 …………………………… 160

第9章　有機化合物の反応 …………………………………… 169

　9.1　ベンゼンと共鳴構造 ……………………………………… 169
　9.2　有機化合物の反応 ………………………………………… 179
　9.3　ベンゼン環の反応 ………………………………………… 185

第10章　物質の状態と気体・溶液の化学 ……………………… 199

10.1　物質の状態 ………………………………………………………… 199
10.2　気体の物理化学 …………………………………………………… 202

第11章　反応速度と活性化エネルギー …………………………… 211

11.1　化学反応速度論 …………………………………………………… 211
11.2　反応に影響する様々な要因 ……………………………………… 222

第12章　溶液の化学 …………………………………………………… 230

12.1　溶液のいろいろ …………………………………………………… 230
12.2　希薄溶液とコロイド ……………………………………………… 235

第13章　化学平衡とエネルギー ……………………………………… 245

13.1　化　学　平　衡 …………………………………………………… 245
13.2　化学反応とエネルギー変化 ……………………………………… 246

第14章　酸・塩基の考え方 …………………………………………… 255

14.1　アレニウスおよびブレンステッド・ローリーの定義 ………… 255
14.2　酸と塩基の強さ …………………………………………………… 261
14.3　酸塩基反応の応用 ………………………………………………… 265
14.4　ルイスの酸塩基の定義 …………………………………………… 272

第15章　酸化と還元 …………………………………………………… 276

15.1　酸化反応および還元反応 ………………………………………… 276

15.2 酸化還元反応と電気エネルギー ………………………………… 283

主な参考文献 ……………………………………………………………… 289
索　　引 ………………………………………………………………… 291
人名索引 ………………………………………………………………… 302

コラム目次

「元素」と「原子」はどう違う？　9
炭素の様々な同素体たち　18
元素記号と実際の読み方は違う？　23
レアアースとレアメタル　31
遂にすべての元素に名前がついた！　32
分子量と分子質量のちがい　36
モノの色はどう見える？　41
水素原子の波動方程式　45
軌道の＋・－ってなに？　51
電子と人は似たものどうし？　57
放射線と私たちの暮らしの関係　62
イオン液体って何？　72
ヘリウムが二原子分子をつくらない理由　79
分子の構造式をかく方法　87
分子を3次元で見る　88
π軌道とπ^*軌道　101
ルイス構造式をかけば分子の形を推測できる……
　　　　　　原子価殻電子対反発（VSEPR）理論　102
有機化合物の日本語読みの矛盾　120
有機化合物の分析法　143
光学活性体（エナンチオマー）の重要性　158
シクロヘキサンの2種類の水素　167
爆薬として用いられるニトロ化合物　196
アルキル置換基はプラスやラジカルを安定化させる　197
人名反応　197
天然の触媒……酵素　228
セッケンが汚れを落とす原理　242
冠の構造を持つクラウンエーテル　243
部屋が汚れるのは当然？　254

塩基性？アルカリ性？　259
酸になるか塩基になるかは相手次第　260
HSAB 則　274
実用化する燃料電池　286

第1章　化学の基礎の基礎

1.1　何故化学を勉強するのか……「化学」リテラシーという考え方

化学はセントラルサイエンス（？）

　いわゆる自然科学のなかで，化学は数学，物理学などと並んで最も古い学問分野の1つである．高校で化学や物理を学んだことがある人で「ボイル・シャルルの法則」を覚えている人もいるであろう．その法則名の由来である，化学者ボイル（アイルランド Robert Boyle, 1627-1691）が活躍したのは，なんと1600年代で，今から300～400年前！　日本では江戸時代初期のことである．物質を取り扱う学問が化学だと考えれば，例えば，古代ギリシャ時代（紀元前）のアリストテレス（古代ギリシャ Aristotélēs, BC384-BC322）による「物質は，万物の根源をなす究極的な4つの要素（元素），土・空気・火・水からなる」という四元素説あたりにまで遡ることができる．このように，「物質の根元はなにか，物質はどのように変化するか」を問う化学は，人間の本質的な興味の的に違いない．

　筆者が大学で化学を専門として学ぼうと考えたのは，おぼろげにそんな興味を持っていたからであるが，「物質を原子・分子のレベルで取り扱う化学の知識なくして他の分野は成り立たない．化学は自然科学の中心的な役割を果たしているんだ！」という「化学＝セントラルサイエンス」のイメージを持っていたからでもある．この考え方が正しいかどうかはさておき，人が生きていく上で日常的に様々な「モノ（＝物質）」に接しており，「モノ」の性質を根本的に決定するのが化学の取り扱う「分子」であることを考えると，「化学は，最も人の暮らし（衣食住）に密接なつながりを持つ学問である」ことに異論はないであろう．

化学と日常

それでも,「化け」の字が災いするのか,化学を身近に感じる人はさほど多くないかもしれない.また,化学をあまり知らない人からすれば,「暮らしと直接関係あるのは,電気製品であり,自動車だ.食べ物だって化学と関係ない.化学薬品は,環境を犯す悪いもの！」というイメージがないだろうか.

日本最大の化学会社である三菱ケミカル株式会社が,Web サイト (https://www.m-chemical.co.jp/company/business.html) 上で社の展開する事業部門を紹介している (2018 年現在).「(石油化学を中心とした) 基礎素材」「(食品・医薬品の製品寿命の長期化や素材の多様化を担う) パッケージング・ラベル・フィルム」「(健康維持・医療の効率化を目指す) メディカル・フード・バイオ」「(スマート社会に対応する) IT・エレクトロニクス・ディスプレイ」「省資源・省エネルギーに貢献する) 環境・エネルギー」「(素材の軽量化等に関する) 自動車・航空機」である (図 1.1).

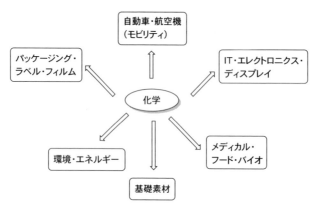

図 1.1 様々な分野に応用される化学技術

つまり,化学は大雑把にいって我々の生活すべてに関連しているといえる.これらには,食品を含めた日常生活で使う品々に関することも含まれている.「食品に化学？」と思うかもしれないが,今我々がスーパーで購入する食品の多くには,いわゆる食品機能材が含まれている.着色料や調味料,日持ちさせるための抗菌剤,抗酸化剤などなど.ノンカロリー飲料には,人工甘味料が使われており,これらの化学品なしでは食べるのもやせ

アスパルテーム (aspartame, α-L-アスパルチル-L-フェニルアラニンメチルエステル)

図 1.2　使用されている人工甘味料
ゼロカロリー飲料に用いられている人工甘味料は, 砂糖の 100〜200 倍の甘味を持っている.

のも難しい（?）（図 1.2）.「いや, わたしは無添加無着色の自然食品しか口にしない!」と断言する方もいるかもしれないが, 砂糖や塩など当たり前の物質も化学構造式をもつ化学品ではないか. 天然の着色料だって, 構造式は違えど, 人工着色料と同じ有機化合物には変わりない. 医療に関することはもっと切実だ. 医薬品なくして現代の医療は成り立たないといってよい. 天然品・人工合成品を問わず, 化学の力なくして医薬品を語ることはできない.「情報電子」機器として携帯電話や薄型テレビで用いられる液晶ディスプレイは, 化学製品だろうか. 答えは「イエス」である. もともと電極板の間に液晶分子層を配置しておき, スイッチのオン・オフによって液晶分子の並び方が変わり, これと偏光フィルターとの組み合わせで, 光を遮断したり通過させたりするのが液晶ディスプレイの原理である（図 1.3）. この液晶分子の特殊な構造が重要なのであり, 構造と機能の関係を探ることは分子を扱う化学の真骨頂である. 実際にカラーディスプレイとして製品化されるには, カラーフィルターや配向膜などの様々な構成要素がサンドイッチ状に層をなしており, 用途に応じて有機化学材料をブレンドしてそれぞれの部品が作られているので, 化学の力なくして成り立たないのである. 至る所で樹脂パーツが使われている自動車を作る際にも, 化学は大きな役割を果たしている. 樹脂とはそもそも樹木や動物から取れる脂を意味しているが, ここでは合成樹脂, すなわちプラスチックである. 金属と違って成型が容易であり, 様々な性質を持つものを目的や用途にあわせて作り分けることができる. 自動車用部材に限らず, 現代社会で幅広く利用されるプラスチック＝合成高分子は石

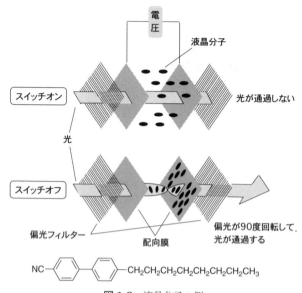

図 1.3 液晶分子の例
スイッチのオン・オフにより液晶分子の配向性が変わり，
光を遮ったり，通過させたりを調節する．

油化学の分野から生まれたものである．一方，環境・エネルギー問題を克服するのが，今後の科学の役割である．先のプラスチックは自然界で分解することが難しいので，ゴミ問題を語る際には必ずやり玉に挙げられるが，これを回収・再利用しているのはご存じの通り．植物や微生物を原料とすることで，生分解性を持つ新たなプラスチックを作り出す試みもされている．また，近年話題の燃料電池は，水素と酸素の化学反応を利用して電気エネルギーとするものであり，電気化学が基礎となって開発されている．

「化学」リテラシーを身につけよう

どうだろう，「化学」が実は生活に密着した学問であることを実感していただけただろうか．ネット社会である今日，世間では情報が氾濫し，コンピュータの前に座ってさえいればかなりの情報が短時間で入手できてしまう．しかし，それらの情報がすべて正しいとは限らず，それらの真偽や，自分にとって必要なものかどうかを判断するのは，結局のところ「自分」しかないので

ある．最近，人間の営みの中で身につけておくべき科学知識と素養のことを，「科学リテラシー（scientific literacy）」というようになった．食の安全性を考える上でも，エネルギー問題を考える上でも，その判断には様々な知識が元になることは間違いない．最低限の科学知識を持ち，できるだけ正しく物事を判断し行動していくために「科学リテラシー」を持つことは，現代人に課せられた義務といってよい．そして，化学物質に関するニュースが話題になることも意外に多いのも事実である．生活に密接する化学の基本，いわば「化学」リテラシー（chemical literacy）を身につけることは，我々がよりよく生活していくために必須のことではないだろうか．化学を専門としない人であっても，化学を学習することは，けっして無駄なことではないのである．

　なお，本書の中で化学の専門用語や原子・分子・物質名を示す場合，できるだけ英語を併記することを心がけた．意外に英語表記のない本は多いが，英語での言い方を知っておいて損はない．なぜなら，言葉のオリジナルは英語（その他の欧米語）である場合がほとんどだからだ．無理に日本語に訳すことによってわかりにくい用語になってしまう例もあり，更に勉強を進めるときにも役立つことは間違いない．また，人名を紹介する際には，国名やフルネーム，そして生年・没年も示すことにした．一見，意味がないように思うかもしれないが，「本名は，こういう名前なんだ」と思ったり，「このころの時代の人なんだ．ということは，この発見もこんなに古いんだ」と感じたりして，データから今まで関心がなかったことも垣間見え，より化学が楽しくなること請け合いである．

1.2　物質の分類

物質にもいろいろ違いがある〜純物質と混合物〜

　化学を改めて学ぶ第一歩として，物質について考えてみよう．まず，「物質（materialまたはsubstance）」という言葉は，科学的には「ある空間を占有し，一定質量のあるもの」であり，形あるものはすべて「物質」になる．しかし，ここでは混乱するので，微粒子ではなく我々が日頃の生活で接するモノのことを「物質」と呼ぶことにする．物質の多くは，2種類以上の物質

が様々な割合で混ざってできたものである．これを混合物（mixture）という．例えば，人間が生きるためになくてはならない空気（乾燥）は，約78.1%の窒素（nitrogen）と20.9%の酸素（oxygen）から成る混合物であり，残りはアルゴン（argon, 0.9%），二酸化炭素（carbon dioxide, 0.04%），ネオン（neon, 0.002%），ヘリウム（helium, 0.0005%）などからなる．各成分のそれぞれは，他のものと混ざっていない純物質（pure substance）である．それでは純物質は，何からできているのだろうか．純物質の固まりをどんどん分割したとしても，どこまでいっても同じ性質を示すことになる．「もうこれ以上分けることができない，これ以上壊すと性質が変わってしまう」限界の状態の粒子を我々は「分子（molecule）」とよんでいる．すなわち，窒素は窒素分子 N_2 がたくさん集まってできており，二酸化炭素は二酸化炭素分子 CO_2 が集まってできているのである．分子は，より細かい成分に分解することができ，物質を構成する粒子の最小単位である「原子（atom）」に至る．ヘリウム He やネオン Ne のように複数の原子どうしが結合せずに，原子1つで分子の振るまいをするものを，単原子分子（monoatomic molecule）という．それに対し，2つの原子が結合してできているものを二原子分子（biatomic molecule），3つの原子からできているものを三原子分子（triatomic molecule）という．「分子」単位の粒子を形成しない物質もある．例えば金属は，多数の金属原子どうしが結合して形成されている．ダイヤモンド（diamond）や黒鉛（グラファイト graphite）のような，多数の炭素原子だけからなる物質も同じである．また，我々が普通「塩（しお）」とよんでいる塩化ナトリウム NaCl（sodium chloride）も，多数の Na^+ と Cl^- が交互に格子上に並んでできている．これらを分解していくと，「分子」の単位を経ずに，ダイレクトに原子レベルまで分解されることになる．化学では，「原子」や「分子」が集まって一定の性質をもつようになった集合体を「物質」と考えている．化学の本質は，これら「原子」あるいは「分子」レベルで物質を考え，様々な物質を合成したり，調べたりする学問であることを忘れないようにしてほしい．

　原子の種類を表す言葉が「元素（element）」である．現在，原子番号118の元素まで発見されている．原子の集合体である物質を原子レベルまで壊すと，物質の性質は既に失われてしまっているが，各元素のそれぞれの特性は

まだ失われてはいない．原子は，その特性を失わない範囲で到達しうる最小限の粒子なのである．後述するように，原子は複数の更に小さな粒子からなるが，それらの粒子はすべての元素に共通なものである．各元素には英語やラテン語などの頭文字からとった元素記号（chemical または atomic symbol）が割り当てられている．化学を学ぶ上で元素記号は，言語のような共通記号なので，ある程度覚えている必要がある．本書を読み進む上では，水素 H（hydrogen），炭素 C（carbon），酸素 O，そして，窒素 N，リン P（phosphorus），硫黄 S（sulfur）くらいは最低限記憶してもらいたい．物質を元素記号で表す方法を，化学式（chemical formula）という[*1-1]．窒素分子 N_2，二酸化炭素分子 CO_2 のように分子を元素記号で表したものが分子式（molecular formula）であり，分子を形成しない物質（金属 Na や NaCl など）を表記する場合は，元素組成を簡単な整数比で示すことになり，組成式（empirical formula）といわれる．

さて，混合物には均一なものと不均一なものがある．均一混合物（homogeneous mixture）は，空気や海水のようにどの部分をとっても基本的には成分の割合・性質が同じである．液体に物質が溶け込んで均一混合物を形成する場合，この液体を溶液（solution）といい，溶けているものが溶質（solute），溶かしている媒体が溶媒（solvent）である．塩水は，溶質である塩化ナトリウム NaCl が，溶媒である水 H_2O に溶けた均一混合物である．一方，砂の混ざった海水のような場合，完全に混ざりあっていないので取り出す部分によって成分の割合・性質が異なるので，不均一混合物（heterogeneous mixture）といわれる．

化合物と単体の違い

同じ純物質といっても，窒素 N_2 や酸素 O_2 と二酸化炭素 CO_2 は明らかに異なっている．二酸化炭素は炭素 C と酸素 O という 2 種類の元素からでき

[*1-1] 単に化学式（chemical formula）といった場合，化学物質を元素記号で表記する方法全般を意味する．この中には，結合はかかずに官能基を別途表記した示性式（condensed formula，例 CH_3CH_2OH），化学結合も含めて表記する構造式（structural formula）なども含まれる．

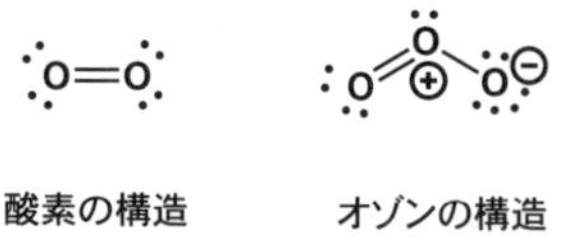

ているので，化合物（compound）と呼ばれる．化合物には無限の種類があるといってよい．一方，窒素 N_2 や酸素 O_2 は，唯一種類の元素からしかできていないので，これらを単体（simple substance）という．同じ元素のみからできている単体には，性質が異なる仲間が存在する場合がある．これは，結合している原子の数や原子どうしのつながり方が違うためであり，互いに同素体（allotrope）であるという．例えば，酸素分子 O_2 は酸素原子2個からなる無色の気体である（図1.4）．これに対し，酸素ガス中で放電を行ったり，酸素に紫外線を当てたりすると生じるオゾン O_3（ozone）は，淡青色

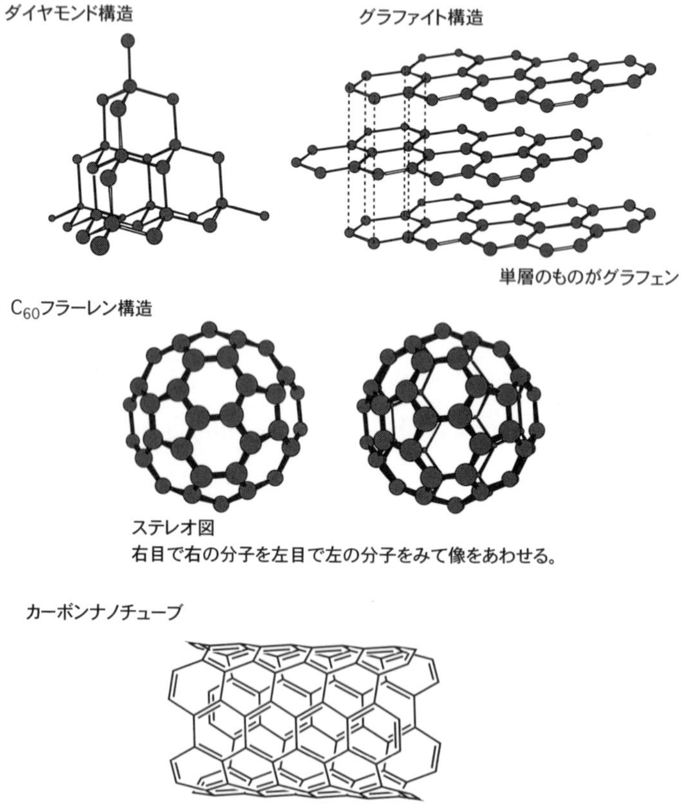

酸素の構造　　**オゾンの構造**

図1.4　酸素の同素体

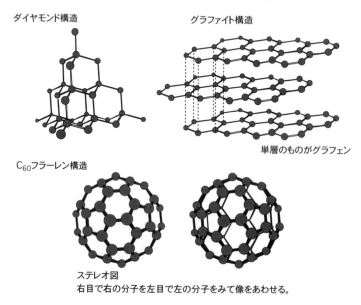

ダイヤモンド構造

グラファイト構造

単層のものがグラフェン

C_{60}フラーレン構造

ステレオ図
右目で右の分子を左目で左の分子をみて像をあわせる。

カーボンナノチューブ

図1.5　炭素だけで構成される物質

(a)

斜方硫黄
黄色．常温で安定な結晶．

単斜硫黄
95度以上で結晶化．

ゴム状硫黄
黄色．弾性のある物質．

どちらも構造は同じだが，
結晶構造が違う．

(b)

黄リン
淡黄色．毒性有り．
空気中で自然発火．

赤リン
赤褐色．無毒．
低反応性．

ポリマー状．構造の一例．

図 1.6 硫黄やリンの同素体

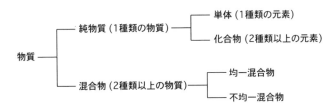

図 1.7 物質の分類

「元素」と「原子」はどう違う？

あらためて考えて，「元素」と「原子」という言葉はいかに使い分けられているのであろうか．簡単に言えば，「原子」とは実体をもつ粒子のことを示す．現代の特殊で精密な顕微鏡を駆使すれば，比較的大きなケイ素原子 (silicon) だけでなく，最も小さい水素原子でさえ見ることができるから驚きである！ それに対して，「元素」は，あくまで原子の種類や性質を示す言葉（概念）であり，記号である．例えば，酸素という元素の実体が「酸素原子」であり，「酸素元素」というものは存在しないのである．

で生グサイ特異臭がある化合物であり，酸素 O_2 の同素体である．コピー機やプリンターを使うと，トナーやインキの焼付けのために高圧放電が起こり，若干オゾンが発生し臭うことがある．オゾンは不安定で分解しやすく，その際他の物質に結合することで，殺菌・脱臭効果を示す．オゾンで洗う洗濯機もあるぐらいだ．炭素原子 C だけでできている物質として，ダイヤモンドやグラファイト（黒鉛）が有名だが，今ではサッカーボール構造を有する C_{60} 分子を代表とするフラーレン（fullerene）や円筒形のカーボンナノチューブ（carbon nanotube）も知られている（図 1.5）．このほか，硫黄やリンでも同素体がある（図 1.6）[*1-2]．

以上の物質の分類は図 1.7 のようにまとめることができる．

1.3 物質の単離・精製

物質の三態

物質は温度や圧力によって様々な状態をとることができる．基本的には，固体・液体・気体であり，これらの状態を物質の三態（the three states of matter）とよんでいる（図 1.8）．ここでは，簡単にそれら物質の状態について触れることにする．

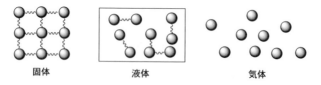

図 1.8 物質の三態モデル

原子・分子どうしや，それらが帯電している状態のイオン[*1-3]どうしは静電気力（クーロン力 Coulomb force）や分子間力（intermolecular force）によっ

[*1-2] 長い間，ゴム状硫黄は褐色であると考えられていたが，高純度の結晶硫黄から作った場合，黄色になることが高専の学生によって発見された．2008 年のことである．褐色になるのは不純物の影響だったのだ．

[*1-3] イオンに関する詳細は，4.1 節を参照のこと．

て引きつけあう．これらの引力が充分強く，原子・分子やイオンが規則正しく配列して，一定の形状と体積とを有しているものが「固体（solid）」である．実際には分子やイオンはじっとしているわけではなく，一定位置で常に振動している．固体にエネルギーを与えることで，分子・イオンの運動が激しくなり，ついには，自由に互いの位置を変えることができるようになる．これが「液体（liquid）」であり，一定の体積を有するが，一定の形状をもたない状態である．この場合でも，粒子間は常に接しており，分子間の引力は存在している．そして，液体に更にエネルギーを与えると，粒子間の引力を脱して粒子がバラバラに運動する．これが「気体（gas）」，いわゆるガスである．気体状態では，物質は一定の形と体積を持たずに自由に流動するため，分子間の距離は広がり，分子間引力は無視できるほど小さくなる．そして，圧力の増減により体積は容易に変化する．物質の三態の間には図 1.9 のような関係があり，それぞれの状態を行き来することができる．純物質の状態変化は，圧力一定ならばある決まった温度で起こる．ここで，固体が融解して液体となる温度を融点（melting point）という．液体が凝固して固体になる場合を凝固点（freezing point）というが，これは基本的に融点と同じである．一方，液体が沸騰して気体に変化する温度を沸点（boiling point）という．

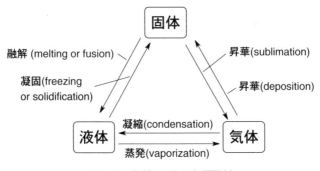

図 1.9 物質の三態の相関関係

物質を精製する意味

　化学において，試薬と試薬を混ぜ合わせて新しい物質を合成することはよく行われている．もちろん，その反応過程が重要なのは言うまでもないが，

反応後に様々な物質が混ざっている状態から特定の物質のみを取り出す，単離（isolation）操作は，より重要であり，かつ手間がかかることが多い．取り出した物質から不純物を取り除き，より高純度の物質を得るための工程や操作のことを精製（purification）という．例えば，薬となる物質を合成したとして，その物質の正しい薬効や副作用などは，不純物が含まれていない状態で調べられなければ意味がない．場合によっては，不純物が体に良くない作用を引き起こすかもしれない．そう考えると，物質の精製は極めて重要な意味を持つことがおわかりいただけよう．

濾過・抽出による分離技術

単純に，物質と他の物質を分ける場合には分離（separation）という言葉を用いる方が適当である．まず，固体と液体が混ざった混合物を分離する手法として最も簡単なのが濾過（沪過と同じ，filtration）である．通常は，漏斗（ロートと記す場合もある）と濾紙を用いて行うが，様々な種類の漏斗があり，分けたい物質によって何を使うかが決まる．濾過した後の液体がほしい場合には，三角漏斗を用いて，折った円形濾紙（円錐状になる）を通して行うことが多い（図 1.10a）．濾過速度を速める場合（特に有機溶媒を用いる場合），濾紙面を最大限に利用できるように濾紙をひだ状に折った，ひだ付

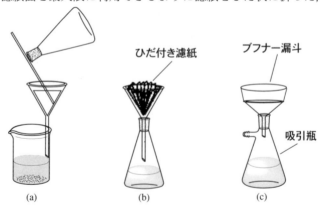

図 1.10　濾 過 操 作
(a) 濾紙を通した漏斗による濾過
(b) ひだ付き濾紙を用いる濾過
(c) ブフナー漏斗を用いて減圧吸引による濾過

き濾紙を使う（図 1.10b）．固体の方がほしい場合，濾過後に回収が容易なように，例えばブフナー漏斗（büchner funnel）のように濾紙面を平らにし，濾液が入る部分を減圧にして吸引濾過を行う（図 1.10c）．

混合物から目的物質だけをよく溶かす液体（溶媒）を使って分離するのが抽出（extraction）である．紅茶や日本茶に熱湯を加えることで茶の成分を取り出すのも抽出の一種だ．水溶液に

図 1.11 分液漏斗を用いる液-液抽出
水層と有機層の 2 つに分かれる．

油状物質が含まれている場合，物質がより溶けやすい有機溶媒をこの液体に加え，分液漏斗（separatory funnel）の中で振り混ぜることによって物質を有機溶媒に溶かし込む操作を，液-液抽出（liquid-liquid extraction）という（図 1.11）．静置すると水層と有機層は混じり合わずに層状に分離するので，これらを分けることができる．水の密度（density, d = g/cm^3）は室温付近で 1.0 g/cm^3 であるが，多くの有機溶媒は水より密度が小さいため，上が有機層，下が水層になる．一方，クロロホルム CHCl$_3$（chloroform）のようにハロゲン（halogen）原子を含む有機溶媒の密度は水より大きいため，下層にくる．

以上は分離技術だが，物質を精製する手段としてはふさわしくない．

蒸留・再結晶による精製技術

物質を精製する手段はいくつも存在する．蒸留（distillation）は，物質間の沸点の差を利用して液体を精製する代表的な手法である（図 1.12）．加熱により沸騰して気体になった物質を，冷却して再び液体に戻すことで純度の高い物質が回収されることになる．沸点が高いものを蒸留する場合，圧力が大気圧よりも低いと沸点が下がることを利用し，減圧下で蒸留を行う[1-4]．その際，減圧度をマノメーター（manometer）により測定する．蒸留は液体の精製手段であるが，沸点の高い目的物質が沸点の低い有機溶媒に溶けているとき，この有機溶媒を蒸留操作により除去してやれば，目的物質を取り出すことができることになる．これは溶媒留去という操作であり，この操作を減

[1-4] 沸点と圧力の関係については，10.1 節を参照のこと．

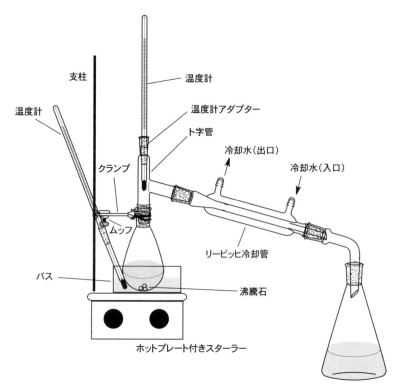

図1.12 典型的な蒸留装置
最近は殆どの場合、ガラスの共通スリあわせを持つ器具を用いる．

圧下で効率的に行うようにするのがエバポレーター（evaporator）という装置である（図1.13）．

　一方，不純物を含む結晶（固体）を，適当な液体に溶かして加温した後に冷却し，温度による溶解度の違いを利用して目的物質だけを再び結晶化させて精製する手法が，再結晶（recrystallization）である（図1.14）．液体を冷却する前に，熱いうちにあらかじめ溶けていないゴミを濾過により除去することを熱時濾過（hot filtration）という．通常，結晶化は時間をかけて行った方が純度の高いものが得られやすい．得られた結晶は，簡単に蒸発する溶媒でよく洗浄する必要がある．物理的な性質がすべて等しい鏡像異性体[*1-5]

[*1-5] 鏡像異性体に関しては，8.2節を参照のこと．

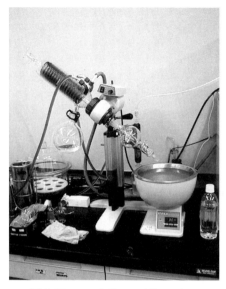

図 1.13 ロータリーエバポレーター
減圧下で溶媒を留去する装置.

は他の手法では容易に分離することができないが，鏡像異性体間で結晶のでき方が異なることがあり，再結晶は鏡像異性体を分離する有力な手段となっている．

図 1.14 再結晶による精製
溶液を加熱後に冷却することで、結晶を析出させる．

様々な分離技術

現在，実験室的に物質を精製する手段として最も頻繁に用いられるのがクロマトグラフィー（chromatography）である．円柱状のガラス管にシリカゲルなどの吸着剤を詰め，複数の物質が含まれている溶液を上から流すのがカラムクロマトグラフィー（column chromatography）である（図 1.15）．溶媒を上から流していく際に，吸着剤に吸着されにくい物質ほど早く排出され，吸着しやすいものほどゆっくり移動していくことになり，結果的に物質の精製が達成される．固体でも液体でも精製可能であり，物質と溶媒との相互作用も分離に影響するので，条件をいろいろ設定できるのが特徴である．

図 1.15 シリカゲルを詰めたカラムクロマトグラフィーによる物質の精製

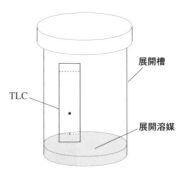

図 1.16 薄層クロマトグラフィーによる分析

図 1.17 昇華性の高いフェロセンの構造式

しかし，沸点の低い物質の精製には向かない．アルミニウムやガラス板に吸着剤を塗布したものを小さく裁断したものを用いて物質を検出する手法を，薄層クロマトグラフィー（thin layer chromatography, TLC）という（図 1.16）．濾紙を吸着剤として分離するペーパークロマトグラフィーと原理的には同じであるが，迅速に行うことができ，TLC は有機化学の研究室では日常的に用いられている．また，大きい TLC は物質を精製するのにも用いることができ，その手法を PTLC（preparative TLC）という．

これら以外に，ヨウ素（iodine）やナフタレン（naphthalene）のように，固体が直接気体になる現象（昇華 sublimation）を起こしやすい物質を精製する際に，昇華による精製が試みられることがある．特殊な性質のため，他の精製方法よりも純度の高いものが得られやすい．シクロペンタジエニル（cyclopentadienyl）環が鉄（iron）原子をサンドイッチ状に挟んでいる化合物フェロセン（ferrocene）も昇華により精製される（図 1.17）．

1.4 数の取扱方と単位

測定精度と有効数字

化学においては,いろいろなものを測定し,測定した数字を使って計算したり,計算通りに試薬を調整することが多い.ここでは,化学を学ぶ上で最低限必要な数の取扱い方を勉強しよう.

化学において最も典型的な測定は,物質の質量を量ったり,液体の体積を測ったり,温度を測定することである.しかし同じ体積を測る行為でも,場合によってどのような器具が適しているかが変わってくる.通常,少量の液体を正確に測る場合はメスピペット (volumetric pipet),ある程度の量であればメスシリンダー (graduated cylinder),一定量の溶液を調整するためにはメスフラスコ (volumetric flask),滴下する液体量を測定するのがビュレット (buret) といったように器具を使い分けるのが常識である (図 1.18).いずれにせよ,測定で得られる数値は測定器具によって信頼しうる限度があるので,どの程度まで必要な測定なのかを考慮して器具を選ばなければならない.

質量の測定には電子天秤 (electronic balance) を使うのが今では一般的であり,きちんと校正した電子天秤であれば,正確な値がデジタル表示される.一方,体積の測定では目視によることがほとんどであり,その際には自

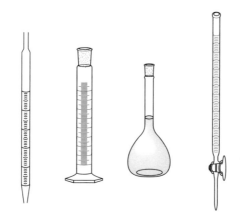

メスピペット　メスシリンダー　メスフラスコ　ビュレット

図 1.18　液体の計量器具

炭素の様々な同素体たち

　1985年，炭素だけでできている当時の新規化合物がみつかった．これは炭素原子60個だけでサッカーボール構造を形成している分子 C_{60} で，フラーレンとよばれている（図1.5）．建築家フラー（アメリカ Richard Buckminster Fuller, 1895-1983）設計の建築物が半球状のものであり，これが新しい分子に似ていたところからつけられた名前で，バックミンスター・フラーレンとよばれることもある．この分子の発見で，1996年，クロトー（イギリス Harold Walter Kroto, 1939-2016），スモーリー（アメリカ Richard Errett Smalley, 1943-2005），カール（アメリカ Robert Floyd Curl, Jr., 1933-）の3人がノーベル化学賞を受けた．実はこの分子の存在を予言したのが日本人の大澤映二博士（1935-）であることは有名である．1970年に既に理論的な可能性を論文にしていたが，残念なことに英語で世界に公表していなかったのであり，当時はその重要性に誰も気づかなかったのである．今では C_{60} だけではなく，C_{70}・C_{84} など様々な形状のものも知られている．

　グラファイトは鉛筆の素材で，平らに並んだ炭素原子が層状に重なっているものだが，この1枚の層はグラフェン（graphene）と名付けられた．このグラフェンを1枚だけはがすことは困難だと思われていたのであるが，イギリス在住のガイム（ロシア生まれ・オランダ Andre Konstantin Geim, 1958-）とノボセロフ（ロシア Konstantin Sergeevich Novoselov, 1974-）は，グラファイトをセロテープではがすという画期的！な方法でとりだすことに成功した．あまりに意外性のある方法であるが，これも分離の一例である．極薄シート状で強く，軽く，導電性のあるグラフェンシートは，様々な機能性物質の材料として有力視されており，2010年度ノーベル物理学賞に輝いている．グラフェンを円筒状に巻いた構造をしているのがカーボンナノチューブである．カーボンナノチューブは，1991年に飯島澄男博士（1939-）によって発見されたもので，長年ノーベル賞候補に挙げられながら，いまだに受賞できていないのは日本人として残念なことだ．

　いずれにせよ，現在，これらの物質は，いわゆるナノテクノロジーを担い，医療・化粧品・エレクトロニクス・機能性材料などへの応用が期待されているスーパー分子なのである．

分の目を溶液のメニスカス（meniscus）の下端と同じ高さに保ち，目盛から数値を読み取る（図1.19）．このとき，目盛の1/10の値まで目測で読み取ることができることに注意しよう．具体的にビュレットを用いた滴定実験の場合を考えてみよう．ビュレットは一般に0.1 mL単位まで目盛があり，測定ではそ

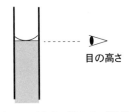

図1.19 目盛の読み方（通常の液体のメニスカス）

の1/10，すなわち0.01 mLまで目測で読み取る．はじめに入っていた液量が仮に32.35 mLであったとする．測定や計算で得られる数字を取り扱う際，どこまで意味のある数字であるかをきちんと示す必要があり，これが有効数字（significant figures）である．先の例で測定した数字32.35 mLでは，最後の桁の数字「5」に関しては不確かさがあるけれども意味がある数値であり，有効数字は4桁ということになる．

このビュレット中の液体をある程度滴下したあとの数値が36.25 mLだったとする．このとき滴下した液量は36.25 − 32.35 = 3.90 mLとなり，有効数字は3桁になる．最後の桁の「0」には不確かさはあるけれども，意味のある数字である．これを3.9 mLや3.900 mLと書くのは正しくない．「0.532」という数値があった場合，はじめの「0」には意味がないので，有効数字は3桁である．有効数字をわかりやすくするように，「5.32×10^{-1}」と指数表記することもある．生データから計算により，ある測定値を求める時，電卓では無意味な桁数まで表示してしまい有効数字を誤りやすいので，特に注意を要する．

有効数字を考慮した加減計算の場合では，小数点以下の有効数字の桁数をそろえるように答えを記す．例えば，15.1 gと6.217 gを足すとき，小数点第1位には両方の数値で意味がある．しかし，小数点第2位や第3位は一方のみにあり，足した際には意味がなくなる．したがって，15.1 g + 6.217 g = 21.3 gと表記される．一方，乗除計算の場合，計算値の「桁数」を測定値の中で有効数字の「最小桁数」のものに揃える．例えば，$0.087 \times 28.1 \times 1.032 = 2.5229308$ではなく，有効数字2桁の「0.087」に併せて，2.5とするのである．桁数を合わせる際には，四捨五入する．

単位の基本……SI 単位

現在，いろいろな物理量は国際単位系 SI（エスアイ）(International System of Units*1-6) で示されるようになっている．表1.1 に 7 個の SI 基本単位を示した．これ以外に，基本単位から誘導される組立単位（表1.2）がある．

表1.1 SI 基本単位

量	単位の名称	記号
長さ	メートル meter	m
質量	キログラム kilogram	kg
時間	秒 second	s
電流	アンペア ampere	A
（絶対）温度	ケルビン Kelvin	K
物質量	モル mole	mol
光度	カンデラ candela	cd

表1.2 SI 組立単位

量	単位の名称	記号	SI 単位による表し方
平面角	ラジアン radian	rad	$m\,m^{-1}$
立体角	ステラジアン steradian	sr	$m^2\,(m^2)^{-1}$
周波数	ヘルツ hertz	Hz	s^{-1}
力	ニュートン newton	N	$kg\,m\,s^{-2}$
圧力，応力	パスカル pascal	Pa	$N\,m^{-2}$
エネルギー，仕事，熱量	ジュール joule	J	$N\,m$
工率，放射束	ワット watt	W	$J\,s^{-1}$
電気量，電荷	クーロン coulomb	C	$A\,s$
電圧，電位	ボルト volt	V	$W\,A^{-1}$
静電容量	ファラド farad	F	$C\,V^{-1}$
電気抵抗	オーム ohm	Ω	$V\,A^{-1}$
コンダクタンス	ジーメンス siemens	S	$A\,V^{-1}$
磁束	ウェーバ weber	Wb	$V\,s$
磁束密度	テスラ tesla	T	$Wb\,m^{-2}$
インダクタンス	ヘンリー henry	H	$Wb\,A^{-1}$
セルシウス温度	セルシウス度 degree celcius	℃	K−273.15
光束	ルーメン lumen	lm	$cd\,sr$
照度	ルクス lux	lx	$lm\,m^{-2}$
放射能	ベクレル becquerel	Bq	s^{-1}
吸収線量	グレイ gray	Gy	$J\,kg^{-1}$
線量当量	シーベルト sievert	Sv	$J\,kg^{-1}$
触媒活性	カタール katal	kat	$mol\,s^{-1}$

＊1-6　SI という略記は，フランス語の Le Systém International d'Unités からきている．

1.4 数の取扱方と単位

ただし,化学では以前から使われている単位も伝統的に使われることがある.例えば,圧力の単位である mmHg(ミリメートルエイチジー,760 mmHg = 1.01 × 10^5 Pa = 1 atm)や cal(カロリー,1 cal = 4.18 J)である.

また,極めて大きい量や極めて小さい量を表すために,SI 単位系の接頭語として,10 の整数乗倍を示す記号が用いられる.これを表 1.3 に示した.これらを知っておくと便利なので,ある程度覚えておこう.以前化学でよく用いられていたオングストローム Å は 10^{-10} m(= 0.1 nm)に当たり,現在でもたまに用いられることがあるので覚えておこう.

表 1.3 SI 単位系の接頭語

単位に乗ぜられる倍数	接頭語の名称	接頭語の記号
10^{24}	ヨタ yotta	Y
10^{21}	ゼタ zetta	Z
10^{18}	エクサ exa	E
10^{15}	ペタ peta	P
10^{12}	テラ tera	T
10^9	ギガ giga	G
10^6	メガ mega	M
10^3	キロ kilo	k
10^2	ヘクト hecto	h
10	デカ deca, deka	da
10^{-1}	デシ deci	d
10^{-2}	センチ centi	c
10^{-3}	ミリ milli	m
10^{-6}	マイクロ micro	μ
10^{-9}	ナノ nano	n
10^{-12}	ピコ pico	p
10^{-15}	フェムト femto	f
10^{-18}	アト atto	a
10^{-21}	ゼプト zepto	z
10^{-24}	ヨクト yocto	y

第2章　様々な元素の世界

2.1　原子説そして分子の概念へ（歴史を学ぶ）

原子説の発展

　これまで当たり前のように元素，原子，あるいは分子という言葉を使ってきたが，これらの発見には先人科学者達の大いなる貢献があったことはいうまでもない．ここであらためて原子・分子探究の歴史を振り返ってみよう．
　現代の元素観は，ボイルやラボアジエ（フランス Antoine-Laurent de Lavoisier, 1743-1794）により18世紀に確立された．すなわち，物質にはそれ以上分解できない基本的な構成成分「元素」の存在が示されたのである．そして，ラボアジエは33種類の元素（今では化合物と知られているものもあったが……）を示すだけではなく，物質の化学反応の前後における物質の総質量は変化しないこと，すなわち質量保存の法則（law of conservation of matter）を見いだした（1772年）．また，プルースト（フランス Joseph Louis Proust, 1754-1826）は，ある同じ化合物中の成分元素の質量比は常に一定である，という定比例の法則（law of definite proportions）を提唱した．これらの法則を説明するため，ドルトン（イギリス John Dalton, 1766-1844）は，「すべての物質は，それ以上分割できない小さい粒子（原子 atom）からできている．同じ元素の原子は大きさ・質量・性質が等しく，異なる元素の原子は異なる大きさ・質量・性質をもっている．化合物は，原子が一定の割合で結合してできたものである．物質の化学変化は原子の集まり方が変わるもので，原子は生成も消滅もしない」という，ドルトンの原子説（Dalton's atomic theory）を唱えた（1803年）．実験事実に基づく新しい原子の概念の誕生である．Atom の名称は「分割できない」という意味のギリシャ語 atomos に由来している．ドルトンの原子説は必ずしも全て正しいわけでは

気体分子の概念

　一方，ゲイリュサック（フランス Joseph Louis Gay-Lussac, 1778-1850）は，ドルトンの倍数比例の法則（law of multiple proportions；A と B の 2 つの元素からなる化合物が 2 種類以上あるとき，A の一定量と化合する B の質量は，これらの化合物間で簡単な整数比が成り立つ）や，自らの気体反応の法則（low of combining volume；気体どうしの反応において，それら気体の体積の間には簡単な整数比が成り立つ）から，「同温・同圧の気体では，同体積中に同数の原子が含まれている」という仮説に至った（図 2.1a）．ある体積を 1 とし，1 体積中に酸素 2 原子が存在する場合，別の 1 体積中には水素原子も 2 個なければならない．ここで，酸素 2 原子（1 体積）と水素 4 原子（2 体積）が反応すると，水蒸気（という仮定の粒子）が 4 個（2 体積）できることになる．1 体積中には，水蒸気 2 個はいることになるが，ここでいう「水蒸気粒子」は，計算上，水素 1 原子と酸素原子半分からできていなければならなくなる．しかしこれでは，一番小さい単位である原子（酸素）がさらに 2 分割されていることになり，原子説とは明らかに矛盾している！

　こうした気体反応の矛盾点を解決したのがアボガドロ（イタリア Amedeo

元素記号と実際の読み方は違う？

　近年，化学の世界でも標準言語として英語が使用されている．したがって，元素や化合物名も英語読みされることになるので，日本語で化学を勉強してきた者にとっては若干とまどうことになる．例えば，ナトリウム Na はもともとラテン語の natrium からきているが，英語では sodium であり，塩化ナトリウムは sodium chloride と言わなければならないのである．その他にも，カリウム K は potassium，鉄 Fe は iron，銅 Cu は copper となる．これらは意識的に注意しなければならない．

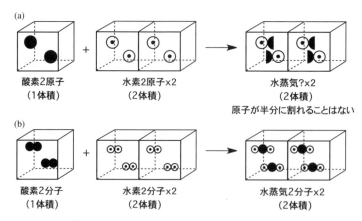

図 2.1 ドルトンの原子説とアボガドロの分子説
(a) ドルトンの原子説と気体反応の法則の矛盾
(b) アボガドロの分子説による気体反応の説明

Carlo Avogadro, 1776-1856) の分子説であった.すなわち,「気体はいくつかの原子が結合した「分子」からできており,同温・同圧の気体では,同体積中に同数の分子が含まれている.分子は反応の際に原子にまで分割される」という仮説である (1811 年)(図 2.1b).その後,多くの研究によりこの仮説が正しいことが証明され,現在,アボガドロの法則 (Avogadro's law) とよばれているのである.

2.2 原子の構造

原子は原子核と電子からなる

ドルトンによって考えられた原子は,その後の研究により実在する粒子として確認されている.まずは,原子の大まかな形を頭に描いてもらおう(図 2.2).原子は更に微細な複数の粒子の複合体である.元素の種類によって違いはあるものの,原子は概ね直径 3.0×10^{-8} cm 程度の大きさである.中心

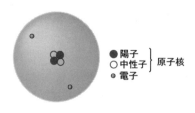

図 2.2 ヘリウム He 原子の構造モデル

に原子核（nucleus）が位置しており，原子核は正電荷を有する陽子（proton）と電荷を持たない中性子（neutron）から成り立っている[*2-1]．この原子核を取りまくように負電荷の電子（electron）が存在している．電子の存在する場所を電子雲（electron cloud）といい，図2.2の球全体である．基本的に原子のなかの陽子と電子は同数であり，電気的に中性が保たれている．これらの粒子の比較をまとめたのが表2.1である．

表2.1 陽子・中性子・電子の性質

	半径 (cm)	電荷	電気量 (C)	質量 (g)
陽子 p	1.2×10^{-13}	+1	$+1.602 \times 10^{-19}$	1.673×10^{-24}
中性子 n	1.2×10^{-13}	0		1.675×10^{-24}
電子 e	測定不能	-1	-1.602×10^{-19}	9.109×10^{-28}

1897年，トムソン（イギリス Joseph John Thomson, 1856-1940）は，電圧をかけた電極板の間に陰極線を通すと，正極の方に曲がることから，陰極線は非常に軽くて負の電荷を帯びた粒子であると考え，電子を発見した．また1909年，ミリカン（アメリカ Robert Andrew Millikan, 1868-1953）の油滴実験により電子の素電荷と質量が確定されている．同じ1909年，ラザフォード（ニュージーランド生まれ・イギリス Ernest Rutherford, 1871-1937）の指導の下，共同実験者であるガイガー（ドイツ Johannes "Hans" Wilhelm Geiger, 1882-1945）とマルスデン（ニュージーランド生まれ・イギリス Ernest Marsden, 1889-1970）は，金箔に α 粒子（α 線，ヘリウムの原子核）を当てる実験を行い，大部分は通過するものの，ごく僅かな α 粒子は大きく曲がることを発見した．これが，ラザフォード散乱（Rutherford scattering）とよばれるものであり，原子中心の極めて小さい原子核の存在が，実験的に初めて確認されたのである．原子核の直径は原子の数万分の1程度（10^{-12} cm のオーダー）なので，もし原子の大きさが東京ドーム（半径約

[*2-1] 当然，水素原子 ^{1}H の原子核には中性子はない．中性子や陽子は，更に小さい基本的な粒子（素粒子 elementary particle）であるクォーク（quark）からなる複合粒子である．素粒子は他にも存在しているが，これらは化学の取り扱う範囲ではない．電子は素粒子の仲間である．

122 m なので，直径 300 m 程度とする）だとしたら，原子核は直径わずか 1 cm 程度のビー玉になってしまう．つまり，原子は非常にスカスカで，広大な空間に電子が存在することになる．そして電子は，陽子や中性子に比べて非常に軽い．原子の質量は，ほとんど原子核の質量といってよい．すると，原子核は極めて高い密度をもっていることになり，驚くべきことに，僅か 1 cm^3 の体積の分だけ原子核を集めたとしたら，その重さが 2 億トン以上だと計算されることになる！

原子番号と質量数

　原子核に含まれる陽子の数は，各元素固有のものである．例えば水素原子では 1 個，炭素原子では 6 個であり，この数が原子番号（記号 Z, atomic number）となる．また，陽子の数と中性子の数を足したものが，その原子の質量数（記号 A, mass number）である．原子を表すとき，その元素記号とともに，左下に原子番号，左上に質量数を記す．例えば，原子番号 2 で質量数が 4 のヘリウム原子は図 2.3 のように表すことができる

$$^{4}_{2}\text{He}$$

図 2.3 原子の表し方
原子番号 2, 質量数 4 のヘリウムの例．

　同じ元素であれば陽子数は常に同じであるが，中性子数に関しては必ずしも同じとは限らない．同じ元素でありながら，中性子数が異なる，すなわち質量数が異なる原子どうしを，互いに同位体（isotope）であるという．地球上の元素の多くは，何種類かの同位体がほぼ一定の割合で混ざって存在している．水素の場合 3 つの同位体があり，中性子が存在しない $^{1}_{1}$H（水素，hydrogen）が最も天然存在比が高い．その他に，中性子 1 個の $^{2}_{1}$H（重水素 D, deuterium），中性子 2 個の $^{3}_{1}$H（三重水素 T, tritium）の順に微量存在している．同位体原子の化学的性質は殆ど同じである．主な同位体の例を表 2.2 に示した．中には，スズ Sn（tin）のように 10 個の安定同位体（stable isotope）が存在する元素もある[*2-2]．

　天然の元素に同位体が存在するということは，天然の物質にも同位体が

[*2-2] 後述のように放射能を有するものを放射性同位体（radioisotope）というのに対し，常に安定な同位体を安定同位体という．

表 2.2 主な同位体の例と天然存在比

原子番号	元素	質量数	相対質量	天然存在比 (%)
1	H	1	1.00783	99.9885
		2	2.01410	0.0115
		3		微量*
6	C	12	12	98.93
		13	13.00335	1.07
		14		微量*
7	N	14	14.00307	99.636
		15	15.00011	0.364
8	O	16	15.99491	99.757
		17	16.99913	0.038
		18	17.99916	0.205
10	Ne	20	19.99244	90.48
		21	20.99381	0.27
		22	21.99139	9.25
17	Cl	35	34.96885	75.76
		37	36.96590	24.24
39	K	39	38.96371	93.2581
		40	39.96400	0.0117*
		41	40.96183	6.7302
29	Cu	63	62.92960	69.15
		65	64.92779	30.85
50	Sn	112	111.904818	0.97
		114	113.902779	0.66
		115	114.903342	0.34
		116	115.901741	14.54
		117	116.902952	7.68
		118	117.901603	24.22
		119	118.903308	8.59
		120	119.902194	32.58
		122	121.903439	4.63
		124	123.905273	5.79

＊ 放射性同位体

含まれていることになる．例えば，水のほとんどは H_2O からなるが，HDO や D_2O も僅かながら含まれていることになる．通常，重水といったら D_2O のことであるが，当然水よりも重い（20 ℃において密度 1.105 g/cm^3）．また，化合物レベルにおいて，重水は粘性や電離度などの物性が異なるため，生体

には有害である．化合物中の原子を同位体に置き換えた際の物性や反応性の違いを，同位体効果（isotope effect）といい，化学や生物学での研究に利用されている．また，原子の置かれている状態を観測する核磁気共鳴分光法（nuclear magnetic resonance, NMR）による測定においては，^{1}H が溶媒に含まれていると大きなノイズとなってしまうので重水素化された化合物が溶媒として用いられている（$CDCl_3$, D_2O など）．

2.3 元素の周期表

周期表は元素の性質の違いをまとめたもの

1800 年代半ば，当時発見されていた元素は 63 種類にすぎず，希ガス（不活性ガス noble gas または inert gas）類や原子番号の概念すら存在していなかった．しかし 1869 年，メンデレーエフ（ロシア Dmitri Ivanovich Mendeleev, 1834-1907）は，既に発見されていた元素を系統的に分類・整理することで，元素を原子量の順に並べると沸点・融点・イオンの大きさ・イオンの価数・化合物の組成・「イオン化エネルギー・電子親和力・電気陰性度」などの化学的性質がよく似た元素が周期的に現れることを発見した．これが元素の周期律（periodic law）の誕生である．周期律に従って元素を配列した表を，元素の周期表（periodic table of elements）という（図 2.4）．メンデレーエフが周期表を発表したすぐ後，マイヤー（ドイツ Julius Lothar Meyer, 1830-1895）は独自の研究によりほとんど同じ周期表を発表している．現在，マイヤーよりもメンデレーエフが有名なのは，周期表上で未だ知られていない元素の場所を空欄にして新元素（例えば，原子番号 32 番ゲルマニウム Ge, germanium）の存在を予言しており，これらが的確であったためである．その後多くの研究により多少の改良はなされているが，基本的には変わっていないのは見事である．現在正しくは，「原子量の順番」ではなく，「原子番号の順番」に元素を並べると現れる周期的な規則性のことを元素の周期律といっている[*2-3]．

[*2-3] 現在，数か所（Ar-K, Co-Ni Te-I, Th-Pa, U-Np, Hs-Mt, Ds-Rg）において，原子量と原子番号の順が一致していない箇所がある．

2.3 元素の周期表

周期\族	1	2	3	4	5	6	7	8	9	10	11	12	13	14	15	16	17	18
1	1H 水素 ハイドロジェン 1.008																	2He ヘリウム Helium 4.003
2	3Li リチウム Lithium 6.941	4Be ベリリウム Beryllium 9.012											5B ホウ素 Boron 10.81	6C 炭素 Carbon 12.01	7N 窒素 Nitrogen 14.01	8O 酸素 Oxygen 16.00	9F フッ素 Fluorine 19.00	10Ne ネオン Neon 20.18
3	11Na ナトリウム Sodium 22.99	12Mg マグネシウム Magnesium 24.31											13Al アルミニウム Aluminum 26.98	14Si ケイ素 Silicon 28.09	15P リン Phosphorus 30.97	16S 硫黄 Sulfur 32.07	17Cl 塩素 Chlorine 35.45	18Ar アルゴン Argon 39.95
4	19K カリウム Potassium 39.10	20Ca カルシウム Calcium 40.08	21Sc スカンジウム Scandium 44.96	22Ti チタン Titanium 47.87	23V バナジウム Vanadium 50.94	24Cr クロム Chromium 52.00	25Mn マンガン Manganese 54.94	26Fe 鉄 Iron 55.85	27Co コバルト Cobalt 58.93	28Ni ニッケル Nickel 58.69	29Cu 銅 Copper 63.55	30Zn 亜鉛 Zinc 65.38	31Ga ガリウム Gallium 69.72	32Ge ゲルマニウム Germanium 72.63	33As ヒ素 Arsenic 74.92	34Se セレン Selenium 78.97	35Br 臭素 Bromine 79.90	36Kr クリプトン Krypton 83.80
5	37Rb ルビジウム Rubidium 85.47	38Sr ストロンチウム Strontium 87.62	39Y イットリウム Yttrium 88.91	40Zr ジルコニウム Zirconium 91.22	41Nb ニオブ Niobium 92.91	42Mo モリブデン Molybdenum 95.95	43Tc* テクネチウム Technetium (99)	44Ru ルテニウム Ruthenium 101.1	45Rh ロジウム Rhodium 102.9	46Pd パラジウム Palladium 106.4	47Ag 銀 Silver 107.9	48Cd カドミウム Cadmium 112.4	49In インジウム Indium 114.8	50Sn スズ Tin 118.7	51Sb アンチモン Antimony 121.8	52Te テルル Tellurium 127.6	53I ヨウ素 Iodine 126.9	54Xe キセノン Xenon 131.3
6	55Cs セシウム Cesium 132.9	56Ba バリウム Barium 137.3	57〜71 ランタノイド Lanthanoid	72Hf ハフニウム Hafnium 178.5	73Ta タンタル Tantalum 180.9	74W タングステン Tungsten 183.8	75Re レニウム Rhenium 186.2	76Os オスミウム Osmium 190.2	77Ir イリジウム Iridium 192.2	78Pt 白金 Platinum 195.1	79Au 金 Gold 197.0	80Hg 水銀 Mercury 200.6	81Tl タリウム Thallium 204.4	82Pb 鉛 Lead 207.2	83Bi* ビスマス Bismuth 209.0	84Po* ポロニウム Polonium (210)	85At* アスタチン Astatine (210)	86Rn* ラドン Radon (222)
7	87Fr* フランシウム Francium (223)	88Ra* ラジウム Radium (226)	89〜103 アクチノイド Actinoid	104Rf*# ラザホージウム Rutherfordium (267)	105Db*# ドブニウム Dubnium (268)	106Sg*# シーボーギウム Seaborgium (271)	107Bh*# ボーリウム Bohrium (272)	108Hs*# ハッシウム Hassium (277)	109Mt*# マイトネリウム Meitnerium (276)	110Ds*# ダームスタチウム Darmstadtium (281)	111Rg*# レントゲニウム Roentgenium (280)	112Cn*# コペルニシウム Copernicium (285)	113Nh*# ニホニウム Nihonium (278)	114Fl*# フレロビウム Flerovium (289)	115Mc*# モスコビウム Moscovium (289)	116Lv*# リバモリウム Livermorium (293)	117Ts*# テネシン Tennessine (293)	118Og*# オガネソン Oganesson (294)

ランタノイド	57La ランタン Lanthanum 138.9	58Ce セリウム Cerium 140.1	59Pr プラセオジム Praseodymium 140.9	60Nd ネオジム Neodymium 144.2	61Pm* プロメチウム Promethium (145)	62Sm サマリウム Samarium 150.4	63Eu ユウロピウム Europium 152.0	64Gd ガドリニウム Gadolinium 157.3	65Tb テルビウム Terbium 158.9	66Dy ジスプロシウム Dysprosium 162.5	67Ho ホルミウム Holmium 164.9	68Er エルビウム Erbium 167.3	69Tm ツリウム Thulium 168.9	70Yb イッテルビウム Ytterbium 173.0	71Lu ルテチウム Lutetium 175.0
アクチノイド	89Ac* アクチニウム Actinium (227)	90Th* トリウム Thorium 232.0	91Pa* プロトアクチニウム Protactinium 231.0	92U* ウラン Uranium 238.0	93Np*# ネプツニウム Neptunium (237)	94Pu*# プルトニウム Plutonium (239)	95Am*# アメリシウム Americium (243)	96Cm*# キュリウム Curium (247)	97Bk*# バークリウム Berkelium (247)	98Cf*# カリホルニウム Californium (252)	99Es*# アインスタイニウム Einsteinium (252)	100Fm*# フェルミウム Fermium (257)	101Md*# メンデレビウム Mendelevium (258)	102No*# ノーベリウム Nobelium (259)	103Lr*# ローレンシウム Lawrencium (262)

図 2.4 元素の周期表 (2018年)

元素記号に＊がある元素には安定同位体が存在しない。
元素記号に＃がある元素は人工元素である。
原子量が ( ) で囲まれている元素では、天然で特定の同位体組成を示さないので、質量数の一例を示している。
原子量は、有効数字4ケタで示している。

凡例:
□ は遷移元素 (他は典型元素)
□ は非金属元素 (他は金属元素)
□ は半金属、境界の B,Si,Ge,As,Sb,Te,Po,At は半金属
H,N,O,F,Cl は希ガス類は常温で気体
Br と Hg は液体、それ以外は固体
背景が灰色の元素は寿命が短いため正確な性質が不明

周期と族

周期表の縦の列を族（group）といい，横の行を周期（period）という．メンデレーエフの周期表は，第Ⅰ族から第Ⅷ族に分かれていた（短周期表，表2.3）．これに対して現在では，後に発見された希ガス類を18族として1～18の族に分類する長周期表が一般的になっている．長周期表の方が，原子と電子配置の関係がわかりやすいからである[*2-4]．周期に関しては，第1～第7周期がある．第6周期3族の57番ランタンLa（lanthanum）から71番ルテチウムLu（lutetium）のよく似た性質の元素はランタノイド系列（lanthanoide）として，および，第7周期3族の89番アクチニウムAc（actinium）から103番ローレンシウムLr（lawrencium）のよく似た性質の元素はアクチノイド系列（actinoide）としてそれぞれ欄外に示されているのも特徴である[*2-5]．

水素以外の1族元素がアルカリ金属（alkali metal），ベリリウムBe（beryllium）とマグネシウムMg（magnesium）以外の2族元素がアルカリ土類金属（alkaline earth metal），17族元素がハロゲン元素（halogen）であり，これら同族の元素は互いに性質が類似している．単体が金属光沢を持ち，電気や熱をよく通すのが金属元素（metal）で，金属元素は周期表の左の方に寄っているのがわかるだろう．周期表の左の方の元素ほど電子を放出してプラス粒子（陽イオンcation）になりやすく（陽性），「金属性」という言葉は，「陽性」と同意義である．金属元素以外は非金属元素（nonmetal）である．18

表2.3 主にアメリカで用いられた短周期表と長周期表の族の対応

長周期表	1	2	3	4	5	6	7	8	9	10	11	12	13	14	15	16	17	18
短周期表	IA	IIA	IIIB	IVB	VB	VIB	VIIB	VIIIB			IB	IIB	IIIA	IVA	VA	VIA	VIIA	VIIIA

[*2-4] 電子配置（electron configuration）とは，電子がどのような状態で存在しているのかを示したものである．詳細は，3.3節を参照．

[*2-5] これらの系列では，最外殻の電子数はほとんど変化がないので，性質が似ている．最外殻については，3.3節を参照のこと．

族を除いて，右の方の元素ほど電子を受け取ってマイナス粒子（陰イオン anion）になりやすい（陰性）．同族内では，表の下に行くほど陽性で，上に行くほど陰性である．ということは，最も陽性な元素は 87 番フランシウム Fr（francium）で，最も陰性な元素は 9 番フッ素 F（fluorine）ということになる．金属元素と非金属元素の境界にある元素（一般には，B，Si，Ge，As，Sb，Te，Po，At）を半金属元素（metalloid）ということがあるが，その定義は結構曖昧で，分類の仕方で元素の範囲が変わる．

　金属元素のうち，3～11 族の元素を遷移元素（遷移金属 transition metal）という．遷移元素では，一番エネルギー的に高い場所にある電子（最外殻電

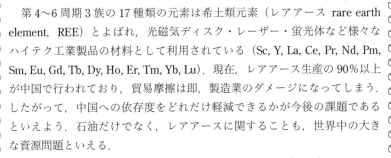

レアアースとレアメタル

　第 4～6 周期 3 族の 17 種類の元素は希土類元素（レアアース rare earth element, REE）とよばれ，光磁気ディスク・レーザー・蛍光体など様々なハイテク工業製品の材料として利用されている（Sc, Y, La, Ce, Pr, Nd, Pm, Sm, Eu, Gd, Tb, Dy, Ho, Er, Tm, Yb, Lu）．現在，レアアース生産の 90％以上が中国で行われており，貿易摩擦は即，製造業のダメージになってしまう．したがって，中国への依存度をどれだけ軽減できるかが今後の課題であるといえよう．石油だけでなく，レアアースに関することも，世界中の大きな資源問題といえる．

　一方，よく言われるレアメタル（希少金属 rare metal）は産出量が少なかったり，分離が困難なために流通量が少なく，産業界への安定的な供給が重要とされる金属の総称であり，上記のレアアースもレアメタルの一部である．産地が特定の地域に集中する金属もレアメタルとよばれる．元素としては，レアアース以外に Li, Be, B, Ti, V, Cr, Mn, Co, Ni, Ga, Ge, Se, Rb, Sr, Zr, Nb, Mo, Pd, In, Sb, Te, Cs, Ba, Hf, Ta, W, Re, Pt, Tl, Bi がある．これらも携帯電話やデジカメなどのハイテク製品の小型化・高性能化には欠かせない元素であり，リサイクルによる回収再利用が行われている．資源の確保もさることながら，代替品の開発も期待されている．

遂にすべての元素に名前がついた！

　図2.4に示した元素周期表をみてもらいたい．多くは天然に存在する元素であるが，原子番号43番Tcテクネチウム（technetium），61番プロメチウムPm（promethium），そして95番アメリシウムAm（americium）以降の元素は人工的につくられたものである．93番ネプツニウムNp（neptunium）や94番プルトニウムPu（plutonium）は，微量ながら天然にも存在する．100番のフェルミウムFm（fermium）までは原子炉の中で92番ウランU（uranまたはuranium）に中性子をあてることでつくられるが，101番以上の元素はイオン加速器という特殊な装置でつくられたものだ．

　元素の名前には，様々な由来がある．それらを命名する際には概ね，(1)神話的な概念や特徴，(2)鉱物に類する物，(3)地名，(4)元素の特性，(5)科学者名，に由来するのが通例である．名前を最終的に決定するのはIUPAC（国際純正応用化学連合）であるが，元素の命名権は，その発見者に与えられることになっている．そして，2016年，ついにアジア初で日本発の名前が元素名に決まった．それが，113番Nh「ニホニウム（nihonium）」である．2004年に和光市の理化学研究所内にある重イオン線形加速器を使って，合成に成功したのである．初めての報告論文はロシア・アメリカ合同研究グループの方が先だったのだが，理研のデータが元素発見の基準をすべて満たしているものとして評価されたのである．元素の命名が米欧露に独占されていたことを考えると，実に画期的な出来事である．しかし，日本では殆ど報道されなかった「名前が決まっていなかった残りの元素すべてにも名前がついた！」という事実をご存じだろうか．2016年は科学の歴史上，実に記念すべき年なのである．残りの3つは，新元素発見の研究所の本拠があるロシアの首都モスクワにちなんだ115番Mc「モスコビウム（moscovium）」，同じく研究所が存在するアメリカのテネシー州由来の117番Ts「テネシン（tennessine）」，そして新元素発見に尽力したロシアの核物理学者オガネシアン（Yuri Tsolakovich Oganessian, 1933-）の名を冠した118番Og「オガネソン（oganesson）」である．だが，元素に関する科学がこれで終わったわけではない．今後は未発見の119番以降の元素の発見に向けて研究が進んでいるのである．

子）の数があまり変化せず，隣り合う元素どうしの性質がよく似ているという特徴がある．遷移元素以外の元素を典型元素 (main group element) という．これは，順番に電子数が増えていくことで，隣どうしで順番に性質が変わっていくという周期律の性質が典型的に表れていることから名づけられている．周期表は，原子の電子配置を詳細に考える際に，大変重要な意味を持っている．周期表における，陰性や陽性が大きくなる傾向は，どのように説明できるであろうか．これを語るには，まず電子配置についての詳細をしらなければならない．これについては3.1節以降で詳細に解説する．

2.4 原子量・分子量・物質量

原子量は原子の相対質量である

　原子の質量は極めて小さく軽い．我々が通常扱う重さの単位はグラム g なので，原子や分子を1個単位で考えると，扱う数字が小さすぎて非常に不便である．そこで，ある特定の原子1個の質量を基準としたときの相対質量を比べるという考え方が生まれた．様々な歴史的変遷を経て，1961年，質量数12の炭素 ^{12}C の質量を端数なしに12（原子質量単位 atomic mass unit, amu）と定めて基準とし，現在に至っている[*2-6]．つまり，炭素 ^{12}C の質量に対してすべての原子の相対質量（原子質量 atomic mass）が求められるのである（表2.2）．まず，^{12}C 原子1個の質量は 1.9926×10^{-23} g であることがわかっているので，1.9926×10^{-23} g $= 12$ amu となる．すると，1 amu $= 1.9926 \times 10^{-23}$ g $/12 = 1.6605 \times 10^{-24}$ g と計算できる．水素 ^{1}H 原子1個の質量は 1.6735×10^{-24} g なので，^{1}H の相対質量は 1.6735×10^{-24} g $/ 1.6605 \times 10^{-24}$ g (1 amu) の式で求められ，1.0078 となる．多くの元素には質量数の異なる同位体が存在するので，「元素の相対質量」は各同位体の

表2.4 主な元素の原子量

元素	原子量
H	1.008
C	12.01
N	14.01
O	16.00
Na	22.99
Mg	24.31
P	30.97
S	32.07
Cl	35.45
K	39.10
Ca	40.08
Br	79.90
I	126.9

[*2-6] amu は，ダルトン (dalton, D) ともよばれる．

相対質量と，それらの自然界における存在比から決定されることになる．このようにして求めた平均の原子質量を，その元素の原子量（atomic weight）という．原子量は相対値なので単位はない．例として，炭素 C について考えてみる．質量数 12 の炭素の存在比は 98.93% であり，質量数 13 の炭素（相対質量 13.003）の存在比は 1.07%．わずかしか存在しない ^{14}C は無視すると，炭素 C の原子量は $12 \times 0.9893 + 13.003 \times 0.0107 = 12.011$ と計算される．主な元素の原子量を表 2.4 にまとめた．

アボガドロ定数とモルの概念

^{12}C の原子 12 g を集めたとき，^{12}C 原子 1 個の質量から，^{12}C 原子が $12\,\mathrm{g} / 1.9926 \times 10^{-23}\,\mathrm{g} = 6.022 \times 10^{23}$ 個含まれていることになる．そして，6.022×10^{23} 個の粒子（原子，分子，イオンなど）が集まった物質の量（物質量 amount of substance）を 1 mol（モル）という単位で表す．ここで，1 mol あたりの粒子数（$6.022 \times 10^{23}\,\mathrm{mol}^{-1}$）をアボガドロ定数（Avogadro's constant, N_A）という．ある粒子の物質量が n mol の場合，この粒子は $n\,(\mathrm{mol}) \times 6.022 \times 10^{23}\,(\mathrm{mol}^{-1})$ 個だけ存在するということになる．粒子の質量は極めて小さいので，物質量 mol という単位を用いると非常に便利である．つまり，原子量 A の原子 1 mol の質量は A g であり，我々が通常用いる程度の数値でまかなうことができる．例えば，ヘリウム（原子量 4.003）が 0.5000 mol だったら，$4.003\,(\mathrm{g\,mol}^{-1}) \times 0.5000\,(\mathrm{mol}) = 2.002\,\mathrm{g}$ あることになり，ナトリウム（原子量 22.99）が 46.00 g あったら $46.00\,(\mathrm{g}) / 22.99\,(\mathrm{g\,mol}^{-1}) = 2.001$ mol あることになる．

同様に，原子が集まってできる分子の場合，分子式に含まれるすべての原子の原子量の総和を分子量（molecular weight）といい，^{12}C=12 に対する分子の相対的な質量を表すことになる．そして，モルの概念も原子と同様に適用され，分子量 M の分子 1 mol の質量は M g となる．酸素原子の原子量は 16.00 なので，酸素分子 O_2 の分子量は $16.00 + 16.00 = 32.00$ であり，酸素分子 1 mol は 32.00 g，酸素分子 3 mol は $32.00 \times 3 = 96.00\,\mathrm{g}$ ということになる．

塩化ナトリウム NaCl のように分子を形成していない組成式の場合，原子の原子量の総和を式量（formula weight）といい，分子量と同じように取り

扱う．原子 Cl の原子量は 35.45 なので，NaCl の式量は 22.99＋35.45＝58.44 となる．

物質量，質量，体積の関係

アボガドロの法則によれば，「同温・同圧の気体では，気体の種類にかかわらず同体積中に同数の分子が含まれている」．これは，「同温・同圧の気体では，気体の種類にかかわらず同数の分子は同じ体積を占める」と言い換えることができる．温度 0 ℃，圧力 $1.013×10^5$ Pa（大気圧，1 気圧，1 atm または 760 mmHg とも示される）の環境を標準状態[2-7]というが，このとき $6.022×10^{23}$ 個（1 mol）の気体分子が存在した場合には，この気体が占める体積をモル体積（molar volume）といい，理想的な気体では 22.4 L と決まっている[2-8]．これによって，気体の体積と物質量，質量を近似的に相互換算することができる．

[2-7] 標準状態をどの温度・圧力で示すかに関しては，種々の決め方がある．気体の取り扱いに関しては 0 ℃，1 気圧である．本書では，混乱しないようにできるだけ温度・圧力の値を併記した．

[2-8] この値が成立するような物質を，理想気体（ideal gas）とよぶ．

分子量と分子質量のちがい

水分子 H_2O の分子量はいくつだろうか．分子量とは，分子を形成する原子の原子量の総和なので，自然界に存在する同位体を考慮した数字となる．先に水の分子式を H_2O と示したが，実際には，DHO, D_2O, $H_2{}^{17}O$, $DH^{17}O$, $D_2{}^{17}O$, $H_2{}^{18}O$, $DH^{18}O$, $D_2{}^{18}O$ といった分子もわずかながら含まれていることになる．水素の原子量（1.0079）および酸素の原子量（15.999）を有効数字5桁まで記すと，水の分子量（molecular weight）は，$1.0079 \times 2 + 15.999 = 18.015$ ということになる．それでは，同位体を考慮せず純粋に H_2O だけの式量はいくつになるか．原子 ${}^1H$ の原子質量（1.0078）および ${}^{16}O$ の原子質量（15.995）から，$1.0078 \times 2 + 15.995 = 18.011$ と計算される．ちなみに D_2O なら $2.0141 \times 2 + 15.995 = 20.023$，$H_2{}^{18}O$ なら $1.0078 \times 2 + 17.999 = 20.015$ となる．これらの数値は，分子量に対して分子質量（molecular mass）といい，同位体分子を考慮しない値である．それぞれ分子量とだいぶ異なる値になっているのがわかるであろう．質量分析法（mass spectrometry）という分析手法は，分子の分子質量を求めるものである．実際には自然存在比は変動しており小数点第5位より下はあまり意味を持たないが，質量分析装置の高分解能モードで測定すると小数点第3位の数値で±5位に収まる程度の分析精度があり，同位体や近い分子質量を有する物質とをはっきりと識別できるのである．

第3章 原子軌道と電子配置

3.1 ボーアの原子モデル

連続スペクトルと輝線スペクトル

　原子の大まかな構造に関しては，2.2節で既に述べた．それでは，原子の中で電子はどのような場所に存在しているのだろうか．これは，2.3節で示した周期律と深い関係をもっており，より深く原子の性質を考える上では避けられない問題である．

　ここで唐突だが，光についておさらいしてみよう．関係ないようでいて，実は電子配置を考える上で重要なことなのだ．太陽や様々な照明から発せられる可視光線は白く見える．しかし，プリズムなどを利用して波長ごとに分離すると，赤〜紫の異なる色が徐々に移り変わるように見える．これが連続スペクトル（continuous spectrum）である．虹は，水滴によって光が分解されて七色に見えるが，実は色の境目はなく連続して色が変化しているのである．赤が長波長側で紫が短波長側であるのは，図3.1の通りである．

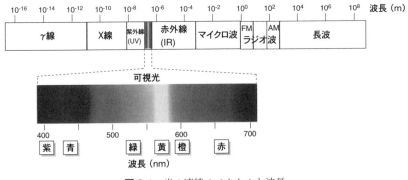

図 3.1 光の連続スペクトルと波長

さて，ガラス管に水素ガスを封入して放電を起こさせると，原子はエネルギーを吸収し，原子中の電子が励起して高いエネルギー状態になることが実験によってわかっている．そして，励起した電子は元の状態に戻る際に光としてエネルギーを放つ（図3.2）．そのように放射された光をプリズムに通すと，連続せずに特定の波長が複数の細い線として現れる（図3.3）．これを輝線スペクトル（line emission spectrum）という．アルカリ金属やアルカリ土類金属，銅のそれぞれの元素を含む化合物を炎であぶると，炎が各元素に特有な色に変化する．これが，炎色反応（flame test）である．例えば，カリウムは赤紫色（760 nm），ナトリウムは黄色（589 nm）といったぐあいである．花火は，炎色反応を利用することでなっており，夏の夜空を様々な色に染めてくれる．炎色反応は，水素原子からの輝線スペクトルと同じ原理で起こっているのである．輝線スペクトルの存在や元素によって炎色反応の色が異なるということは，放出するエネルギー量（＝吸収するエネルギー量）は連続的に変化するものではなく，ある一定の値をとることを示唆している．

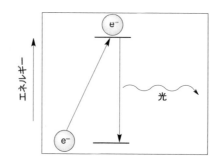

図 3.2 原子からの光の放出
電子が励起した後，光としてエネルギーを放出する．

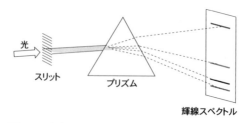

図 3.3 水素ガス封入管からの光の輝線スペクトル

ボーアの水素原子モデル

　1900年，物理学者マックス・プランク（ドイツ Max Karl Ernst Ludwig Planck, 1858-1947）は，光エネルギーは連続的なものではなく，量子（quanta）とよばれる，ある最小単位の整数倍の値しかとれないことを発見した[*3-1]．これがいわゆる量子論の考え方である．このエネルギー量子の考え方の元，1913年にニールス・ボーア（デンマーク Niels Henrik David Bohr, 1885-1962）は，ボーアの水素原子モデル（Bohr model of hydrogen）を提唱した（図3.4）．簡単に言うと，原子というミクロな世界では，正電荷（＋）をもつ原子核を中心として，負電荷（－）をもつ電子がある半径をもった円周を回っており，その際，電子はある特定のエネルギー準位（energy level）の軌道に沿って動いている，というものである．異なる軌道のエネルギー差は，とびとびの値をとる．つまり，原子の中で電子はどこにでも存在している（連続的）わけではなく，軌道上に層をなして存在している（不連続的）のである（これをエネルギーの量子化という）．エネルギー準位は，1以上の整数 n（1から無限大の整数）で表され，原子核に最も近くて最も低いエネルギー準位 $n=1$ のことを基底状態（ground state）とよぶ．水素原子の電子は通常このエネルギー準位にいる．n が大きくなってエネルギー準位が高くなると，軌道の半径も大きくなり，エネルギーが大きくなる．この n のことを電子殻（electron shell）ともいい，エネルギーの低い順番にK殻（$n=1$），L殻（$n=2$），M殻（$n=3$），N殻（$n=4$）……といった層が存在していると考えるのである．

　ボーアモデルは，水素原子が示す輝線スペクトルについて，よく説明することができる．基底状態にいる電子がエネルギーを吸収すると，より高いエネルギー準位に移動する．

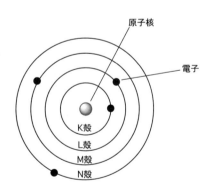

図3.4 ボーアの原子モデル

[*3-1] 光エネルギーの最小単位はプランク定数（Planck constant, $h=6.63×10^{-34}$ J s）と名づけられている．

電子が 1 よりも大きい n の軌道にあるとき,原子は基底状態のときより高いエネルギーを有しており,励起状態(excited state)と呼ばれる.励起状態は不安定な状態なので,電子は安定な基底状態に戻ろうとする.この際に,放射線(光)としてエネルギーが放出されるのである(電子遷移 electronic transition).各軌道は特定のエネルギー状態にあるので,放出された光は特定の波長を有することになる.すなわちエネルギー差 $\Delta E = h\nu$(h はプランク定数,ν ニューは振動数)で表される.振動数 ν(frequency, Hz)は波の速度 v($\mathrm{ms^{-1}}$)と波長 λ(wavelength, m)から次の式で表される.

$$\nu = \frac{v}{\lambda} \qquad (式3\text{-}1)$$

光の速度 v は 299,792,458 $\mathrm{ms^{-1}}$(通常は $3.00\times10^8\,\mathrm{ms^{-1}}$ とする)と一定なので,ΔE から自ずと光の波長が特定される.これが輝線スペクトルとして示されることになる.ボーアは水素原子スペクトルにおける輝線の波長を計算によって求め,これらの値が正しいということが後に実験によって証明された.例えば,4本の可視光(赤,青,紫,紫)の輝線スペクトル群は,バルマー系列(Balmer series)とよばれているが,これは,それぞれ $n=3\sim6$ の軌道から電子が $n=2$ の軌道に移るときに放出される光に対応することが示された[*3-2].なお,電子殻 n の電子の軌道半径 r_n は次式で示される.

$$r_n = \frac{n^2h^2}{4\pi^2 k_0 m_e e^2} \qquad (式3\text{-}2)$$

k_0:クーロンの法則の定数(Coulomb's constant, $8.99\times10^9\,\mathrm{Nm^2C^{-2}}$ = $\mathrm{kg\,m^3\,s^{-2}\,C^{-2}}$)= $(4\pi\varepsilon_0)^{-1}$
 ε_0 は、真空の誘電率(electric constant, $8.854\times10^{-12}\,\mathrm{A^2\,s^2\,N^{-1}\,m^{-2}}$)
m_e:電子の質量($9.109\times10^{-31}\,\mathrm{kg}$)
h:プランク定数($6.63\times10^{-34}\,\mathrm{J\,s}$ = N m s = $\mathrm{kg\,m^2\,s^{-1}}$)
e:電子の電荷(電気素量 elementary charge, $-1.602\times10^{-19}\,\mathrm{C}$)

[*3-2] 他にも,より高い軌道から $n=1$ への移動(紫外部,ライマン系列 Lyman series),$n=3$ への移動(赤外部,パッシェン系列 Paschen series),$n=4$ への移動(赤外部,ブラケット系列 Brackett series),$n=5$ への移動(赤外部,プント系列 Pfund series),$n=6$ への移動(赤外部,ハンフリーズ系列 Humphreys series)が知られている.

式3-2に$n=1$を代入すると，式3-3になる．

$$a_0 = r_1 = \frac{h^2}{4\pi^2 k_0 m_e e^2} \qquad (\text{式3-3})$$

基底状態における水素原子の電子の軌道半径a_0をボーア半径（Bohr radius）という．すべての値を代入して計算すると，およそ0.053 nmと計算される．

以上のように水素原子を元に，他の元素に概念を広げたものが，いわゆる「ボーアの原子モデル」である．この原子モデルは平面的でわかりやすいが，実際の原子は3次元的な粒子であり，電子の運動を正確に表してはいない．また，水素の原子構造と輝線スペクトルについては説明できるものの，電子が2つ以上の原子には適用できなかった．その後いわゆる量子力学の研究が

モノの色はどう見える？

我々がモノを見るとき，モノに光があたった状態で見ていることになる．この時，モノは特定の色の光を吸収し，それ以外の光を反射する．実はモノの色は，モノが反射する光が何色に見えるかによって決まる．このように実際見ている光の色を，補色（complementary color）という．表3.1に，ある波長の光の色と補色の関係を示した．色を360°円周上に配置すると，その対角にあたるのが補色となる．例えばリンゴは，青緑色の波長の光が吸収され，反射した光全体が赤色に見えるのである．黄色が吸収される物質は，青く見える．それでは葉緑体がたくさん含まれる植物の緑色はどうだろうか．葉緑体の作用によって，赤や青系統の色（混ぜると紫になる）が吸収され，結果として緑色が補色となっているのである．一方，ある色とその補色関係の色は，お互いを目立たせる関係にある．現代生活では欠かせないカラーコーディネートにとっても，補色を考えることは重要な要素になっている．

表3.1 光の色と補色の関係

波　長	光の色	補色
380—435	紫	黄緑
435—480	青	黄
480—490	緑青	橙
490—500	青緑	赤
500—560	緑	赤紫
560—580	黄緑	紫
580—595	黄	青
595—620	橙	緑青
620—750	赤	青緑
750—780	紫赤	青緑

進み，電子を粒子と波の両方の性質をもつものとして取り扱う考え方によって，原子モデルが改められるようになった．次節では，現在における原子モデル理論を紹介する．

3.2 原子軌道

電子は波動方程式であらわされる

太陽の周りを惑星が回っているのと酷似しているボーアの原子モデルは，なんとなくわかりやすいが，古典力学をベースとしているので，様々な矛盾を含んでいた．その矛盾を解消する原子論は，1920年代に入ってアインシュタイン（ドイツ Albert Einstein, 1879-1955），ハイゼンベルク（ドイツ Werner Karl Heisenberg, 1901-1976），ド・ブロイ（フランス Louis-Victor-Pierre-Raymond, 7th duc de Broglie, 1892-1987），シュレーディンガー（オーストリア Erwin Rudolf Josef Alexander Schrödinger, 1887-1961）らの活躍によって発展した「電子は粒子であると同時に波として振る舞う」という理論によって構築されることとなった．波動性をもつ電子の動きは，シュレーディンガーによって数学的にあらわされた．電子の粒子としての運動エネルギー（kinetic energy）Tと位置エネルギー（potential energy）Vを合わせると全エネルギー（total energy）Eになることから，次式が成り立つ．

$$T = \frac{1}{2}mv^2 = E - V \qquad (式3\text{-}4)$$

これに，電子の波としての概念を考慮することで，次式が成立する．

$$\frac{\partial^2 \Psi}{\partial x^2} + \frac{\partial^2 \Psi}{\partial y^2} + \frac{\partial^2 \Psi}{\partial z^2} + \frac{8\pi^2 m_e}{h^2}(E-V)\Psi = 0$$

または

$$H\Psi = E\Psi \quad (H はハミルトニアン Hamiltonian というエネルギー演算子)$$

$$(式3\text{-}5)$$

E：全エネルギー
V：電子の位置エネルギー

m_e：電子の質量

v：電子の速度

∂：偏微分の演算子

Ψ（psi プサイ）：波動関数

　これが，時間を含まないシュレーディンガーの波動方程式（wave equation）である．演算子の名称は，ハミルトン（イギリス William Rowan Hamilton，1805-1865）に因んでいる．E がある一定の値をとるときだけ満足する解（関数 Ψ）が存在し，これが電子の挙動を示す．波動方程式の Ψ 自体には物理的な意味は無いが，その絶対値の 2 乗 $|\Psi|^2$ は，電子の存在確率の分布を意味しており，実はこれが電子の所在を明らかにする数式なのである．つまり電子は，ボーアモデルのように決まった半径で原子核の周りを回っているのではなく，波動方程式によって与えられる「ある空間」の中を動き回っているのである．「ある空間」が一般にいう電子の「軌道（orbital）」である．ボーアの原子モデルで電子が回る「周回軌道（orbit）」とは異なることに注意してほしい．2 次元的なものではなく，軌道（orbital）とは電子が入る 3 次元的な"容器"であるといってもよい．電子は常に動き回っており，ある瞬間の電子の位置を正確に決めることはできない[*3-3]．量子論における原子は，電子の存在確率分布 $|\Psi|^2$ を 3 次元の雲（電子雲 electron clouds）で示し，例えば，水素原子は図 3.5 のように表される．図の濃い部分は電子の存在確率が高い部分であり，淡い部分は存在確率が低い部分となる．

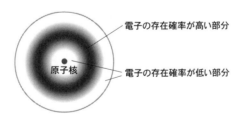

図 3.5　量子論原子モデル

[*3-3] 1927 年によってハイゼンベルクによって提唱された不確定性原理により，「粒子の運動量と位置を同時に正確に測ることができない」からである．

電子の場所は量子数で示される

通常，人はどこかに定住し，住んでいる場所は住所で示される．同様に電子も，原子内でどの軌道に存在してどういう状態になっているのか，が決まっていて，その場所・状態を特定するのが，波動方程式で決められる4つの量子数（quantum number）である．量子数とは，いわば「電子の住所」であると考えれば理解しやすい．なお，以下に述べるのは，原子に関する軌道（原子軌道）に関してである．

まず，「住所」の最も大きい括りとして最初に割り当てられるのが主量子数 n（principal quantum number）である．ここではわかりやすく，電子が住むことができる高層マンションを仮に想像してもらおう（図3.6）．その「階」にあたるのが主量子数である．実はボーアの原子モデルにおける「電子殻」は主量子数と同じことを意味しており，軌道やエネルギーのおおよその大きさが決まる．すなわち，原子核（マンションの例えで言えば地面）に最も近い $n=1$（1階）が最もエネルギーレベルが低く，続いて $n=2$（2階），$n=3$（3階），

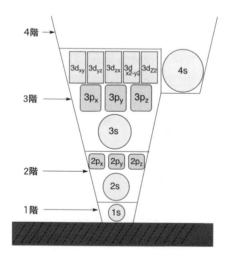

図 3.6 電子が住む高層マンション（軌道のイメージ）
上階の軌道ほど大きくなっていく．

水素原子の波動方程式

電子が1個しかない水素原子において,波動方程式を考えてみる.電子と原子核の間の引き合う力(クーロン力)と円運動が釣り合っていることから,水素原子の位置エネルギーVは次式となる.

$$V = -\frac{k_0^2 e^2}{r} \quad \text{(式 3-6)}$$

e:電気素量
k_0:クーロンの法則の定数
r:中心からの距離

これを波動方程式(式3-5)に挿入する.

$$\frac{\partial^2 \Psi}{\partial x^2} + \frac{\partial^2 \Psi}{\partial y^2} + \frac{\partial^2 \Psi}{\partial z^2} + \frac{8\pi^2 m_e}{h^2}\left(E + \frac{k_0^2 e^2}{r}\right)\Psi = 0 \quad \text{(式 3-7)}$$

このままでは微分方程式を解くことができないが,動径rと2個の偏角θ, φからなる極座標に変換した後,距離rに関する式を解いてEを求めると,次式となる.

$$E = -\frac{2\pi^2 m_e k_0^2 e^4}{n^2 h^2} \quad n = 1, 2, 3, \cdots\cdots \quad \text{(式 3-8)}$$

このnにあたるのが,電子の軌道の主量子数である.

次に,偏角θに関する式を解いて得られる,電子の全角運動量Lは,次式で表される.

$$|L| = \frac{h}{2\pi}[l(l+1)]^{\frac{1}{2}} \quad l = 0, 1, 2, \cdots\cdots n-1 \quad \text{(式 3-9)}$$

このlが方位量子数である.

一方,偏角φに関する式を解いて得られる,ある軸方向の角運動量L_zは,次の式となる.

$$L_z = m \times \frac{h}{2\pi} \quad m = 0, \pm 1, \pm 2, \cdots\cdots \pm l \quad \text{(式 3-10)}$$

このmが磁気量子数である.

これらの式における量子数n, l, mは,解が存在するのに必要な数値として自然に導入される整数であり,電子の場所を示す軌道を示しているのは,本文に書いた通りである.

$n=4$(4階)……と正の整数で表される.それぞれ,電子殻という考え方からは順番にK殻,L殻,M殻,N殻……というようによばれるというのは既に述べたとおりである*3-4.しつこいようだが,この殻というのは,原子核を中心として電子が回る「周回軌道」ではない.また,波動関数から求められる軌道(orbital)のことでもない.複数の軌道が集まったものをあわせて「殻」を形成していると考えるのが正しく,「K殻」や「L殻」というものが存在するわけではないのである.軌道(orbital)が部屋であり,複数の部屋で階が構成されていると考えればよい.電子が動ける領域を視覚的に表したのが軌道の形である.軌道の形を特定するには電子がどのように動くか(角運動量)によって割り当てられる方位量子数 l (azimuthal quantum number,副量子数または角運動量量子数ともいう)も考慮に入れなければならない.これは,与えられた主量子数 n に対し,$l = 0, 1, 2, 3$ …… と $n-1$ までの正の整数で表される.例えば,$n=1$ の場合「$l=0$」,$n=2$ の場合「$l=0$ と 1」,$n=3$ の場合「$l=0$ と 1 と 2」,$n=4$ の場合「$l=0$ と 1 と 2 と 3」と,取り得る方位量子数が増えていくことになる.このとき,$l=0$ は「s」,$l=1$ は「p」,

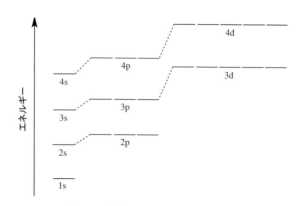

図 3.7 軌道のエネルギー準位の順番

---

*3-4 電子殻がK殻から始まるのは,電子殻が発見されたときに,それより内側にも電子殻があるのではないかと予想されたために,アルファベットで真ん中辺のKから使い始めたからである.

$l=2$ は「d」，$l=3$ は「f」というように記号が割り当てられている[*3-5]．

軌道の名称は，主量子数と方位量子数を並べた数字（1，2，3……）とアルファベット（s，p，d，f……）の組み合わせで表すことができ，例えば 1s 軌道，2p 軌道などと称する．図 3.7 に示すような順番でエネルギー準位が高くなっている（図 3-7 には 4d 軌道まで示してある）．1s 軌道より 2s 軌道のエネルギー準位が高く，さらに 2p，3s，3p という順番になっている．概ね主量子数が大きくなるに従ってエネルギー準位も高くなっているので，次は 3d と考えがちだが，ここは逆転しており，3d よりも 4s の方が低いエネルギー状態にあることに注意しよう．さて，図 3.6 および図 3.7 において s 軌道はどれも 1 個ずつで表しているが，p 軌道の場合，2p 軌道でも 3p 軌道でもそれぞれ等しいエネルギー状態の 3 個の軌道が表されているのに気づいただろうか．同様に，d 軌道は 5 個，f 軌道は 7 個重なっている．同じエネルギー状態が二つ以上存在していることを縮重（または縮退 degeneracy）といい，s 軌道以外の軌道は，通常，縮重している．これには，3 つめの量子数，磁気量子数 m（magnetic quantum number）を考える必要がある．磁気量子数と呼ばれるのは，外部の磁場の影響で軌道面が変わることからきている．わかりやすくいうと，軌道の形は同じでも 3 次元的な方向性が異なっており，その方向の違いを表したものと思えばよい（形が違うものもあるが）．磁気量子数は，与えられた方位量子数 l に対し，$l=0$ では「$m=0$」の 1 種類，$l=1$ では「$m=-1, 0, +1$」の 3 種類，$l=2$ では「$m=-2, -1, 0, +1, +2$」の 5 種類……というように値をとらせることになる．先の同じエネルギー状態の軌道の数と一致しているのがわかるだろう．

水素以外の原子での電子運動は，他の電子の影響も受けるので，方位量子数 l が関係するエネルギー準位を考慮する必要がある（図 3.7）．一方，水素原子は電子が 1 個しかないため，主量子数 n のみでエネルギー準位が決まるのである．このとき，$n=2$ にあたる 2s 軌道と 2p 軌道（あわせて 4 つの軌

[*3-5] 方位量子数のアルファベットは，スペクトル線の特徴を元に名づけられている．s は sharp（周波数範囲が狭く鋭い），p は principal（ほぼすべての元素において観測される主要なものである），d は diffuse（幅広である），f は fundamental（もっと広がっていて土台のようである）といった具合である．f より先はアルファベット順に g,h,i…と続くことになる．

道）は縮重して，同じエネルギーとなっている．同様に，$n=3$ にあたる 3s, 3p, 3d（あわせて 9 つの軌道）も縮重している．

いろいろな軌道の形がある

それでは，これらの軌道はどのような形をしているのだろうか．図 3.8 に代表的な軌道の形を示した．軌道は原子核を中心に，x, y, z 軸を座標として 3 次元的に考える必要があり，s 軌道はすべて方向性のない球形をしている．ここで，1s 軌道についてより詳細に考えてみよう．図 3.9 に 1s 軌道における電子の分布図を示した．原子核の位置を 0 として，図 3.9a の縦軸は単純に電子密度を示しており，原子核中心からの距離 r が増加するとともに電子密度が減少している様子がわかる．ただし，実際の原子を考えた場合，r が小さいと体積は小さくなり，自ずと空間的に電子が存在しうる数（確率）は減ることになる．図 3.9b は動径分布関数で，r による電子存在確率が図示されている．ここで，原子核から a_0 だけ離れた場所が最も電子の存在確率が高いことがわかる．この a_0 が実は古典的な量子論によって求められるボーア半径と一致するのである．

さて，図 3.8 に戻ろう．1s は単なる球形だが，2s は 2 層構造になっており，ちょうど球の中にもう 1 つ球が入っているような形である．一方，3 つの 2p 軌道は x, y, z 軸上に広がりを持つ亜鈴（英語ではダンベル dumbbell）型であり，それぞれ $2p_x$, $2p_y$, $2p_z$ と呼ばれる．3s 軌道は 3 層構造になっており，3p 軌道は亜鈴の先端がさらに 2 つに分かれている．3d 軌道はクローバーのような形の $3d_{xy}$, $3d_{xz}$, $3d_{yz}$, $3d_{x^2-y^2}$ 軌道，そして複雑な形をした $3d_{z^2}$ 軌道に区別される．

これまでに各電子の状態を決定する量子数について 3 つ紹介してきたが，ここで，最後 4 つめの量子数を紹介しよう．それは，電子の自転方向を示すもので，スピン量子数 s（spin quantum number）とよばれる[*3-6]．右回りの場合 $+1/2$，左回りの場合 $-1/2$ のどちらかの値をとることになる．パウリ（オーストリア生まれ・スイス Wolfgang Ernst Pauli, 1900-1958）によって

[*3-6] スピンを「電子の自転」と解釈するのは，議論の分かれるところであるが，本書では「自転」として取り扱った．

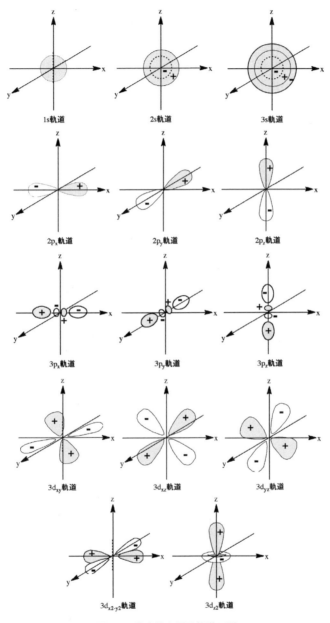

図 3.8 代表的な原子軌道の形

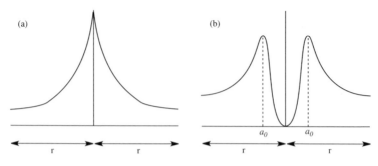

図 3.9 1s 軌道の電子分布図
(a) 縦軸は電子密度を表している．
(b) 縦軸は中心からの距離 r における電子の存在確率を示している．
横軸はどちらも原子核の中心位置を 0 とした距離を示している．

示されたパウリの排他原理（Pauli's exclusion principal）によれば，「軌道1つに電子は最大2個までしか入らない．そして，同じ軌道に2つの電子が入る場合には，スピン量子数 s の異なるものが対となる．すなわち，1つの原子中で，4つの量子数がすべて同じ電子は存在しない」とされる．

以上4つの量子数が住所となり，すべての電子の状態が特定されることになる．もう一度繰り返そう．高層マンションの最も低い1階には「1s 軌道」という室名の1部屋しかなく，2階は「2s 軌道」，「$2p_x$ 軌道」，「$2p_y$ 軌道」，「$2p_z$ 軌道」の4部屋がある．「2s 軌道」の部屋の形は「1s 軌道」と似ているが内

表 3.2 原子軌道と量子数の関係

主量子数 n	1	2				3								
方位量子数 l	0	0	1			0	1			2				
磁気量子数 m	0	0	-1	0	$+1$	0	-1	0	$+1$	-2	-1	0	$+1$	$+2$
スピン量子数 s	$+\frac{1}{2}$ $-\frac{1}{2}$	$+\frac{1}{2}$ $-\frac{1}{2}$	$+\frac{1}{2}$ $-\frac{1}{2}$	$+\frac{1}{2}$ $-\frac{1}{2}$	$+\frac{1}{2}$ $-\frac{1}{2}$	$+\frac{1}{2}$ $-\frac{1}{2}$	$+\frac{1}{2}$ $-\frac{1}{2}$	$+\frac{1}{2}$ $-\frac{1}{2}$	$+\frac{1}{2}$ $-\frac{1}{2}$	$+\frac{1}{2}$ $-\frac{1}{2}$	$+\frac{1}{2}$ $-\frac{1}{2}$	$+\frac{1}{2}$ $-\frac{1}{2}$	$+\frac{1}{2}$ $-\frac{1}{2}$	$+\frac{1}{2}$ $-\frac{1}{2}$
軌道	1s	2s	$2p_y$	$2p_z$	$2p_x$	3s	$3p_y$	$3p_z$	$3p_x$	$3d_{xy}$	$3d_{yz}$	$3d_{z^2}$	$3d_{zx}$	$3d_{x^2-y^2}$

装が異なる．一方，「$2p_x$ 軌道」「$2p_y$ 軌道」「$2p_z$ 軌道」は方向が違うだけで形は同じであるが，「2s 軌道」とは部屋の形が異なっている．3 階には「3s 軌道」，「$3p_x$ 軌道」，「$3p_y$ 軌道」，「$3p_z$ 軌道」の他に「$3d_{xy}$ 軌道」，「$3d_{xz}$ 軌道」，「$3d_{yz}$ 軌道」，「$3d_{x^2-y^2}$ 軌道」「$3d_{z^2}$ 軌道」の 8 部屋から構成されることになる．

軌道の＋・－ってなに？

図 3.8 に示した軌道の絵には＋・－の表示があることに気づいただろうか．これは一見すると電荷のプラス・マイナスを表していると考えがちだが，そうではないことに注意しよう．これを理解するのは少しむずかしいが，「電子は粒子であるとともに波でもある」と書いたのを思い出してほしい．例えば，電子の波を図 3.10 のような平面波としてみる．

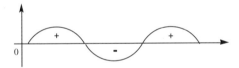

図 3.10 波の位相

波は上がったり下がったりするが，軸より上になれば＋，下になればーで表す．これを波の位相（phase）というが，軌道の＋・ーもこの位相を示していると考えればよく，位相を 3 次元的に視覚化したものなのである．どちらが絶対に＋であり－である，ということは無く，図にある＋・－を逆に示しても良い．また，軸と交差してゼロになっている点を「節（せつ，node）」という．軌道で考えれば＋と－の境目であり，電子が存在しない場所である．実は，原子と原子の結合は，軌道と軌道の重なり合いで生じると考えられ，結合は必ず同じ符号の軌道どうしでしか起こらない．つまり，軌道どうしの＋と＋，－と－は（波のごとく）強めあって結合を作れるが，＋と－は弱めあって結合が作れないのである！ この辺の詳細は後に述べるが，ここでは，軌道には＋・－があるということを頭にインプットしておいてもらいたい．

1階の部屋が最も値段（エネルギー）が低く，電子が入りやすい．上階に行くほど値段（エネルギー）が高くなり，電子が入居しにくくなる．同じ階でも，s軌道の部屋よりp軌道の部屋の方が高く，それよりd軌道が高い．部屋によっては，上階の値段（エネルギー）と逆転している部屋もある．各部屋の大きさは上に行くほど大きくなり，形や内装がすべて異なっている．そして，部屋の定員は電子2個と決まっている．各階の主量子数 n に対応する K，L，M 殻等が電子を入れることができるのは $2n^2$ 個と高校で習ったのには，こういう意味があったのである．$n=1$ から3の各軌道をまとめたのが表3.2である．

3.3 原子の電子配置

原子の電子配置を考えよう

3.2節で，4つの量子数から全ての電子の状態が決まることを学んだ．これを踏まえると，各原子の基底状態での電子配置（electron configuration）を特定することができるようになる．それでは，電子配置をどのように示したらよいのだろうか．

水素原子以外の原子は，複数の電子を有しているが，各原子における基底状態で，電子は必ずエネルギー準位の低い軌道から順に埋まっていくと考えることができる（組み立て原理）．ただし，先に示した「パウリの排他原理」と同時に，フント（ドイツ Friedrich Hermann Hund, 1896-1997）によって定められたフントの規則（Hund's rule）「p軌道やd軌道のようにエネルギーの等しい複数の軌道に電子が入るときには，偏りがないように1つずつ入り，また，スピンの方向もそろえる」にも従う必要がある．1つの軌道に電子が2個入ると，電子間反発が生じるので，できるだけ別の軌道に入った方がエネルギー的に有利なのである．また，スピンの方向がそろっている場合も，より安定となる．

まず最初に，最も簡単な水素原子Hの電子配置を考えてみよう．1つの軌道を横線1本，そこに存在する電子1個は矢印（↑）で示すことにする．電子を1個しか持たない水素Hは，一番エネルギー準位の低い1s軌道に1個の電子を入れればよい（図3.11）．このとき電子配置は $1s^1$ と表され

3.3 原子の電子配置

る．上付文字の 1 は軌道に入っている電子数を示している．また，軌道に 1 個目の電子を書く場合には，ふつう上向きの矢印（スピン量子数の ＋1/2）を書く．同じようにヘリウム He，リチウム Li（lithium），ベリリウム Be，ホウ素 B（boron），炭素 C に関しては図 3.12 に示した．例えば，炭素原子は 6 つの電子を有しているので，フントの規則に従って軌道に電子を入れていくと，各軌道への電子配置は図 3.12e のようになり，$1s^2 2s^2 2p^2$

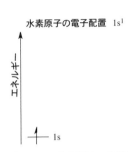

図 3.11 水素原子の基底状態の電子配置

で示される．$1s^2$ のように 1 つの軌道が 2 つの電子で満たされる場合は，上下逆さまの矢印で満たされなければならない．下向きの矢印↓はスピン量子数の －1/2 を意味する．また，$2p_x$, $2p_y$, $2p_z$ の区別はしないが，2p 軌道に入る電子はすべて同じ方向のスピンを示す矢印で統一しなければならない．

原子の電子配置は，原子どうしの結合の仕方を理解するのに重要なので，

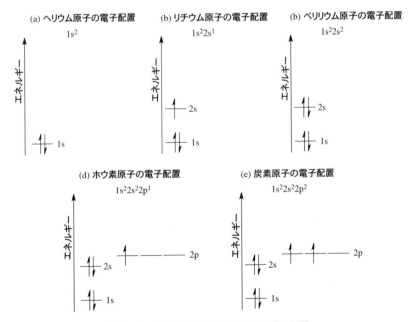

図 3.12 様々な原子の基底状態の電子配置

他の原子においても同じように電子配置がかけるように、しっかり勉強しておこう。図 3.7 に各エネルギー準位の順番を示したが、電子を埋めていく順番のわかりやすいルールがあり、それを図 3.13 に示したので参考にしてほしい。ただし、4s 軌道以上ではエネルギー値が接近しており、順番が逆転する場合もある。

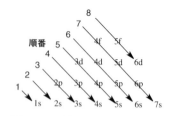

図 3.13 電子が軌道を埋める順番
数字 1 の矢印から始まり、2、3、……と進めて電子を埋めていく。

原子の最外殻電子に注目しよう

それでは、ヘリウムやネオンなどの希ガス類はどのような電子配置をとっているのだろうか。上記に従って示すと、ヘリウム He は $1s^2$、ネオンは $1s^2 2s^2 2p^6$、アルゴン Ar は $1s^2 2s^2 2p^6 3s^2 3p^6$ となる。これらの原子では s 軌道および p 軌道がすべて電子で満たされているのがわかるであろう (図 3.14)。表 3.3 に希ガス類における各電子殻の電子数をまとめた。

ヘリウムやネオンの様に、殻に含まれる全ての軌道が電子で満たされている電子配置を閉殻構造 (closed shell configuration) という。このような状態は無駄な空き部屋がないマンションと同じで、化学的に安定しており、これらが容易に他の原子と結合することはない。希ガス類のことを、別名で不活性ガスというのはこのためである。その他の希ガス類の電子配置はど

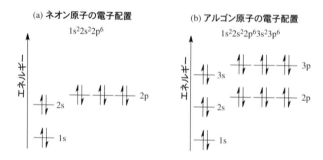

図 3.14 希ガス類の電子配置

3.3 原子の電子配置

表 3.3 希ガス類における各電子殻の電子数

	K殻	L殻		M殻			N殻				O殻			
	s	s	p	s	p	d	s	p	d	f	s	p	d	f
He	2	—	—	—	—	—	—	—	—	—	—	—	—	—
Ne	2	2	6	—	—	—	—	—	—	—	—	—	—	—
Ar	2	2	6	2	6	—	—	—	—	—	—	—	—	—
Kr	2	2	6	2	6	10	2	6	—	—	—	—	—	—
Xe	2	2	6	2	6	10	2	6	10	—	2	6	—	—

うだろうか．原子核から最も遠くて外側の殻（主量子数 n が最も大きな軌道）にある電子（最外殻電子 electrons in the outermost shell）の数に注目してみよう．どの場合も s 軌道および p 軌道が満たされて 8 個になっている．最外殻の全部の軌道ではなく，エネルギーの低い方の軌道が電子で全部満たされている場合（s と p 軌道で 8 個）を準閉殻構造（sub-closed shell configuration）といい，この場合も安定な電子配置となる．アルゴン，クリプトン Kr（krypton），キセノン Xe（xenon）は，準閉殻構造をとっているのである．アルゴンやクリプトンの化合物の例が極めて少ないのも，原子状態でエネルギー的に安定であるからに他ならない．ただし，キセノンの最外殻電子は原子核から距離が大きく離れているため，キセノンは比較的電子を放出してイオン化しやすく，他の希ガス類よりも化合物をつくりやすい．いずれにせよ，ヘリウムを除いた希ガス類の最外殻電子が 8 個であることに注目しよう．希ガス類以外の元素では最外殻電子が 8 個ではなく，この「8 個」というのが電子数の目安となる．希ガス類以外の元素は，多くの場合，最外殻電子が希ガス類と同じ 8 個になるように他の原子から電子を奪ったり譲ったり，あるいは共有しあうことで，エネルギー的に安定なイオンや分子の形成を目指すと考えればよいのである．これがオクテット則（octet rule または 8 電子則）とよばれる経験則である．この「8」という数字をよく覚えておいてほしい．原子どうしの結合については 4.1〜4.2 節で詳しく述べる．

他の元素と比べて遷移元素は，最外殻電子が 1 個か 2 個であまり変化せず，隣り合う元素どうしの性質がよく似ているという特徴がある．電子配置を元に考えてみると，d 軌道や f 軌道に電子が入るより先に，最外殻である s 軌道に 1 個か 2 個の電子が入り，それから d 軌道や f 軌道に電子が順

に詰まっていくのが遷移元素である．例えば，原子番号21番スカンジウム Sc（scandium）の電子配置を見てみよう（図3.15a）．第4周期の遷移元素が始まるスカンジウム以降の元素では，既に4s軌道に電子が2個入った状態（$4s^2$）から，3d軌道に電子が1個ずつ埋まっていくことになる．典型元素に比べて遷移元素が独特であることがわかるであろう．ただし，24番クロム Cr（chromium）（$4s^1, 3d^5$）と29番銅 Cu（$4s^1, 3d^{10}$）では，4s軌道には電子が1個しか入らず，3d軌道にそれぞれ5個または10個収容されている（図3.15bおよび3.15c）．銅の場合，これでM殻が閉殻構造になっており，より安定な状態をとっていることになる．一方，クロムのように軌道のすべてが同方向スピンの電子で満たされている状態を半閉殻構造（half-closed shell configuration）といい，1つの軌道内に2つの電子が入った場合の電子間反

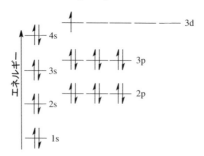

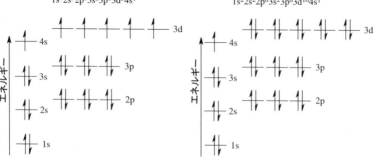

図3.15　遷移元素の電子配置

発が避けられていて，少し安定な状態が形成されているのである．4d 軌道が関与する遷移元素では同様に，41 番ニオブ Nb（niobium）（$5s^1, 4d^4$）・42 番モリブデン Mo（molybdenum）（$5s^1, 4d^5$）・44 番ルテニウム Ru（ruthenium）（$5s^1, 4d^7$）・45 番ロジウム Rh（rhodium）（$5s^1, 4d^8$）・46 番パラジウム Pd（palladium）（$5s^0, 4d^{10}$）・47 番銀 Ag（silver）（$5s^1, 4d^{10}$）のところが変則的で，

電子と人は似たものどうし？

これまで，電子をまるで人のように扱う例え話をしてきたが，面白いことに人と電子・原子・分子（広い意味で物質も）は同じようにふるまうことが多いと考えるのは筆者だけだろうか．次のような例を考えてみよう．

「あなたを含めて 8 人が在来線通勤電車を待ってホームにいます．電車がホームに入ってきて，乗り込んだら中はガラガラに空いていて，どこでも自由な席に座ることができます．どのように座りますか？」（図 3.16）．

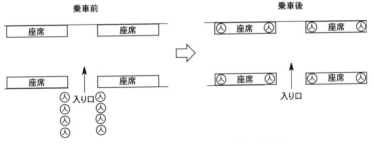

図 3.16 人が電車に乗るとどの場所に座るか

もし，8 人ともお互いに知り合いでなかったら，まず図のように別々に，しかも座席の角に座るケースが多いのではないだろうか．人と人が反発するわけではないのだが，あえて見知らぬ人の隣に座ることはないだろうし，角に座った方が寄りかかれるし楽チンだ．これはある意味最も人にとって精神的にエネルギーが低くて済む状態といってよいだろう．同じように，意志のないはずの電子・原子・分子もなるべくエネルギーが低い状態でいようとするのである．

電子の入り方の違いが微妙に各金属の性質の違いに反映されている．

3.4 原子核の壊変と放射性同位体

放射性同位体の発見

1895年にレントゲン（ドイツ Wilhelm Conrad Röntgen, 1845-1923）は，波長の極めて短い電磁波で，放射線の一種X線（X-ray）を発見した[*3-7]．1896年ベクレル（フランス Antoine Henri Becquerel, 1852-1908）は，ウラン鉱物 $_{92}$U（uran）からX線と同様に写真乾板を感光させる放射線が出ていることを発見した．また，その放射線は空気を陽イオン化させることもみつけた．一方，キュリー夫妻（ポーランド生まれ・フランス Maria Sklodowska Curie, 1867-1934; フランス Pierre Curie, 1859-1906）により，放射線を出すラジウム $_{88}$Ra（radium）やポロニウム $_{84}$Po（polonium）が発見された．これらの元素は，原子核の構造が不安定なために放射線を放出して原子核が壊れ（放射性崩壊 radioactive decay），ほかの原子になっているのである．このような元素を，放射性同位体（radioisotope または，放射性核種・放射性同位元素）とよんでいる．原子番号の小さい元素でも，$^{3}_{1}$H，$^{14}_{6}$C，$^{40}_{19}$K，$^{131}_{53}$I などが放射性同位体である．また，ウラン，ラドン $_{86}$Rn（radon），ポロニウムなどのような元素には放射性同位体だけしかなく，放射性元素（radioactive element）とよばれている．

様々な放射線

放射線は電磁波である電磁放射線（electromagnetic radiation）と，粒子からなる粒子（放射）線（particle radiation）に分類される．粒子線のうち，正電荷を有するのが α 線（alpha ray）で，原子核が崩壊して α 粒子（alpha particle）を出すことを α 崩壊（alpha decay）という．α 粒子とは陽子2個と中性子2個からなるヘリウム He の原子核のことで，崩壊した元素の原子

[*3-7] X線はタングステン等の原子における遷移により放出される．放射線とは，広義にはすべての電磁波や粒子線を意味するが，物質を通り抜けて原子や分子に対して電離（イオン化）や励起を引き起こす電離放射線のことを一般に「放射線」とよぶ．

番号は2つ小さくなり，質量数は4つ減少する．β崩壊（beta decay）では中性子がβ粒子（電子）と反電子ニュートリノ（$\bar{\nu}_e$　electron antineutrino）を放出して陽子になる現象で，β線は電子の流れを指す．この際，原子番号が1つ大きくなる（${}^1_0\text{n} \rightarrow {}^1_1\text{p} + {}^0_{-1}\text{e} + \bar{\nu}_e$）．原子核が，高いエネルギーから低いエネルギー状態になるγ崩壊（gamma decay）とは，磁界によっては曲がらないγ線（gamma ray）という高エネルギーの電磁放射線が放出される過程である．また，電荷をもたない中性子線（neutron beam）は後述の核分裂反応で生成する．α線，β線はラザフォードにより，γ線はヴィラール（フランス Paul Ulrich Villard, 1860-1934）によってそれぞれ発見されている．物質透過力は中性子線が最も強く，γ線・X線・β線・α線の順である．

　原子核が崩壊して変化することを，核反応（nuclear reaction）といい，通常の化学反応とは大きく性質が異なる．たとえば，ウラン${}^{238}_{92}\text{U}$原子がα崩壊した場合，トリウム${}^{234}_{90}\text{Th}$（thorium）が生成することになる．

$$^{238}_{92}\text{U} \rightarrow {}^{234}_{90}\text{Th} + {}^4_2\text{He} \tag{式 3-11}$$

　この場合，反応後は元素自体が変わってしまうとともに，大きなエネルギーの出入りがあるのが特徴である．核反応式において殆どの場合，左右の質量数の和，および原子番号の和は等しくなる．また，温度や圧力によって反応速度が変わることはない．

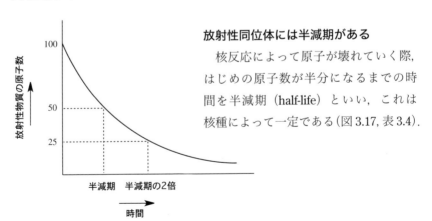

放射性同位体には半減期がある

　核反応によって原子が壊れていく際，はじめの原子数が半分になるまでの時間を半減期（half-life）といい，これは核種によって一定である（図3.17，表3.4）．

図3.17　放射性物質の半減期の意味

表 3.4 放射性同位体の半減期

崩壊プロセス	半減期
$^{238}_{92}\text{U} \rightarrow {}^{234}_{90}\text{Th} + {}^{4}_{2}\text{He}$ (α 崩壊)	4.51×10^9 年
$^{3}_{1}\text{H} \rightarrow {}^{3}_{2}\text{He} + {}^{0}_{-1}\text{e}$ (β 崩壊)	12.3 年
$^{14}_{6}\text{C} \rightarrow {}^{14}_{7}\text{N} + {}^{0}_{-1}\text{e}$ (β 崩壊)	5730 年
$^{131}_{53}\text{I} \rightarrow {}^{131}_{54}\text{Xe} + {}^{0}_{-1}\text{e}$ (β 崩壊)	8.05 日

放射性同位体の半減期の概念は,放射性物質の年代測定に応用された.$^{238}_{92}\text{U}$ は 14 回も壊変を繰り返すことで,最終的には安定な鉛 $^{206}_{82}\text{Pb}$ (lead) になる.$^{238}_{92}\text{U}$ がトリウム $^{234}_{90}\text{Th}$ に崩壊するプロセスの半減期は地球の年齢と同じ 45 億年ときわめて長く,これに比べれば $^{206}_{82}\text{Pb}$ に至るまでの元素の半減期は短いので,それらの存在は無視できる.つまり,ウランを含む鉱物の $^{238}_{92}\text{U}$ と $^{206}_{82}\text{Pb}$ の比率を知ることができれば,今から何年前にその鉱物ができたのかが測定できることになる.

地球の大気上層部(成層圏)では,宇宙からの放射線(宇宙線)によって中性子が生じ,これが窒素分子中の安定な $^{14}_{7}\text{N}$ と反応して $^{14}_{6}\text{C}$ と陽子が生成する($^{14}_{7}\text{N} + {}^{1}_{0}\text{n} \rightarrow {}^{14}_{6}\text{C} + {}^{1}_{1}\text{p}$).生じた $^{14}_{6}\text{C}$ は 5730 年の半減期を持ち,壊変して再び $^{14}_{7}\text{N}$ に戻ることになる.$^{14}_{6}\text{C}$ は二酸化炭素 $^{14}\text{CO}_2$ として大気中の通常の $^{12}\text{CO}_2$ と混ざり大気中に拡散され,光合成の原料となり植物に取り込まれる.結果として,炭素原子のおよそ 1 兆分の 1 が $^{14}_{6}\text{C}$ であり,食物連鎖によってすべての動植物の体内に同じ割合の $^{14}_{6}\text{C}$ が含まれていることになる.生物が死んだ場合,新たに $^{14}_{6}\text{C}$ が吸収されることはないので,体内の $^{14}_{6}\text{C}$ は徐々に崩壊していく.つまり,骨や化石などの考古学試料に含まれる $^{14}_{6}\text{C}$ と $^{12}_{6}\text{C}$ の比率を知ることができれば,動植物の死んだ年代が測定でき,それが発見された地層の年代も推測できることになる.

核分裂反応はエネルギーを生み出す

人工的に素粒子・放射線を原子核に当てることで,新しい人工放射性同位体を作り出す試みもされてきた.安定同位体の存在しない元素の多くは,人工的につくりだされたものである.その過程で発見されたのが核分裂反応 (nuclear fission) である.天然に微量存在する $^{235}_{92}\text{U}$ は,中性子を吸収させると不安定な $^{236}_{92}\text{U}$ となり,莫大なエネルギーの放出とともに原子核が 2 つの軽い元素に分裂するのである.例としてバリウム $^{141}_{56}\text{Ba}$ (barium) と $^{92}_{36}\text{Kr}$ が生成する過程を式で示す.

$$^{235}_{92}U + ^{1}_{0}n \rightarrow ^{236}_{92}U \rightarrow ^{141}_{56}Ba + ^{92}_{36}Kr + 3^{1}_{0}n + 1.9 \times 10^{10}\,kJ\,mol^{-1} \quad (式\ 3\text{-}12)$$

1 mol のメタン CH_4（methane）が燃焼するときに生じるエネルギーは約 800 kJ であり，$^{235}_{92}U$ の核分裂によって生じるエネルギーは，実にその 2400 万倍に相当する．石油や石炭の燃焼エネルギーと比較すると約 300 万倍位になる．

このとき生成する中性子は，さらに別の $^{235}_{92}U$ と反応し，核分裂連鎖反応を引き起こす．これを利用して，濃縮した 90% 以上の $^{235}_{92}U$ を瞬時に莫大なエネルギーに変えるよう開発されたのが原子爆弾であり，人類は文字通り大きな「爆弾」を背負ってしまった．また，3～5% の濃縮ウラン燃料 $^{235}_{92}U$ を用い，原子炉として持続的にエネルギーを取り出し，電力に変換するのが原子力発電である．2011 年の 3 月 11 日に日本で発生した東日本大震災では，津波による甚大な被害がでたが，もう 1 つの大きな災害が福島第一原発のメルトダウンによる放射性物質の被曝問題であるのはご存じの通りである．ウラン燃料が原子炉内で核分裂する際に様々な原子が生成する．その中にヨウ素 131（$^{131}_{53}I$）やセシウム 137（$^{137}_{55}Cs$, cesium），ストロンチウム 90（$^{90}_{38}Sr$, strontium）などが含まれている．体の外から放射線を浴びる外部被曝とともに，食べ物や飲み物からこれら放射性物質が取り込まれ（経口摂取），体の中から放射線を浴びる内部被曝も問題である．ヨウ素 131（半減期 8 日）やセシウム 137（半減期 30 年）に比べて，同時に生成する他の原子の半減期は極めて短いので，放射性物質としてヨウ素 131 やセシウム 137 の動向が当初の問題となったのである[*3-8]．また，ストロンチウム 90（半減期 29 年）は，骨に蓄積されやすくて長い間体内にとどまることになり，内部被曝が重篤になるおそれが高い．

[*3-8] 放射性物質がどれだけの放射能を有するか（1 秒あたり何個の原子が壊変するか）をあらわす単位がベクレル（Bq）である．一方，生体への影響をみる指標として用いられるのがシーベルト（Sv）で，放射線の種類ごとに法令で定められた数値を，吸収線量（放射線からうけるエネルギー）にかけた値を示す．

放射線と私たちの暮らしの関係

　放射線は，細胞を破壊したり遺伝子を傷つけたりするので，一定以上の放射線を浴びることはきわめて危険である．しかし，実は我々は常に自然からの自然放射線にさらされているのをご存じだろうか．宇宙からは絶え間なく宇宙放射線が降り注ぎ，その多くは地上に到達するまでに減少してしまうが，わずかながら影響される．また，岩石などの大地からの放射線，空気中の放射性物質（主にラドン）の吸入によるもの，まわりまわって食物として摂取するものもある．これらをすべて総合すると，年間約 2.4 mSv 程度は誰でも被曝していることになる．発がんリスクが確率的に 0.5% 上昇するといわれる放射線量が 100 mSv なので，はるかに小さい値である．ふだんあまり考えないが，例えば，胸部レントゲン 1 回では 0.05 mSv であり，より時間をかけるコンピュータ断層撮影（computed tomography）いわゆる CT スキャンでは 1 回 6.9 mSv に達するのである．また，東京—ニューヨーク間を飛行機で往復するだけで 0.2 mSv の放射線を浴びる．これは高度が高くなればなるほど宇宙線が増加することによる．当然，パイロットや客室乗務員も例外ではない．宇宙飛行士はさらに大きな影響をうけるわけで，1 日あたり 1 mSv といわれる．SF の世界でよく使われる宇宙放射線病は，けっして作り事ではないのである．

　危険だと思われている放射線．実は私たちの暮らしの様々な場面で利用されているのをご存じだろうか．医療としては，先に示した胸部レントゲン検査で X 線が使われているのは有名だが，現在では CT スキャンで体の輪切り画像を得るのも一般的な検査技術として利用されている．また，陽電子（positron）を発生させる放射性同位体を体内に投与し，その体内での分布を撮影するポジトロン断層法（positron emission tomography，PET）によりがん細胞をみつけるのは，最新の診断法の 1 つである．放射線により局所的にがん細胞を破壊し，腫瘍を小さくする放射線治療も以前から行われている．一方，食べ物と放射線も深いつながりがある．例えば植物に対して放射線をあてて突然変異を起こし，品種改良されている．また，放射線で害虫を不妊化させ，食物を保護することも行われている．日本ではジャガイモの発芽抑止のための放射線使用を除いてまだ認められていない

ものの，世界的には害虫駆除や滅菌・ウイルス除去のため野菜や香辛料・肉などの食べ物に放射線を直接照射することが行われている．

　今や電気製品になくてはならない半導体だが，その微細な電子回路を描く工程で半導体表面に感光剤を塗り，加工したい形状にくりぬいたマスクをかぶせて放射線をあてると，マスク型の通りに加工される．自動車産業では，ラジアルタイヤを形作る繊維補強ゴムに放射線を照射し，ゴム分子間の強度を高めるのに利用されている．また，放射性同位体を目印（トレーサー）として，生体内や化学反応，生態系などでの物質の動きを追跡する研究も発展しているなど，とにかくあげればきりがないほどである．

　上述のような食べ物に放射線を当てる技術は，本当に無害だろうか．放射線を当てることにより，食品の成分が変わったりしないのだろうか．現在では，適正な線量を用いれば問題ないといわれている．放射線が怖いからといって，飛行機に乗らなかったり，病気の検査をしなかったりというのも本末転倒な話だ．現在では我々の暮らしには放射線は切っても切れないものになっているのは事実である．しかし，放射線は「諸刃の剣」であり，放射線利用には有益と有害の両面が存在するのを知っておくべきである．原子力利用の問題も含め，人間がどのような場合にこれらを利用していいのか，悪いのか，今後いっそうの十分な話し合いと叡智が求められる．

第4章 物質の成り立ち〜化学結合

4.1 イオン結合

原子どうしの結合の源はクーロン力

　原子と原子は通常，化学結合することで，より大きな物質を形成することになる．それは結合によって，原子単独で存在するよりもエネルギー的に有利になるからである．それは，3.3節で示したように，原子はなるべく希ガス類と同じ電子配置（閉殻構造または準閉殻構造）をとるという，オクテット則を満たすことに外ならない．元々閉殻構造になっている希ガス類の原子（He, Ne）が，他の原子とは結合せず単原子分子として存在するのは，結合することによるエネルギー的なトクがないからである．準閉殻構造をとる希ガス類（Ar, Xe）では，わずかながら化合物がみつかっているが，極めて少ないのも同じ理由からである．

　それでは，原子どうしの結合力の源はどこからくるのだろうか．それは，電荷を有している粒子間の相互作用である静電気力（クーロン力）によるものである．簡単にいえば，電荷の符号が異なるものどうし（プラスとマイナス）には引力が働き，同じ符号どうしでは反発力（斥力）が働くことになる．1785年にクーロン（フランス Charles Augustin de Coulomb, 1736-1806）によって表されたのがクーロンの法則（Coulomb's law）であり，異符号の電荷間の引力の大きさ（F）は，正電荷の大きさ（q）と負電荷の大きさ（q'）の積に比例し，荷電粒子の中心間距離（r）の二乗に反比例するというものである（k は定数）．

$$F = k \times \frac{q \times q'}{r^2} \qquad (\text{式 4-1})$$

　F は $q \times q' < 0$ ならば引力を，$q \times q' > 0$ ならば斥力を表す．粒子どうしの距

離が近づくと，だんだん引力が大きくなり，エネルギーが小さくなる．しかし，実際の原子やイオンでは，周囲に電子雲があり，単純なプラス・マイナスではないことを忘れてはいけない．いずれにせよ，化学結合の基本は常にクーロン力であることは間違いない．

原子どうしが結合する際，この引力に見合うだけのエネルギーが，多くの場合，熱として放出される．このエネルギーは結合の強さを示すことにもなり，できた結合を切断するには同じ量のエネルギーが必要となるのである．代表的で重要な化学結合にはイオン結合 (ionic bond) と共有結合 (covalent bond) がある．本節では，イオン結合について考えていこう．

イオンは電荷を帯びている

化合物の一種である塩化ナトリウム NaCl や塩化銅(Ⅱ)$CuCl_2$ (copper(II) chloride) は水に溶け，それら水溶液は電気を通す[4-1]．水溶液が電気を通す物質のことを電解質(electrolyte)という[4-2]．原子の電子配置からわかるように，Na 原子や Mg 原子などの金属原子は電子を失い，正電気を帯びて Na^+ や Mg^{2+} の形をとりやすい．一方，Cl (chlorine) 原子は電子を受け取って負電気を帯び，Cl^- となりやすい．このように帯電した粒子がイオン (ion) であり，電解質が水に溶けると正電荷を有する粒子（陽イオン，カチオン cation) と負電荷を有する粒子（陰イオン，アニオン anion) に分かれる現象を電離 (electrolytic dissociation) という．また，失ったり奪ったりした電子の数を，イオンの価数 (valence number) という．固体の電解質は，陽イオンと陰イオンが結合してできている．代表的なイオンの名称とイオン式を表 4.1 に示す．イオンには原子 1 個から生じる単原子イオンだけではなく，複数の原子が結びついた原子団がイオンになっている多原子イオンもある．

[4-1] 以前は，塩化銅(Ⅱ)$CuCl_2$ は塩化第二銅，塩化銅(Ⅰ)CuCl は塩化第一銅と区別していたが，現在では価数で示すのが一般的である．

[4-2] 一般的に電解質は，酸・塩基・塩のような物質である．

[4-3] 同じ水素 H のイオンでも H^+ を水素イオン（プロトン proton），H^- を水素化物イオン (hydride) と名前が変わることに注意．このように陽イオンは元素名に「イオン」をつければよく，陰イオンは元素名の語尾に「〜化物イオン（英語では，末尾を -ide にする）」とつける．

同じ原子で価数が異なるイオンが存在する場合，銅(II)イオンのようにローマ数字で価数を示す．

表 4.1 代表的なイオン

陽イオン			陰イオン		
価数	名　称	イオン式	価数	名　称	イオン式
1	水素イオン[*4-3]	H^+	1	水素化物イオン[*4-3]	H^-
	ナトリウムイオン	Na^+		フッ化物イオン	F^-
	カリウムイオン	K^+		塩化物イオン	Cl^-
	銅(I)イオン	Cu^+		*水酸化物イオン	OH^-
	*アンモニウムイオン	NH_4^+		*硝酸イオン	NO_3^-
				*炭酸水素イオン	HCO_3^-
				*酢酸イオン	$CH_3CO_2^-$
				*過マンガン酸イオン	MnO_4^-
2	マグネシウムイオン	Mg^{2+}	2	酸化物イオン	O^{2-}
	亜鉛イオン	Zn^{2+}		硫化物イオン	S^{2-}
	カルシウムイオン	Ca^{2+}		*硫酸イオン	SO_4^{2-}
	銅(II)イオン	Cu^{2+}		*炭酸イオン	CO_3^{2-}
	鉄(II)イオン	Fe^{2+}		*リン酸水素イオン	HPO_4^{2-}
3	アルミニウムイオン	Al^{3+}	3	*リン酸イオン	PO_4^{3-}
	鉄(III)イオン	Fe^{3+}			

＊ 多原子イオン

イオン結合……陽イオンと陰イオンの相互作用

イオンのできやすさやイオンどうしの相互作用について，電子論を用いてもう少し詳細にみていこう．金属ナトリウム Na は，塩素ガス Cl_2 と激しく反応し，食塩の主成分で安定な塩化ナトリウム NaCl を形成する．Na 原子の

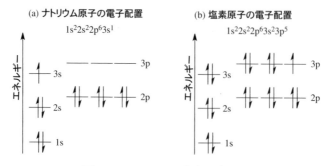

図 4.1 ナトリウムと塩素の電子配置

電子配置は $1s^22s^22p^63s^1$ である（図 4.1a）. 化学結合を形成する上で最も重要な役割を果たすのが, 最もエネルギー準位の高い殻（最外殻 the outermost shell）に含まれる電子（最外殻電子）であり, ここに注目したい. すなわち, Na では $3s^13p^0$（M 殻）である. Na の最外殻電子は 1 個しかなく, 3s 軌道にある電子 1 個を放出して Na^+ になると, ちょうど $1s^22s^22p^6$ という希ガス類ネオン Ne と同じ電子配置（閉殻構造）となり, 電子的に安定な状態になるのである（$Na \to Na^+ + e^-$）. このように, 中性原子から電子を 1 個奪うのに必要なエネルギーが第一イオン化エネルギー（first ionization energy, IE；イオン化ポテンシャル ionization potential ともいう）であり, この値が小さいほど 1 価陽イオン M^+ になりやすいことになる. 陽イオン M^+ からさらに電子 1 個または 2 個奪うために必要なエネルギーを, それぞれ第二イオン化エネルギー（second ionization energy）, 第三イオン化エネルギー（third ionization energy）というが, 当然, これらの値は順に大きくなっていく. ナトリウム Na やカリウム K, マグネシウム Mg といった金属原子のように, 最外殻に 1 個または 2 個（多くて 3 個まで）のみ電子が存在し, IE が低い原子を電気陽性（electropositive）であるという（周期表 1, 2, 3 族が相当）. 同族の原子では, 原子番号が大きいほど IE は小さくなる（図 4.2）. これは, 原子核と最外殻電子の距離が大きくなり, 原子核の正電荷の影響が減って電子が離れやすくなるからである. 一方, 同周期で考えると, 原子番

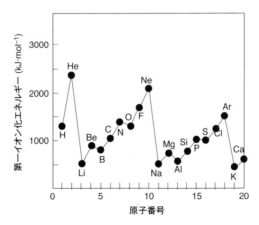

図 4.2　原子番号と第一イオン化エネルギーの関係

表 4.2 典型元素のおよその原子・イオン半径（単位は pm）

第1周期	1族	2	13	14	15	16	17	18
1	H 0.0030							He 0.140
2	Li 0.152 / Li$^+$ 0.090	Be 0.111 / Be^{2+} 0.059	B 0.081	C 0.077	N 0.074	O 0.074 / O^{2-} 0.126	F 0.072 / F$^-$ 0.119	Ne 0.154
3	Na 0.186 / Na$^+$ 0.116	Mg 0.160 / Mg^{2+} 0.086	Al 0.143 / Al^{3+} 0.068	Si 0.117	P 0.110	S 0.104 / S^{2-} 0.170	Cl 0.099 / Cl$^-$ 0.167	Ar 0.188
4	K 0.231 / K$^+$ 0.152	Ca 0.197 / Ca^{2+} 0.114	Ga 0.122 / Ga^{3+} 0.076	Ge 0.122 / Ge^{4+} 0.067	As 0.121	Se 0.117 / Se^{2-} 0.184	Br 0.114 / Br$^-$ 0.182	Kr 0.202
5	Rb 0.247 / Rb$^+$ 0.166	Sr 0.215 / Sr^{2+} 0.132	In 0.163 / In^{3+} 0.094	Sn 0.141 / Sn^{4+} 0.083	Sb 0.145	Te 0.137 / Te^{2-} 0.207	I 0.133 / I$^-$ 0.206	Xe 0.216

上段：原子半径．原子が共有結合（金属では金属結合）するときの半径（希ガス類はファンデルワールス半径[*4-4]）
下段：イオン半径．イオン結合するときの半径

[*4-4] 原子が結晶中で格子状に並んだとき，隣接する原子どうしの距離を2で割ったものをファンデルワールス半径（Van der Waals radius）といい，それより近づいていれば共有結合しているという目安になる．

号が増えるにしたがい，IE は大きくなる．同周期で右に行くほど原子核の電荷が大きくなり，原子核の正電荷の影響が強くなって電子が離れにくくなるからである．典型元素の原子半径が徐々に小さくなっているのは，その影響を示すいい例である（表 4.2）．遷移金属の場合，最外殻電子（s 軌道）と，d 軌道や f 軌道に収容されている電子数が少しずつ異なっており，周期表の位置だけで IE の大きさを理解するのは困難である[*4-5]．

一方，Cl 原子の電子配置は $1s^2 2s^2 2p^6 3s^2 3p^5$ である（図 4.1b）．最外殻電子は $3s^2 3p^5$（M 殻）であり，3p 軌道に電子をもう 1 個だけ受け取れば，安定な準閉殻構造になる（$Cl + e^- \rightarrow Cl^-$）．このとき，電子を 1 個得るときに放出されるエネルギーが第一電子親和力（first electron affinity，EA；単に，電子親和力ということが多い）であり，陰イオン E^- を生じる．これは一般に，正の値（発熱）をもつ．陰イオン E^- がさらに電子 1 個または 2 個を受け取る際に放出されるエネルギーが，第二電子親和力（second electron affinity），第三電子親和力（third electron affinity）である．これらは，陰イオンと電子とのクーロン斥力により，負の値（吸熱）となる．塩素 Cl，臭素 Br (bromine)，酸素 O，硫黄 S のように最外殻に電子 6 個または 7 個をもともと有している原子は EA が高くて陰イオンになりやすい．この性質を電気陰性 (electronegative) という（周期表 16，17 族が相当）．17 族の O や S の第二電子親和力も負の値ではあるが，閉殻構造あるいは準閉殻構造となるので安定化され，また，イオンが結合したり結晶を形成したりする際のエネルギーが大きいので，容易に O^{2-} や S^{2-} になることができる．同周期ではおよそ，原子番号が大きい原子の EA が大きい傾向にあるが，IE に比べるとバラツキが大きい（図 4.3）．1 族（Li, Na 等）では電子が s 軌道に 2 個入ることで準閉殻構造となるので，比較的大きな EA の値となっている．逆に 2 族（Be. Mg 等）ではエネルギーの高い p 軌道に電子を入れなければならないので，EA は負になる．15 族（N, P 等）原子は，それぞれの p 軌道に 1 個ずつ

[*4-5] 例えば，銅 Cu（$4s^1, 3d^{10}$）が Cu^+ だけでなく Cu^{2+} イオンになりやすいのは，生成したイオンの結合エネルギーや格子エネルギー（lattice energy，イオン結晶を作る際のエネルギー）が充分大きく，必要な IE を補うことができるからである．周期表の下に位置する銀 Ag（$5s^1, 4d^{10}$）では，Ag^{2+} となった場合のイオン半径が大きすぎるためイオン間で働くエネルギーが充分大きくなく，Ag^+ にしかならない．

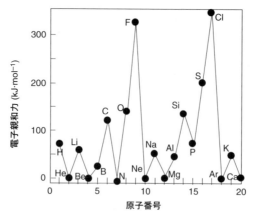

図 4.3 原子番号と電子親和力の関係

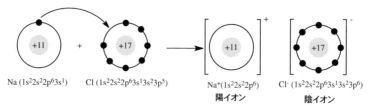

図 4.4 イオン結合の例
電子は最外殻のみを示してある．

電子を収容している半閉殻状態なので，これを崩して電子を1個足すことになり，EA の値は小さくなっている．

電気陽性の金属原子と電気陰性の非金属原子が反応すると，互いにオクテット則を満たすように電気陽性の原子から電気陰性の原子に完全に電子が移動し，陽イオンと陰イオンが生じる（図 4.4）．先の例では，次の式が成り立つ．

$$\mathrm{Na} + \frac{1}{2}\mathrm{Cl}_2 \rightarrow \mathrm{Na}^+ + \mathrm{Cl}^- \qquad (式\ 4\text{-}2)$$

生じた異符号の電荷を持ったイオン間の静電気的な引き合い（クーロン力）によって形成される結合のことを，イオン結合（ionic bond）という．$NaCl$ や $MgCl_2$ などの固体はイオン結合からできている典型的な化合物である．イオン結合によって形成される固体（結晶）のことをイオン結晶（ionic crystal）という．イオン結晶は，その組成やイオンの大きさなどによって様々

な構造をとることが知られており,例えば NaCl の場合,図 4.5 のようになる.これは,結晶構造の一部を描いたものであり,1 つの Na^+ の周りに 6 つの Cl^- イオンが取り囲んでいる状態で繰り返し構造をとっており,分子として存在しているわけではない[*4-6].したがって,イオン結晶はその成分原子の組成を整数比で示す組成式として表されるのである(例えば,Na と Cl が 1:1 の割合なので,組成式 NaCl).イオン結合は比較的強いの

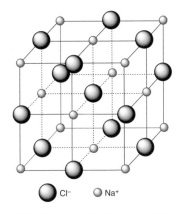

図 4.5 イオン結晶の例(NaCl)

で,イオン結晶は融点が高く硬いが,脆くて壊れやすい性質も有する.また,これらは先に述べたように電解質である.固体状態では電気伝導性はないが,水に溶けた場合や,融点以上の温度で溶けて液体となった場合に電気を通す.代表的なイオン結晶を表 4.3 にまとめた.

表 4.3 代表的なイオン結晶

組み合わせ	イオン結晶
1 価の陽イオンと 1 価の陰イオン	NaCl, KBr, CsF
1 価の陽イオンと 2 価の陰イオン	Na_2SO_4, K_2CO_3, $(NH_4)_2SO_4$
2 価の陽イオンと 1 価の陰イオン	$CaCl_2$, $MgCl_2$, $Ba(NO_3)_2$
2 価の陽イオンと 2 価の陰イオン	MgO, $CaCO_3$, $BaSO_4$

[*4-6] 注目する 1 つの粒子の周りに囲んでいる粒子の数を配位数(coordination number)という.NaCl の場合,配位数は 6 であり,6 配位であるという.

イオン液体って何？

　本文で記したように，正イオン（カチオン）と負イオン（アニオン）間の静電相互作用が大きいので，通常，イオン結合でできているイオン結晶は，常温常圧では固体である．ところが，カチオンまたはアニオンの一方か両方が，炭素を中心としてできたある種の有機イオンである場合，融点が低くなって常温常圧で液体として存在する．このような物質を，イオン液体（ionic liquid）という．例えば，図4.6のようなイオンを組み合わせた物質（ヘキサフルオロリン酸1-ブチル-3-メチルイミダゾリウム，[bmim] PF_6）は，粘性のある無色の液体であり，水にも有機溶媒にも溶けない独特な性質をもつイオン液体の一種として知られている．常温での不揮発性や不燃性といった性質があり，カチオンとアニオンの異なる組み合わせにより様々な性質を持つものができるので，イオン液体はいろいろな用途への利用が検討されている．これまでは水や有機溶媒を用いていた化学反応において，イオン液体を代替溶媒として用いることで，より反応が効率化されたり，触媒を回収再利用できるようになったりしているのは，その一例である．また，新しいタイプの電解質として，燃料電池や太陽電池の開発素材としても期待されている他，常磁性を持つ液体磁石や医薬品としての機能性イオン液体も開発されている．

1-butyl-3-methylimidazolium　　　hexafluorophosphate

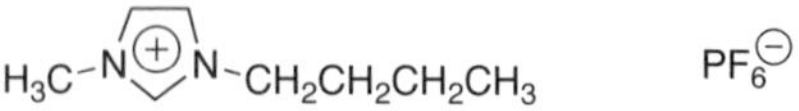

図 4.6　代表的なイオン液体

4.2 共有結合

電子を共有しあって安定になる……共有結合

　有機化合物の主要骨格を形成する C 原子の結合について考えてみよう．C は4つの最外殻電子を持っているから，希ガス類と同じように最外殻を電子で埋めるには4つ電子をもらうか（Ne の電子配置），4つ電子を与えなければならない（He の電子配置）ことになる（図 4.7）．しかし，これらのイオン化は理論的に極めて大きなエネルギーが必要であり，起こりえないのである．このように，周期表の中央に近い原子では，イオンとして安定化するための電子の授受が難しいので，イオン結合を作り得ない．H_2 や Br_2 のように同じ種類の原子どうしが結合して分子を作るときはどうだろうか．この場合，当然どちらの原子が電子を放出しやすいとか受け取りやすいということはなく，例えば，H_2 を H^+ と H^- として引きはがすには大きなエネルギーが必要となる．したがって，やはりこれらの分子でもイオン結合しているとは考えにくい．

　実はこれらの結合は，「共有結合 (covalent bond)」でつくられているのである．共有結合とは，2つの原子がお互いに電子を共有しあうことで，最外殻にすべての電子を収容したかたちをとる結合様式のことである．図 4.8

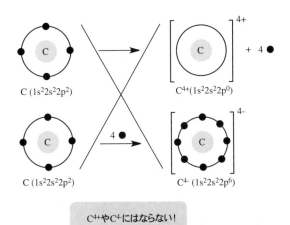

図 4.7　イオンになりにくい炭素原子

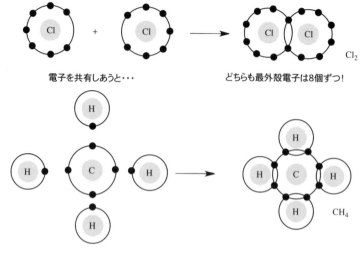

図 4.8 共有結合の例
原子どうしが電子を共有しあう

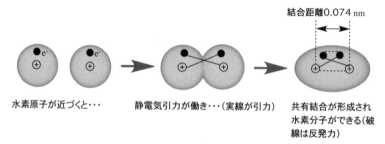

図 4.9 共有結合による水素分子の形成

に，共有結合の例を示した．Cl 原子 2 個が共有結合して Cl_2 分子を形成したり，C 原子 1 個と H 原子 4 個が共有結合してメタン CH_4 分子を形作ることができるようになる．

　もう少し詳しく共有結合について考えよう．ここでは理解しやすいように最も単純な H 原子どうしの結合についてみることにする（図 4.9）．2 個の H 原子が遠いところからだんだん近づいてくると，お互いに一方の原子の原子核がもう一方の電子を静電気的に引きつけるようになる．そしてお互いの軌道（水素なので 1s 軌道）の一部が重なり，お互いに電子を共有しあって

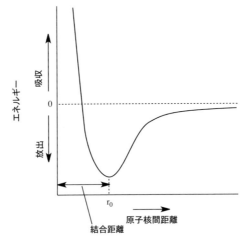

図 4.10 原子核間距離におけるエネルギー変化

(共有結合ができて) H_2 分子が形成され，エネルギー的に安定な状態になる．ただし，原子核どうしが近づきすぎると今度は原子核どうし電子どうしの反発が起こり，不安定になり，反発力が生じて逆にエネルギーがどんどん大きくなる．原子核間距離におけるエネルギー変化を示したのが，図 4.10 である．このようなエネルギー的な関係がもとで共有結合した 2 原子間では常に伸縮運動やねじれの運動を繰り返しており，原子核間距離は常に変動しているのである[*4-7]．これはちょうどバネでつながった 2 つのおもりが伸び縮みしているのと同じである．そして，エネルギーが最小となり安定な状態の原子核間距離が，結合距離 r_0（bond length）とされる．

H–H や Cl–Cl, C–H のような共有結合では，電子が 2 つ（電子対）で 1 つの結合を形作っている．共有結合はもっとも強固な結合であり，有機化合物中の原子どうしは，ほとんどこのような共有結合でつながっている．原子 1 個が共有結合するときに用いられる電子の数を原子価（valence number）といい，これは結合のために出すことのできる手の数（価標）ということも

[*4-7] このような共有結合した原子間では，伸縮振動，ねじれによる変角振動，回転運動が起こる．このような分子の振動や回転の状態を読み取るのが，赤外分光法（Infrared spectroscopy, IR 法）やラマン分光法（Raman spectroscopy）という分析手法である．

表 4.4 共有結合を有する代表的な分子

分子	水素	酸素	窒素	水	メタン	二酸化炭素
構造式	H–H	O=O	N≡N	H–O–H	H–C(H)(H)–H	O=C=O
共有結合の種類	単結合	二重結合	三重結合	単結合のみ	単結合のみ	二重結合のみ
分子の形	直線形	直線形	直線形	折れ線形	正四面体	直線形

表 4.5 主な原子がとる原子価

価電子の数	1	7	6	5	4
原子価	1	1	2	3	4
原子と価標	–H	–F, –Cl, –Br, –I	–O–, =O –S–, =S	=O$^{\oplus}$ –O$^{\oplus}$– –N– –N=, ≡N –P–	–N– –C–, –C=, =C=, –C≡, –Si–

表 4.6 主な共有結合の平均結合距離

結合の種類	結合距離 (nm)
C–H	0.107
C–C	0.154
C=C	0.133
C≡C	0.120
C–O	0.143
C=O	0.121
C–N	0.143
C=N	0.138
C≡N	0.116
O–H	0.096

できる．表 4.4 に，共有結合を有する代表的な分子，そして，表 4.5 に主な原子の原子価を示した．原子どうしが価標 1 本の共有結合でつながっているものを単結合（single bond）というが，なかには，価標 2 本でつながっている二重結合（double bond）や三重結合（triple bond）といった多重結合（multiple bond）を有するものもある．よくみられる共有結合の平均結合距離を表 4.6 にまとめた．酸素が 3 つの腕（原子価 3）を持つ場合，本来酸素が所有していた非共有電子対を別の原子との共有結合に用いていることになり，酸素そのものは電荷が不足するので，プラス（カチオン）となる．これをオキソニウムイオン（oxonium ion）という．最も代表的なオキソニウムイオ

ンがヒドロニウムイオン H_3O^+（hydronium ion）である．同様に，アンモニウムイオン NH_4^+（ammonium ion）は4つの結合を持つ，窒素カチオンである．

今まで，イオン結合と共有結合の区別をはっきりつけて述べてきているが，多くの場合，これら2つの中間的な様式で結合されている．その意味では，イオン結合も共有結合の一種と考え，イオン結合と共有結合をあわせて分子内結合（intramolecular force）といってもよい．

原子軌道が重なると分子軌道になる

先にH原子どうしが共有結合し，水素分子をつくることを考えた．H原子1個の電子は，原子軌道である1s軌道に含まれていることを既に学んだが，原子軌道で共有結合を考えるとどうなるのであろうか（図4.11）．それぞれ1つずつ電子が入っている1s軌道が2つあり，1つの軌道に2個の電子が入

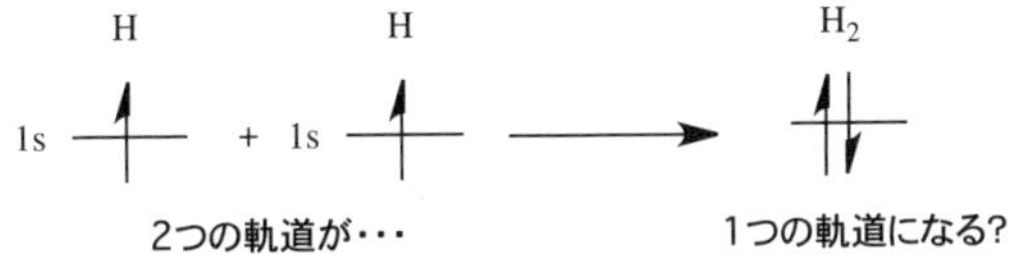

図 **4.11** 水素原子2つから水素分子をつくる

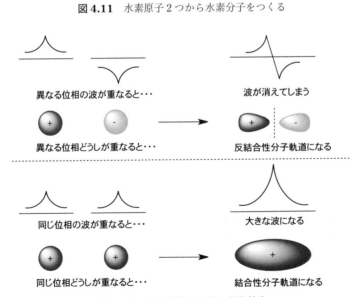

図 **4.12** 原子軌道の位相と共有結合

れば,水素分子ができることになる.この軌道とは何だろうか.これをもう少し視覚的に考える上で,1s軌道が球形をしていることを思い出してほしい.つまり,図4.9で示した水素原子どうしの共有結合は,原子軌道どうしが相互作用して重なり合い,新しい分子軌道(molecular orbital)を形成することに外ならないのである.このとき,電子軌道には位相があることを忘れてはならない.位相の同じ波どうしが重なるとより大きな波になるように,同じ位相の軌道どうしが重なるとより大きな軌道となる(図4.12).このような分子軌道を結合性分子軌道(bonding molecular orbital)といい,特に結合に大きく関与する.一方,異なる位相の波どうしが重なると,打ち消しあって波がなくなってしまう.同様に,異なる位相どうしの軌道が重なることで重なった中央部の波が消え,別の分子軌道ができる.これを反結合性分子軌道(nonbonding molecular orbital)という.これをあらためてエネルギー準位図で確認しておこう(図4.13).2つの原子軌道から1つの分子軌道ができるのではなく,実は分子軌道も2つ存在するのである.このような結合における結合性分子軌道をσ軌道(sigma orbital),反結合性分子軌道をσ^*軌道(sigma star nonbonding orbital)といい,それぞれ,シグマ軌道,シグマ・スター軌道と読む.H原子単独の1s軌道に電子が存在するよりも,H_2分子になった方が有利なのは,実際に共有結合に使われている結合性分子軌道が1s軌道よりも低いエネルギー準位として存在しており,電子2個がここに入っていた方がエネルギー的にはるかに安定だからである.一方,反結合性軌道には電子は1個も入っていない.また,1s軌道と結合性軌道のエネルギー差は,1s軌道と反結合性軌道のエネルギー差と等しい.

水素原子どうしの共有結合と同様に,H原子の1s軌道とF(fluorine)原子の2p軌道が重なることで,H–F分子が形成される(図4.14).この場合,H原子の1s軌道に含まれる電子1個と,F原子の2p軌道に含まれる7個の電子のうちの1個で共有電子対となり,結合を形

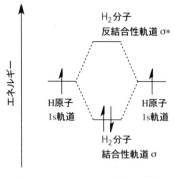

図4.13 水素の分子軌道の構築

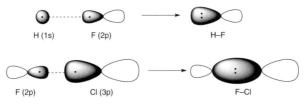

図 4.14 σ結合の例

成しているのである．また，F–Cl分子は，Fの2p軌道とClの3p軌道が相互作用してできている．これまでの例のように，2つの原子核を結ぶ軸に沿って並ぶように原子軌道どうしが結合しているものを，σ結合（sigma bond）といい，シグマ結合と読む．先に示したσ軌道は，σ結合の分子軌道であることを示している．σは英語のsに当たるギリシャ文字で，s軌道との関連性から混乱を避けるためにつけられた名前である．共有結合が1本だけのもの（単結合）はσ結合からなっており，σ結合は回転可能である．

ヘリウムが二原子分子をつくらない理由

希ガス類のヘリウムは，水素のように二原子分子をつくらず，単原子分子として存在している．ヘリウムの電子配置が閉殻構造であることが原因だが，分子軌道で考えたほうが容易に説明できる．ヘリウムHeは1s軌道に電子2個を持っている（図4.15）．ということは，もし仮にHe_2分子ができた場合には，電子は全部で4個になり，結合性軌道だけではなく，反結合性軌道にも電子が入らざるを得ない．結局ヘリウム原子の場合，二原子分子をつくってもエネルギー的に何ら得をすることはないので，単原子分子のまま存在しているのである．

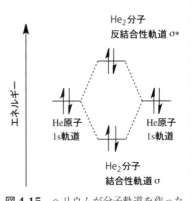

図 4.15 ヘリウムが分子軌道を作った場合

4.3 構造式の様々な表記法

最外殻電子と価電子

　原子の電子配置において，最外殻電子とは原子核から最も遠く外側の殻にある電子のことであると既に述べた．一方，原子どうしが結合する際に関与する電子のことを価電子（valence electron）というが，結合には最外殻電子が使われることがほとんどなので，最外殻電子＝価電子と考えてよい．例外としては，閉殻構造をとる希ガス類があり，最外殻電子は2個または8個あるけれども，これらは結合に使われることはないので価電子は0個である．

　このことを逆に考えると，原子中の価電子より内側の殻にある電子（内殻電子 core electrons）は基本的には反応に関与しないので，原子どうしの結合・イオン・分子を考える場合には無視してかまわないことになる．そこで，化学結合やその仕方をわかりやすく表記する手法として，価電子のみを点で表したルイス構造式（Lewis structure）を紹介しよう．これはルイス（アメリカ Gilbert Newton Lewis, 1875-1946）によって考案されたもので，点電子構造式ともいわれるが，高校で化学を学んだ者にとっては「電子式」といった方がわかりやすいだろう．

ルイス構造式の書き方

　まず，原子や単原子イオン状態でのルイス構造式は簡単だ．原子あるいはイオンの周囲に価電子1個を点（・）で表せばよい．例として，炭素原子 C，酸素原子 O，塩素原子 Cl，塩化物イオン Cl$^-$，ナトリウム原子 Na，ヘリウム原子 He，ネオン原子 Ne のルイス構造式を図 4.16 に示した．

　かき方としては，次のことに気をつける．
　　(1) 1～4個の価電子はなるべく四方に散らばるようにかく．
　　(2) 5つ以上の価電子の場合，順番に電子を対にするようにかく．
　このとき，2つの電子で対をつくっているものを電子対（paired electrons），対をつくっていない電子を不対電子（unpaired electron）という．ここで記した不対電子の数は，各原子の価標と一致することになる．先に述べた通り，希ガス類には価電子はないが，ルイス構造式をかく場合には最外殻電子を記

図 4.16 原子や単原子イオンのルイス構造式

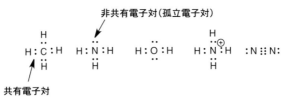

図 4.17 様々な分子・イオンのルイス構造式

す必要がある．ヘリウムの2つの電子は対になっているので，2つの電子をならべてかくこと．

次に，原子どうしが共有結合したものをルイス構造式でかくことにする．図 4.17 に，最も簡単な有機化合物であるメタン CH_4，アンモニア NH_3，水 H_2O，アンモニウムイオン NH_4^+，そして窒素分子 N_2 のルイス構造式を示した．基本的には，原子の不対電子どうしが電子対をつくるように共有結合を形成すると考えればよい．結合によって新たにできた電子対は共有電子対（shared electron pair）とよばれる．一方，もともと電子対をつくっており，電子の共有に関与せず分子状態でも電子対になっているものが非共有電子対（unshared electron pair または孤立電子対 lone pair electrons）である．また，アンモニウムイオン NH_4^+ の場合，N 原子が電子不足のためにプラス電荷を持っていることに注意したい．

メタン CH_4 とアンモニウムイオン NH_4^+，および窒素分子 N_2 を元にして，一般的な物質のルイス構造式をかくときの注意点を説明する．

① まず，物質を構成しているすべての原子の価電子の総数を求める．このとき，陽イオンの場合は正電荷分を価電子数から引き，陰イオンの場合は負電荷分を価電子数に足してやることを忘れないこと．

メタン：4個(C)＋1個×4(H)＝8個
アンモニウムイオン：5個(N)＋1個×4(H)－1(正電荷分)＝8個
窒素分子：5個×2(N)＝10個

これはルイス構造式をかいたときに必ず存在する電子の数を表している.

② 分子の骨格ができるように原子を配置する（図4.18）. 最低限, どの原子とどの原子が結合しているかわかっていないと, ルイス構造式をかくことはできないので, 最低限の構造は覚えておく. 各原子が他の原子と結合を作れる数（原子価）は, 炭素4（炭素がプラスまたはマイナスのとき3), 窒素3（窒素がプラスのとき4, マイナスのとき2), 酸素2（酸素がプラスのとき3, マイナスのとき1), ハロゲンや水素は1, 程度を覚えていれば結合状態を予想するのに役立つ（表4.5). 第3周期のリン（3または5）や硫黄（2または4,6）などでは原子価が大きくなる（原子価拡大）ことが多いので注意が必要である. わからない場合は, あらかじめ調べておく. メタンの場合, 炭素原子に水素原子4個が結合しているので, 炭素原子を中心にまわりに水素を配置することになる.

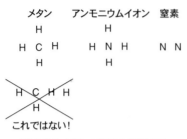

図4.18 正しく原子を配置する

③ 原子と原子の間に電子対を書く（図4.19). メタンもアンモニウムイオンも骨格に関してはこれで完成となる. この際, 原子の周囲に, 非共有電子対を配置し, なるべく多くの原子においてオクテット則を満たすように8個の電子を付加することを忘れないこと. 窒素分子の場合, 窒素原子上に非共有電子対を3組ずつ追加することになる.

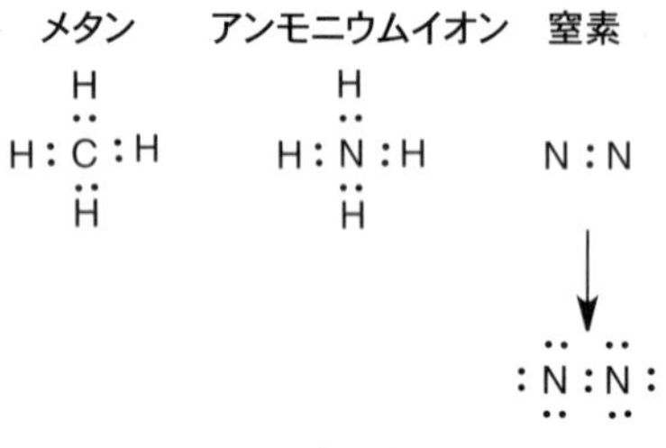

図4.19 電子対をかく

④ ここで, 本当に正しく書けているかを検証してみる. 分子やイオンに書いた電子の数を全て数える.

　　メタン：8個

　　アンモニウムイオン：8個

　　窒素分子：14個

この電子数と，①で数えた価電子の総数が一致すれば，結合状態が正しいことになる．もし正しくなければ，結合状態が違うことになり，単結合だけではなく，二重結合・三重結合が含まれていることになる．そうしたら，結合の一部を二重結合に変えてみる．それで電子数を数えてもまだ違っていたら，三重結合にしたり，違う結合を二重結合に変えてみたりする．例の場合，メタンとアンモニウムイオンは価電子総数と一致している．窒素分子は電子数が一致していないので，二重結合にしてみる（図4.20）．その際，オクテット則に従わせるため，非共有電子対を1組ずつ消すことを忘れないこと．この段階でも電子数は12個なので，更に三重結合にしてみる．すると，総電子数が10個となり，窒素原子の価電子総数と一致したので電子の配置は正しいことになる．

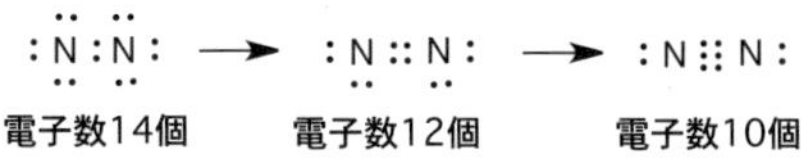

$$:\overset{..}{N}:\overset{..}{N}: \longrightarrow :\overset{..}{N}::\overset{..}{N}: \longrightarrow :N:::N:$$

電子数14個　　　　電子数12個　　　　電子数10個

図4.20　総電子数と価電子数を一致させる

⑤　最後に，すべての原子について形式電荷（formal charge）を求める．形式電荷とは，原子状態で本来原子が持っている価電子数と比べて，分子やイオンを形作ったときに各原子が所有している電子数が多いか（負電荷），少ないか（正電荷）を示したものである．ここで，非共有電子対は各原子がそれぞれ固有に持っている電子であり，2個とも対象原子の所有となる．一方，共有結合している電子については，電子を分け合っているので，原子としての所有分は半分（1個ずつ）となる．例えば，メタンにおける炭素原子は，非共有電子対0個＋共有結合している電子4個＝4個で，炭素原子が本来有している4個の価電子と一致しているから，炭素原子は中性となる．これを式にすると，次のようになる．

形式電荷＝(中性で結合していない状態での原子の価電子数)
　　　　－(分子中の原子の非共有電子数)
　　　　－$\frac{1}{2}$(分子中の原子が共有結合している電子数)

(式4-3)

アンモニウムイオンにおける窒素の形式電荷は，次式で計算される．

アンモニウムイオン中の窒素：$5 個 - 0 個 - \frac{1}{2}(8 個) = 1 個$

(式 4-4)

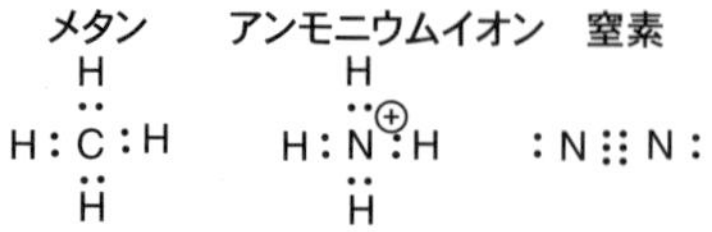

```
  メタン        アンモニウムイオン        窒素
   H              H
   ..             ..
H:C:H          H:N:H ⊕           :N::N:
   ..             ..
   H              H
```

図 4.21 最終的なルイス構造式

これは，1個電子が不足していることになるから，アンモニウムイオン中の窒素は+1になる（図4.21）．また，窒素分子中の1つの窒素の形式電荷は，次式で計算される．

窒素分子中の窒素（どちらか一方）：$5 個 - 2 個 - \frac{1}{2}(6 個) = 0 個$

(式 4-5)

したがって，窒素中の窒素原子はどちらも中性になる．形式電荷を有している原子のすぐ近くにプラス・マイナスの符号をつけることを忘れないように．

ルイス構造式にも例外がある

これで，ルイス構造式をかけることになるが，必ずしもオクテット則を満たさない場合がある．以下に例外を記すので，実際のルイス構造式をかくときには注意したい．

（例外1）

ベリリウム Be，ホウ素 B およびアルミニウム Al（aluminium または aluminum）はオクテット則に従わない．これらを含む化学種（chemical species，原子，分子，イオン等の総称）では，ベリリウムは4電子，ホウ素とアルミニウムは6電子となる（図4.22）．ただし，ホウ素化合物は共有結合3つの状態では極めて不安定で，実際にはホウ素の空の軌道に外部から電子対が入り込み，共有結合4つの状態になったり（ホウ素の形式電荷は-1），錯体を形成したりして存在する．例えば，水素化ホウ素 BH_3（ボラン borane）は不安定な状態なので，実際には二量体であるジボラン B_2H_6（diborane）の状態で存在する．B-H-B 結合はホウ素の空軌道（vacant orbital）を利用してできている．この結合には2個の電子しか関与していないので，このような結合を三中心二電子結合とよんでいる．ジボランは平面構造ではなく，立体化学は図4.23のようになる．アルミニウム化合物も安定ではなく，かなり反応性が高い．

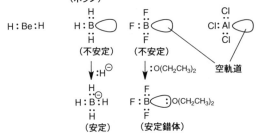

図 4.22 Be, B, Al の化合物

（例外 2）

奇数個の総価電子数をもつ化学種では，すべての電子が対をつくることは不可能であり，不対電子が必ず存在する．不対電子をもつ分子やイオンのことをラジカル種（radical）といい，フリーラジカルまたは遊離基ともいう．例えば，図 4.24a に示すような化学種は，すべて不対電子を有しており，すべての原子がオクテット則を満たしているわけではない．不対電子は極めて不安定なので，これらの化学種は高い反応性を有している（図 4.24b）．

図 4.23 ジボランの構造
➤は紙面の手前側に突きだしていることを示し，||||||は紙面の奥側に引っ込んでいることを示す．

（例外 3）

第 3 周期以降の原子では，d 軌道が結合に関与することが可能となり結合の手の数が増える場合がある．これを原子価殻の拡大（valence shell expansion）という．例えば，三塩化リン PCl_3（phosphorus trichloride）のリン原子は 8 電子であるが，リン酸 H_3PO_4（phosphoric acid）におけるリン原子は 10 電子である（図 4.25）．また，硫化水素 H_2S（hydrogen sulfide）の硫黄原子は 8 電子であるが，硫酸 H_2SO_4（sulfuric acid）における硫黄原子は 12 電子である．これらのルイス構造式は，極端にかくとすべての原子

でオクテット則を満たすことは可能であるが，部分的に原子が大きい電荷を有するようにかかなければならないことに注意しよう．

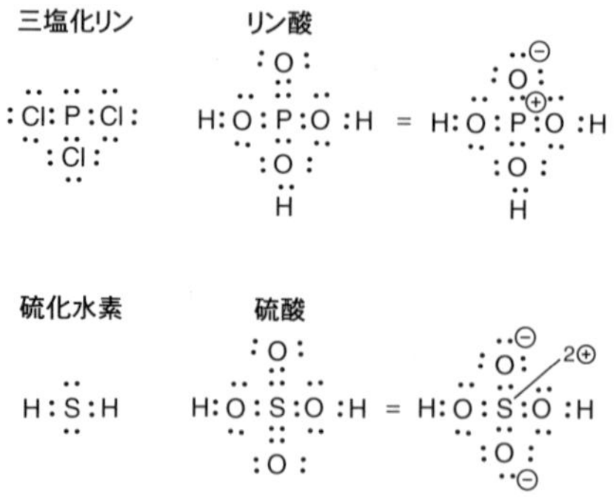

図 4.25 硫黄・リンの化合物

構造式のかき方いろいろ

共有結合の電子状態を把握するのにルイス構造式は非常に都合がいい．しかし，常に電子を記すのは，構造が複雑になるほど手間がかかる．例えば，ヘキサン C_6H_{14} (hexane) やベンゼン C_6H_6 (benzene)，ジメチルアミン $(CH_3)_2NH$ (dimethyl amine) などは，ルイス構造式ではかなりかくのは面倒だ（図 4.26）．それに対し，ケクレ（ドイツ Friedrich August Kekulé von Stradoniz, 1829-1896）によって考案されたケクレ構造式（Kekulé struc-

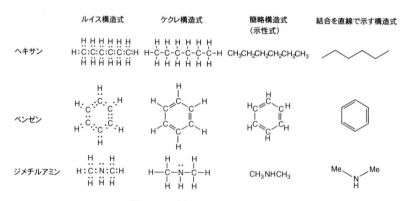

図 4.26 様々な構造式のかき方

ture）とは，ルイス構造式における単結合を 1 本の直線（価標）で表記する方法である．二重結合の場合は 2 本線，三重結合では 3 本線でかけばよい．非共有電子対は，ルイス構造式のように点で表すか省略するが，孤立電子は，省略せずに点を記す．いわば，最も一般的な表記法であるということができる．それでも，結合が多い化合物になると，大部分の単結合と非共有電子対を省略し，簡略化構造式（condensed structural formula）で表すことになる．この場合，炭素の結合は直線上で示されることが多く，炭素に結合している水素を炭素の右側に記す．ヘキサンのように炭素鎖が多くなると，繰

分子の構造式をかく方法

　分子構造を描写するのに，フリーハンドでかくのが最も簡単である．ただ，論文や学会発表の原稿にフリーハンドで構造をかくことはない．30 年位前は，文字や結合を特別な定規でかくことが多かった．その後，シールを使う方法が使われた時期もわずかにあった．そして，コンピュータの発達により，ソフトウェアで分子構造式がかけるようになったのは 1980 代後半のことだ．当時画期的で優れた化学構造式描画ソフトが，Apple Computer 社 Macintosh 上で動く，Cambridge Soft 社 ChemDraw® であった．2018 年現在では様々なソフトウェアが開発されているが，いわゆるデファクト・スタンダードは ChemDraw® であろう（現在は Perkin Elmer 社の販売となり，最上位モデルが ChemDraw Professional® である）．もちろん今では Windows でも使えるし，Windows ユーザーが多いのも確かであるが，昔からの使いやすさで Mac を使い続けている化学者は多い．現在では Windows 優先でソフト開発が進んでおり，Mac ユーザーである筆者にとっては残念であり，将来的に危惧しているところでもある．なお，フリーで手に入る構造式描画ソフトとして，Biovia 社の BIOVIA Draw，ACD/Lab 社の ChemSketch，ChemAxon 社の Marvin Sketch 等が知られている．また，オランダの学生が作成したウェブアプリケーション MolView も無料で使える．MolView は OS にも依存しないので，手軽に使える．

り返し単位である（CH_2）のユニットを省略して，$CH_3(CH_2)_4CH_3$ のようにかくこともある．分子内の特徴的な原子団（基 group）を明示するため，示性式ともいう．この程度ならまだましだが，有機化合物にはびっくりするほど複雑なものもある．そのために，最も簡単な構造式の表し方は，炭素原子と水素原子を全て省略し，炭素骨格をジグザグに折れ曲がった線で示す方法（bond-line formula）である．これでは，直線のつなぎ目に位置する炭素原子 C，炭素に結合している水素原子 H は基本的に省略する．場合によっては，置換基の省略記号を記すこともある．ジメチルアミンでは，メチル基（methyl group）は「Me」と略されている．

分子を 3 次元で見る

　分子は 1 次元でもなければ 2 次元でもなく，3 次元の形を有する立体的なものである．したがって，分子の性質や反応性を理解するには，分子の立体構造を考える必要がある．分子立体構造を直感的に理解するのに，昔も今も分子模型を用いるのが簡単だ．分子の模型をつくってやることで，手で持って視覚的に把握できる．最も一般的なのは丸善から発売されている HGS（旧（株）日ノ本合成樹脂製作所）分子構造模型である．分子は「たま」，結合は「棒」で構成されていて，ちょうどレゴやブロックのように原子をつなぎ合わせて分子をつくることができる．これにも様々なタイプがあるが，どれも結合の長さや角度がかなり正確にできている．ある程度の大きさの分子を作れる普及型の模型は B 型セットとして市販されている（1 セット税別 7,000 円，図 4.27）．これは，結合を棒で示す方法（ball and stick model）の典型的なものである．全体的な構造を見る際には，これで十分だが，実際には分子の外側は電子で覆われており，分子の正しい大きさを把握して分子どうしの相互作用を考える上では，分子における電子雲も考慮に入れなければならなくなる．それには，各原子の電子雲の大きさ

図 4.27　簡単にできる分子構造模型

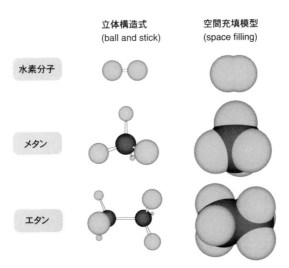

図 4.28　分子の 3 次元構造式

をモデル化した，空間充填模型（space-filling model, Corey-Pauling-Koltun（CPK™）モデルともいう）が必要になる．これの分子模型も市販されているが，非常に高価であるし，使い勝手も悪い．現在では，ソフトウェアによりコンピュータ上で分子を3次元的に表すことも簡単にできるようになり，様々な表示が容易にできるようになった（図4.28）．モニタ画面上ではあるが，空間充填模型も示すことができる．特に，複雑な分子やタンパク質などの模型を作るのは大変難しいが，ソフトウェアでは比較的容易に取り扱える．表示するだけではなく，PCによるシミュレーションにより最も安定な構造を調べたり，分子どうしの相互作用を調べたりすることができる．3次元構造を表示できるソフトも様々なものがあり，なかにはフリーのものもある．先に述べたウェブアプリケーション **MolView** もその一つである．空間充填構造で見る分子は，何ともカワイイ形をしているではないか！最近では分子模型ストラップも販売されているので，ネットで探してみてほしい．

第5章　分子の軌道と極性

5.1　混成軌道と分子の形

軌道と軌道がハイブリッド……混成軌道の考え方

　これまで，H–H 結合や H–F 結合などの σ 結合を学んできた．それでは炭素原子の場合はどのように考えたらよいだろうか．先に示したように，基底状態の炭素原子は図 5.1a のような電子配置になっている．ここで，水素原子 4 個と結合して，メタン CH_4 を形成すると考えてみる．水素原子どうしの結合を参考にすると，水素原子 2 個との結合までは理解できるが，あとの 2 個がどう結合しているかは理解できないであろう．つまり，この理論では

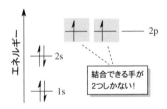

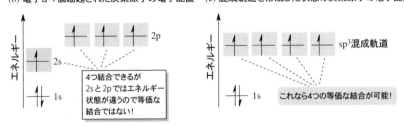

図 5.1　メタンの炭素原子の共有結合

CH$_4$ はできないことになってしまう．しかし，実際には確かに CH$_4$ 分子は存在しており，4つの C–H 結合はすべて等価（結合の長さや結合角がすべて同じで区別が付かない）であることがわかっている．この矛盾は，次のように考えると解消できるだろう．まず，炭素原子が他の原子と結合する場合，2s 軌道の電子1個が空いている 2p 軌道に移動して（昇位 promotion）励起状態の電子配置をとることになる（図 5.1b）．こうすれば，電子対をつくっていない電子が4つになるので，それらが水素の電子と4本の共有結合をつくれることになる．しかし，これでは4本の結合は等価ではなくなってしまうので，矛盾は完全には解消されない．そこで，2s 軌道と3つの 2p 軌道が混ざって，新たにエネルギー的に等しい4つの軌道を形成すると考えるのである（図 5.1c）．こうすれば，形成される4つの結合はすべて等価になり，都合がいい．軌道と軌道とが混ざり合って新たにできると考えられる軌道を「混成軌道（hybrid orbital）」といい，ここで結合に使われたのは s 軌道1つと p 軌道3つがハイブリッドしたので「sp^3 混成軌道」である（図 5.2a）[*5-1]．sp^3 混成軌道のエネルギー準位は，2s 軌道と 2p 軌道の間で，2p 軌道に近い．これらの軌道は，75％の p 性と 25％の s 性を有する．葉のような形で表される軌道をローブ（lobe）というが，sp^3 混成軌道では，結合に使われる符号のローブ（前方のローブ）は大きく，結合に使われない符号のローブ（後方のローブ）は小さい．軌道の混成にはエネルギーが必要であるが，混成軌道が他の原子と結合する際にエネルギーが放出されることで，結果的に分子として安定する．

　さて，炭素原子の sp^3 混成軌道は，電子を1個ずつ含むものが4つある．これらの電子どうしがなるべく離れて，反発しないようにするには図 5.2bのように正四面体構造をとることになる．これが水素原子の 1s 軌道4個と結合してメタン分子になるのだが，メタンの分子軌道の形は sp^3 混成軌道の形を反映しており，正四面体の頂点に H がついたような構造になっている．

[*5-1] ここで述べる「混成軌道」の概念は，分子の構造をリーズナブルに説明するための1つの考え方である．コンピュータ解析で化学物質の分子軌道を取り扱う現在の分子軌道法では，s 軌道，p 軌道などをそのまま理論計算に用いており，「混成軌道」という考え方は用いられていない．しかし，分子の立体的な構造や反応性・性質を考える上では，いまだに重要な概念であることは間違いない．

(a) C原子のsp³混成軌道

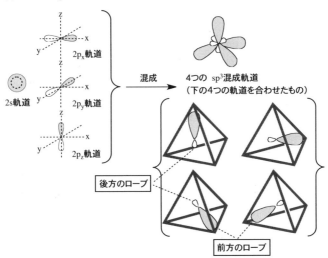

(b) C原子のsp³混成軌道とH原子の1s軌道4つが結合して，CH₄となる

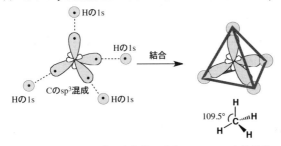

図 5.2 sp³ 混成軌道の形成とメタンの立体構造

H–C–H 結合角は 109.5° であり，正四面体構造であることが確認できる．このように，分子軌道の形は電子の存在しうる領域を示すことになり，分子の形を表しているのである．言い換えると，分子を構成する中心原子がどのような混成軌道をとっていたかがわかれば，分子が立体的にどのような形をしているかがわかるということになる．

次に，炭素2つからなる化合物であるエタン CH_3CH_3（ethane）を考えてみよう（図5.3a）．この場合，両方の炭素のどちらも sp³ 混成軌道を形成しており，1つの炭素に注目すると，4個の sp³ 混成軌道のうち3つが C–H 結合，

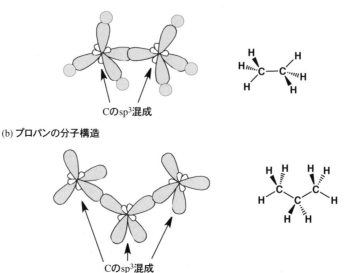

(a) エタンの分子構造

Cのsp³混成

(b) プロパンの分子構造

Cのsp³混成

図 5.3 エタンとプロパンの分子構造

1つが C-C 結合に使われていることになる．それでは，炭素がもう1つ長いプロパン $CH_3CH_2CH_3$（propane）はどうだろうか．これも同じく，全ての炭素原子は sp³ 混成軌道からなっており，炭素が sp³ 混成軌道の1つずつを出し合って重なり，分子が形成されている（図5.3b）．すると，この分子の C-C-C は直線状につながっているのではなく，折れ曲がっていることに気がつくであろう．つまり，プロパンはまっすぐな直線状分子ではなく「くの字型」に曲がった分子なのである．

アンモニア分子は正四面体に近い四面体

アンモニア NH_3 分子は，4つの原子を頂点とした四面体（三角錐）を形成しており，H-N-H 結合角は 107.3° となっている（図5.4a）．ここで忘れてはいけないのは，窒素上には非共有電子対が存在していることであり，その電子は軌道上に存在していることになる．メタンにおける炭素原子と同様に，アンモニアにおける窒素原子も sp³ 混成軌道をとっていると考えると理屈がつく．メタンの場合，sp³ 混成軌道の全てが水素原子と結合しているが，ア

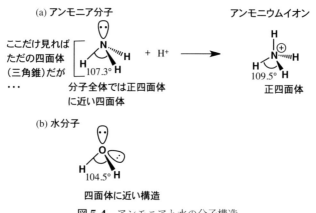

図 5.4 アンモニアと水の分子構造

ンモニアでは 1 つの sp³ 混成軌道は既に電子 2 つで満たされており，残り 3 つが水素原子と結合していると考えられる．非共有電子対と共有結合電子対の反発により，sp³ 混成軌道どうしの距離が変化し，H–N–H 結合角が少し狭まった状態になったのである．こう見ていくと，実は，非共有電子対を含むアンモニア分子の構造は，正四面体に近い四面体構造ということができる．アンモニア分子は容易に H^+ と結合してアンモニウムイオン NH_4^+ を形成するが，全ての N–H 結合が等しいアンモニウムイオンは，明らかに正四面体構造である．平面三角形構造を有している水分子の場合でも，酸素原子が sp³ 混成軌道を取っていると考えて説明することができる[*5-2]．H–O–H 結合角は 104.5° であり，2 組の非共有電子対を込みで考えると四面体の構造となる（図 5.4b）．

[*5-2] 水分子の酸素原子 2s 軌道と p 軌道間のエネルギー差が大きいため，この場合，sp³ 混成軌道を形成すると考えるよりも，1 つの電子を有する 2p 軌道が 2 つあり，これらが水素の 1s 軌道と σ 結合した方が，理論的にはより正しいと考えることもできる．p 軌道どうしの結合だと，H–O–H 結合角は 90° になってしまうが，実際には非共有電子対と共有結合電子の反発により，直角よりは少し開いた角度の分子となっているのである．ただし，本書では説明しやすいので，酸素原子も混成軌道をとるという考えで統一している．有機分子中の酸素原子でも同様なことがいえる．

二重結合・三重結合の意味

これまではすべて単結合のみについて記してきた．それでは，エチレン $CH_2=CH_2$（ethylene）やアセチレン $CH\equiv CH$（acetylene）にある二重結合，三重結合についてはどう考えたらよいのだろうか．まず，エチレンの各原子の電子配置を考えていこう．炭素原子で電子1個が昇位するのは，先と同じ考えである（図 5.5a）．エチレンでは炭素原子と水素原子の結合が2つと，炭素原子と炭素原子の結合が1つある．メタンの時と同じように考えると，1個の 2s 軌道と 2 個の 2p 軌道が混成して sp^2 混成軌道ができ，3 つの σ 結合が可能となる．しかし，これでは炭素原子と炭素原子のもう 1 つの結合はどう考えたらよいのか．実は，2 つの結合は全く別の種類の結合なのである（図 5.6）．混成しなかった p 軌道どうしが 2 つの炭素原子核を結ぶ軸に対して垂直に重なり合うことによって成り立つ，π 結合（pi bond）が形成されているのである．2 か所の結合点で π 結合 1 つと数え，2 つの電子を共有することになる．これらを特に π 電子（pi electrons）という．π は，英語の p に当たるギリシャ文字で，p 軌道との関連性からつけられた名前である．sp^2 混成軌道においては，電子間の反発を最も少なくなるように，平面三角形として 3 つの軌道が配置される．sp^2 軌道を元に形成されるエチレンでは，全ての原子が同一平面上に乗っている．すなわち，エチレンは平面状分子である．

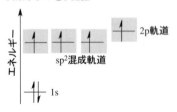
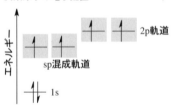

図 5.5　エチレンおよびアセチレンの炭素原子の混成軌道

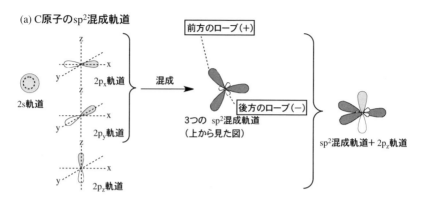

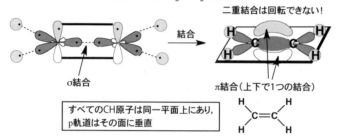

図 5.6 sp^2 混成軌道の形成とエチレンの立体構造

一方,アセチレンでは1個の2s軌道と1個の2p軌道が混成してsp混成軌道を形成し(図5.5b),C–CとC–Hの2つのσ結合を形成するとともに,C–Cの2つのπ結合ができる(図5.7).2つのsp混成軌道上の電子反発をなるべく避けるには,180°反対を向くのが妥当である.結果的にアセチレンは直線状分子となる.

このようにp軌道の重なりから形成される二重結合,三重結合における2番目,3番目のπ結合は,単結合を形成するσ結合よりも弱い結合である.弱い結合とは,結合が切れやすく他の分子と別の結合を結びやすいことを意味する.二重結合,三重結合を有する物質が,σ結合だけでできている化合物よりも他の分子と反応しやすいのは,このπ結合が存在するからなのである.二重結合や三重結合に水素が付加すると,単結合になる.つまりπ結合を有する化合物は水素をまだ付加できる状態にあるので,

(a) C原子のsp混成軌道

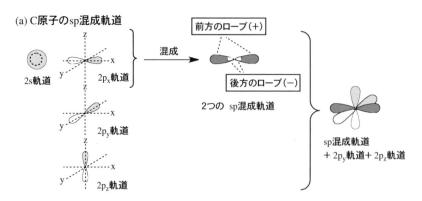

(b) C原子2つとH原子2つが結合して、CH≡CHとなる

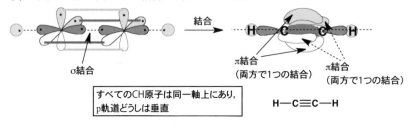

図 5.7 sp混成軌道の形成とアセチレンの立体構造

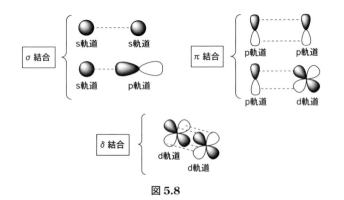

図 5.8

二重結合や三重結合のことを不飽和結合（unsaturated bond）という．一方，炭素がもうこれ以上水素を付加できない状態になっている単結合のことを，飽和結合（saturated bond）ともいう．また，σ結合だけで形成される単結合は回転可能であるが，二重結合ではπ結合があるため自由回転が不可能と

なることも特筆すべき点である．あらためて，図 5.8 に共有結合の種類についてまとめておいた．σ結合やπ結合の他に，d 軌道のような 4 つのローブどうしが重なる，δ結合（delta bond）も知られている．酢酸銅 (II) 一水和物が二量体を形成する際に存在する Cu–Cu が一例であり，有機金属化合物にみられる結合である．

いろいろな化合物の混成軌道

　有機化合物以外の化合物でも，混成軌道で考えると構造が理解しやすい分子はたくさんある（図 5.9）．水素化ホウ素 BH_3 におけるホウ素では，2s 軌道と 2 つの 2p 軌道が混成して，3 つの軌道からなる sp^2 混成軌道ができる．そして，それぞれの軌道が水素原子の 1s 軌道と σ 結合することで，平面三角形の BH_3 分子となる[*5-3]．この平面に垂直に電子が入っていない空の p 軌道が存在していることを忘れないように．これは，電子が不足状態のメチルカチオン $^+CH_3$（methyl cation）の構造と同じであり，この炭素原子も sp^2 混成軌道で構成されている．メチルラジカル $\cdot CH_3$（methyl radical）も sp^2 混成軌道であり，平面三角形構造をしているが，p 軌道には電子が 1 つだけ含まれているところが異なる．一方，電子が過剰に存在しているメチルアニオン $^-CH_3$（methyl anion）は，sp^3 混成軌道からなり，四面体構造をしている．つまり，4 つの sp^3 混成軌道のうち，3 つは共有結合に使われており，1

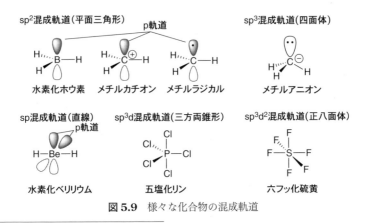

図 5.9　様々な化合物の混成軌道

[*5-3]　4.3 節に記したように，実際には BH_3 という構造は極めて不安定である．

つは結合に関与せず，非共有電子対を含んでいる．これは，先に示したアンモニアの分子構造と同じである．また，水素化ベリリウム BeH_2 (beryllium hydride) では，2s 軌道と 1 つの 2p 軌道が混成して，2 つの sp 混成軌道を形成し，直線状の分子ができていると考えることができる．混成軌道は s 軌道，p 軌道が関与しているだけではなく，d 軌道が関与してできるものもある．例えば，sp^3d 混成軌道のリン原子は三方両錐形の五塩化リン PCl_5 (phosphorus pentachloride) を形成し，sp^3d^2 混成軌道の硫黄原子は正八面体の六フッ化硫黄 SF_6 (sulfur hexafluoride) を形成する．

有機化合物での混成軌道

世の中には様々な有機化合物が存在するが，構成する原子（炭素原子や酸素原子，窒素原子など）がどのような混成軌道をとって原子どうしがつながっているかを知ることは，分子の形や反応の性質を知ることにつながる．そして，それぞれの原子の混成軌道の状態は，分子の構造から推測することができるのである．例えば，酢酸 CH_3CO_2H (acetic acid) という分子は 2 つの炭素原子と酸素原子が含まれているが，それぞれの原子の混成様式は異なっており，図 5.10 のように sp^3 の原子と sp^2 の原子がある．また，アセトニトリル CH_3CN (acetonitrile) の場合，左から順番に炭素原子-炭素原子-窒素原子があり，それぞれ sp^3-sp-sp 混成軌道である．難しいように思うが，これらの区別をつけるのは意外に簡単だ．特定の原子において σ 結合の数を数えればよいのである．ここで，非共有電子対を 1 つの σ 結合とみなすのがミソ．σ 結合数が 4 つの場合 sp^3，3 つの場合 sp^2，2 つの場合 sp となる．酢酸における CH_3 の炭素は 3 つの水素および 1 つの炭素と σ 結合しており，σ 結合数が合計 4 つなので sp^3 である．一方，CO_2H の炭素原子は酸素 2 個との σ 結

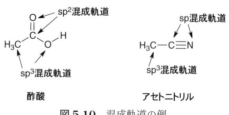

図 5.10　混成軌道の例

合および炭素1個とのσ結合で，合計3つのσ結合となり，sp²となる．他の原子についてもこのルールを適用して考えることができる．ただし，このルールにも注意すべき例がある（図5.11）．フラン（furan）やピロール（pyrol）のように，酸素原子や窒素原子の1組の非共有電子対が環状の他の炭

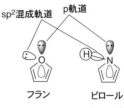

図 **5.11** 注意が必要な混成軌道の例

素原子と共有される場合[*5-4]，これらの非共有電子対は例外的にp軌道に含まれていると考えられる．したがって，それぞれの酸素原子と窒素原子はσ結合が3個であり，sp²混成軌道と考えなければならない．

[*5-4] このような現象を「共鳴」という．共鳴の詳細は9.1節を参照のこと．

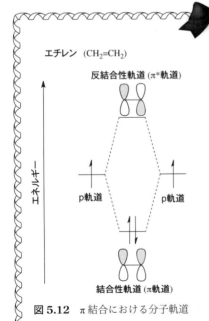

図 **5.12** π結合における分子軌道

π軌道とπ*軌道

単結合の際には，結合性分子軌道（σ軌道）と反結合性分子軌道（σ*軌道）があると述べた（図4.13）．π結合を考えるときにも同じような考えが必要である．つまり，π結合では図5.12のようなエネルギー準位の結合性分子軌道（π軌道）と反結合性分子軌道（π*軌道）を考えなければならないのである．この考えは，分子軌道どうしが直接結合する有機化学反応を考える場合に，重要な基礎となる．

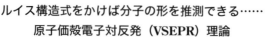

ルイス構造式をかけば分子の形を推測できる……
原子価殻電子対反発（VSEPR）理論

　ルイス構造式によって，共有結合電子対や非共有結合電子対が明確になる．すると，「原子価軌道上の電子はお互いに反発し，各々の電子対はその反発が最も小さくなるように配置される」という考え方を元にして，定性的にではあるが分子の構造が推測できるようになる．これが，槌田龍太郎（1903-1962）によって提唱されて発展した原子価殻電子対反発理論（valence shell electron pair repulsion, VSEPR 理論）である．世界的には，ギレスピー（カナダ Ronald James Gillespie, 1924-）-ナイホルム（オーストラリア Ronald Sydney Nyholm, 1917-1971）理論として知られている．まず，ルイス構造式から共有・非共有関係なく電子対がいくつあるかを数える．この際，二重結合や三重結合の電子対は，まとめて電子対1つと考える必要がある．そして，ある一つの原子に注目して，その原子の電子対が2つなら直線（linear），3つなら平面三角形（trigonal planar），4つなら正四面体（tetrahedral），5つなら三方両錐（trigonal bipyramidal），6つなら正八面体（octahedral），7つなら五方両錐（pentagonal bipyramidal）などのようになる．ただし，非共有電子対は共有電子対よりも大きな場所を占めるので，電子対同士の反発は，（非共有電子対-非共有電子対）＞（非共有電子対-共有電子対）＞（共有電子対-共有電子対）の順番で小さくなる．それに従い，電子対間の角度も変わり，構造も少しずつ変わってくる．例えば，メタン CH_4 の4つの共有電子対はすべて等価なので正四面体となる．一方，アンモニア NH_3 の窒素原子も4つの電子対をもつが，3つは共有電子対で1つは非共有電子対である．したがって，分子全体で見ると正四面体に近いが，原子核の位置のみで示すと三角錐形（trigonal pyramidal）となる．また，同様に水分子 H_2O は，共有電子対と非共有電子対が2つずつなので，原子核の位置のみで示すと折れ線形（bent）となる．本節で述べた混成軌道の考え方は，本質的には VSEPR 理論の延長線上のものと考えることができる．

5.2 電気陰性度と分極

原子によって電子を引きつける力が違う

C–C 結合や H–H 結合のように,同じ原子どうしの共有結合であれば,原子の性質が同じなので電子 2 つを仲良く共有しあうことが可能である.しかし,C–O や H–F のように異なる原子どうしの結合の場合,電子の共有は均等にはならない.それは,電子を引きつける力が原子によって異なっているためである.C–O 結合では,結合の電子は酸素の方に偏っており,酸素原子はマイナスに,炭素原子はプラスに帯電している(図 5.13).これを部分電荷(partial charge)という.

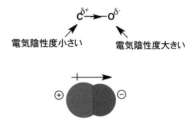

図 5.13 電気陰性度と極性
電子は矢印の方向に引きつけられている.

どの原子が電子を奪いやすい(引きつけやすい)のか.これは,1930 年代にポーリング(アメリカ Linus Carl Pauling, 1901–1944)により提唱された「電気陰性度(electronegativity)」を考えるのが一般的である[*5-5].電気陰性度とは,共有結合した原子間における電子を引きつける強さ,能力の尺度と思えばよい.表 5.1 をみてみよう.各元素記号の下にある数字が,相対的な電気陰性度の数値であり,数字が大きければ大きいほど,電子を引きつけやすいということになる.なぜこのような順番になるのかは,各原子の電子構造を考えると理解できる.同周期の横列をみると(特に第 2, 3 周期),右にいくほど数字が大きくなっている.これは明らかに,周期表の右に行くほど原子核のプラス電荷が増えていくので,その分,マイナスである電子を引き寄せやすくなるためと考えられる.それでは同族の縦列ではどうだろうか.この場合,上に行くほど数字は大きくなっている.周期表で上方ということは,それだけ電子が含まれている原子核周りの軌道が少ないので,原子半径

---

*5-5 他にも多くの化学者によって異なる算出方法が提唱されている.マリケンやオールレッド―ロコウの電気陰性度などが有名だが,基本的な傾向はほとんど同じといってよい.

表 5.1 ポーリングの電気陰性度（A.L.Allred による改定値）
数字がない項は、確かな値が知られていない

族	1	2	3	4	5	6	7	8	9	10	11	12	13	14	15	16	17	18
第1周期	H 2.20																	He
2	Li 0.98	Be 1.57											B 2.04	C 2.55	N 3.04	O 3.44	F 3.98	Ne
3	Na 0.93	Mg 1.31											Al 1.61	Si 1.90	P 2.19	S 2.58	Cl 3.16	Ar
4	K 0.82	Ca 1.00	Sc 1.36	Ti 1.54	V 1.63	Cr 1.66	Mn 1.55	Fe 1.83	Co 1.88	Ni 1.91	Cu 1.90	Zn 1.65	Ga 1.81	Ge 2.01	As 2.18	Se 2.55	Br 2.96	Kr 3.00
5	Rb 0.82	Sr 0.95	Y 1.22	Zr 1.33	Nb 1.6	Mo 2.16	Tc 1.9	Ru 2.2	Rh 2.28	Pd 2.20	Ag 1.93	Cd 1.69	In 1.78	Sn 1.96	Sb 2.05	Te 2.1	I 2.66	Xe 2.6
6	Cs 0.79	Ba 0.89	La–Lu 1.20–1.25	Hf 1.3	Ta 1.5	W 2.36	Re 1.9	Os 2.2	Ir 2.20	Pt 2.28	Au 2.54	Hg 2.00	Tl 1.62	Pb 2.33	Bi 2.02	Po 2.0	At 2.2	Rn
7	Fr 0.7	Ra 0.9	Ac–Lr 1.1–1.3	Rf	Db	Sg	Bh	Hs	Mt	Ds	Rg	Cn	Uut	Fl	Uup	Lv	Uus	Uuo

が小さい．一方，周期表で下方の原子は，電子を含む軌道が多くて原子半径が大きい．普通，電荷の影響というのは距離の2乗に反比例するので，原子半径が大きければ大きいほど，原子核の正電荷の原子周囲に与える影響は少なくなってしまう．したがって，正電荷は周期表下方の原子の方が大きいにもかかわらず，結果として，周期表上方の原子の方が電子を引きつけやすいということなのである．表5.1中で，最も電気陰性度が大きいのはフッ素F（3.98）で，小さいのはフランシウム Fr（0.7）である．この数字の大きさを比較することで，原子どうしの共有結合でどちらの方に電子が引き寄せられるかを推測することができる．もちろん，電気陰性度の差が大きければ大きいほど偏りの度合いが大きいということになる．先のC–O結合の例では，C（2.55）よりもO（3.44）の電気陰性度が大きいので，σ結合の電子はOの方に偏っているのである．

電気陰性度の差が大きな原子どうしの結合で，共有結合とイオン結合を明確に区別することは難しい．ただし，大まかに言って電気陰性度の差が2.0以上（1.7以上という説もある）になるとイオン結合となるようだ．そして，電気陰性度の差が0.3以下になると，ほとんど極性をもたない共有結合ということになる．結合の性質を表す方法に，イオン性百分率（percentage of ionic character）というものがあり，これが大きいほどイオン結合の性質が多く表れることになる．例えば，H–Hのようなものは純粋な共有結合でイオン性0%であり，フッ化水素H–Fは約45%などと示すことになる．

電荷の偏りがある分子もある

電気陰性度の違いにより電子分布に偏りができると，部分的にではあるが分子が帯電する．この部分電荷は，δ^+あるいはδ^-で示され，デルタプラス，デルタマイナスとよむ（図5.13）．このとき「結合が分極（polarization）している」という．C–O結合において，電子が酸素Oに偏っているのを，結合上の矢印で表している．分子全体を1つの塊としてみた場合，部分的な分極は，分子全体として静電的偏りをつくる場合がある．このような分子を極性分子（polar molecule）とよび，分子中にプラスとマイナスを有することから双極子（dipole）ともよばれる．電子密度の方向は，プラスに帯電して

いる原子からマイナスに帯電している原子の方向への矢印 ⊢──▶（尾の方に縦線がある）で表し，矢印の先に行くに従って，電子密度が高くなっていることを示す．実際の分子で考えてみよう（図5.14）．クロロメタン CH_3Cl（chloromethane）の C–Cl 結合では Cl の電気陰性度が大きいので，C が δ^+，Cl が δ^- に帯電する．C–H 結合だけをみると C の電気陰性度が大きいのであるが，分子全体としては，C–Cl の分極の方が大きい．したがって，双極子を示す矢印は，CH_3 側から Cl 側に伸びたようにかく．分子中で極端な分極が生じている箇所は，その結合が切断されやすいことを示しており，どこが分極しているかを見極めることは反応を考える上で重要である．メタノール CH_3OH（methanol）の C–O–H では，酸素が最も電気陰性度が高いので，図5.14のように分極しており，分子も極性を有している．炭素原子は水素原子と比べると電気陰性度が高いので，メタノールの炭素原子は，3つの水素原子から電子を供与される．その分，炭素原子の δ^+ は打ち消されることになるので，最も分極しているのは O–H 結合となる．メタノールが反応する際には，O–H 結合が反応しやすいであろうということが予想できる．水 H_2O やアンモニア NH_3 も形状は異なるものの，やはり極性分子である（図5.15）．これに対し，四塩化炭素 CCl_4（carbon tetrachloride または tetrachloromethane）では C–Cl 結合では分極しているが，分子はメタンと同じ正四面体構造をしているので，分子全体では分極が相殺されて無極性分子（nonpolar molecule）となってしまう（図5.14）．そして CCl_4 の反応性は大変低い．同じように，直線状分子の二酸化炭素 CO_2 でも，炭素原子を中心に対照的になっている

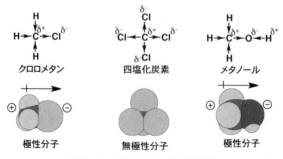

図 5.14　分極を持つ有機化合物

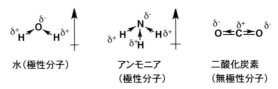

図 5.15　様々な分極を持つ無機化合物

ため電荷が打ち消し合い，分子全体では無極性分子となっている（図 5.15）．

双極子モーメントは極性の大小を示す指標

分子が分極して分子全体で極性分子となっている場合，両電荷を $\pm q$ で示し，両電荷の重心の距離を r とすると，負電荷から正電荷へ向かうベクトル量である双極子モーメント μ（dipole moment）は，次式で表される．

$$\mu = q \times r \quad (式5\text{-}1)$$

双極子モーメントの単位はデバイ（debye, D）であり，$1\,\mathrm{D} = 3.3356 \times 10^{-30}\,\mathrm{C\,m}$ である（C は電荷の単位クーロン，m はメートル）．例えば，水 H_2O では 2 つの O-H 結合を有しており，それぞれの双極子モーメントがある（図 5.16）．双極子モーメントは，電子の偏りの向きを示す結合上の矢印とは逆で，負電荷から正電荷に向けた矢印で図示されている．H_2O 分子は二等辺三角形をしており，分子全体の双極子モーメントとしては，2 つの双極子モーメントをベクトル的に合成した方向で決

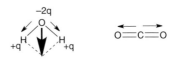

図 5.16　水と二酸化炭素の双極子モーメント

表 5.2　代表的化学種の双極子モーメント

化学種	双極子モーメント (D)	化学種	双極子モーメント (D)
O_2	0	HCl	1.12
CO_2	0	HBr	0.827
CH_4	0	H_2O	1.85
KI	11.05	NH_3	1.468
CO	0.110	CH_3OH	1.66

まり，1.85 D という大きな値を持つ．二酸化炭素 CO_2 の場合は，C=O 結合の双極子モーメントが互いに逆を向いているために打ち消し合い，双極子モーメントは 0 になる．分子の形から双極子モーメントの大小はある程度予想でき，また，双極子モーメントによって分子の形も推定できることになる．また，イオン結合であるヨウ化カリウム KI（potassium iodide）は，当然大きな値を示している．代表的な化学種の双極子モーメントを表 5.2 に示す．

5.3 様々な化学結合

原子どうしには一方的な共有結合もある（配位結合）

今まで，特にイオン結合と共有結合という強い結合について述べてきたが，実はこれ以外にも様々な化学結合様式が知られている．原子の電子構造を思い出してみよう．例えば水 H_2O の酸素原子 O には 2 対の非共有電子対がある．もし水の近くにプロトン H^+ がいたら，酸素は一方的に非共有電子対を，H^+ の電子を含んでいない空の電子軌道（空軌道）に与えて結合し，ヒドロニウムイオン H_3O^+ が生成する（図 5.17a）．このように，一方の原子からのみ電子対が供給されてできる結合を，配位結合（coordinate bond）という．ヒドロニウムイオンやアンモニウムイオン NH_4^+ のような場合，配位結合した後には，もともとの O–H あるいは N–H 結合と違いがな

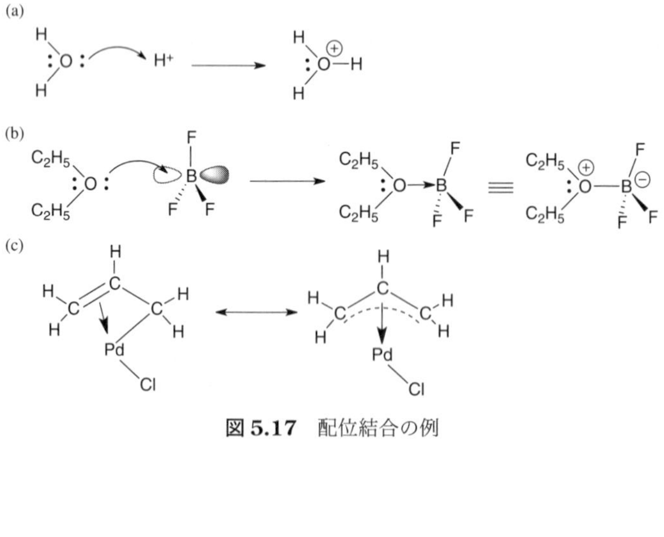

図 5.17 配位結合の例

くなり，単なる共有結合となる．一方，ジエチルエーテル $CH_3CH_2OCH_2CH_3$ (diethyl ether)中の酸素原子Oの非共有電子対と，三フッ化ホウ素 BF_3 (boron trifluoride) のホウ素原子の空軌道の間で起こる配位結合は，共有結合の一種ではあるが，ヒドロニウムイオンの場合とは異なり弱い結合である（図5.17b）．オクテット則を満たさないホウ素BやアルミニウムAlなどの13族元素や，空のd軌道を多く持つ遷移金属では，電子対を受け取る側としてこのような様式の配位結合が多くみられる．また，π-アリルパラジウム錯体(allyl palladium (II) chloride dimer) のように，二重結合を形成するπ電子が金属に供与される結合も存在する（図5.17c）．

金属どうしは分子をつくらない（金属結合）

　金属原子どうしは，共有結合するには最外殻電子が不足している．また，金属原子のイオン化ポテンシャルは小さく，陽イオンになりやすい性質がある．そのため固体の金属では，同じ金属原子が規則正しく並んだ状態で結晶をつくっており（金属結晶），原子から容易に離れた価電子が，特定の原子に固定されずに周囲の他の原子の軌道を自由に動き回って共有されている状態になっている（図5.18）．このような電子を自由電子（free electron）といい，自由電子を共有することでできる金属原子間の結合が金属結合（metallic bond）である．金属が高い電気伝導性や熱伝導性を持つのは，自由電子によってエネルギーが容易に運ばれるからである．また，金属は独特な金属光沢を持っており，線上に引き延びる延性（ductility），うすく広がる展性（malleability）に優れている．

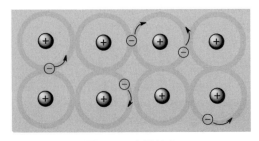

図 5.18 金属結合
自由電子が動き回っている．

結合は分子どうしでも起こる……分子間力

結合には，原子やイオンどうしの結合だけではなく，分子やイオンどうしが相互作用することで起こる結合も存在する．これを通称して，分子間力 (intermolecular force) とよぶ．分子が互いに引力を及ぼし合うことで，液体や固体のような形状を保つことができるのである．分子間力は，いくつかの種類に分けることができる．

最も強い結合力を有するのがイオン間相互作用 (ionic interaction) で，イオン間で働く静電気力（クーロン力）に基づくものである．原子からできたイオンどうしの結合である「イオン結合」と基本的には同じであるが，酢酸ナトリウム $CH_3CO_2^- Na^+$ (sodium acetate) の酢酸イオンのように，多原子からなるイオンが関与している場合にイオン間相互作用といっているだけである（図5.19）．異符号のイオンどうしは強い力で結合し，規則的に配列したイオン結晶を構成する．

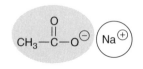

図5.19 イオン間相互作用

電気陰性度の異なる原子どうしがσ結合することで分極した分子のことを双極子ということは既に述べた（図5.13）．この双極子のプラス・マイナスが関与したクーロン力により生じる分子間の結合が，双極子相互作用 (dipole interaction) である（図5.20）．双極子の一方の電荷が，異符号の電荷を持つイオンと相互作用して引きあう結合は，イオン-双極子相互作用という．また，双極子が別の双極子と引きあう結合は，双極子-双極子相互作用という．双極子は部分的に帯電しているだけなので，イオンよりも電荷は小さく，イオン間相互作用の1/100程度の力しかない．分極していない無極

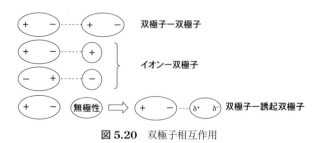

図5.20 双極子相互作用

性分子に双極子を近づけた場合，近づいた電荷の影響で無極性分子に電荷の偏りが誘起される．双極子と誘起された双極子との間で引きあう結合は，双極子–誘起双極子相互作用という．もちろん，これはもっと弱い力である．

電気陰性度が大きい酸素・窒素・硫黄・ハロゲンなどの原子に水素が共有結合している場合，水素原子は部分的に弱い陽性の $H^{\delta+}$ となる．この $H^{\delta+}$ が近くにいる酸素・窒素・硫黄・ハロゲンなどの原子や π 電子系物質と静電的に引きあう．このような，$H^{\delta+}$ を介した非共有結合的な分子間の結合を，双極子相互作用と区別して水素結合（hydrogen bond）という（図 5.21）．水素結合は共有結合に比べるとはるかに弱い結合ではあるが，双極子相互作用よりは10倍ほど大きな力であり，たくさんの水素結合が生じていると無視できないほど大きなものになる．比較的分子量が小さい水 H_2O の沸点（分子量 18，100 ℃）が，有機化合物の沸点（例えば分子量 16 のメタン CH_4 の沸点は−162 ℃！）に比べて極めて大きいのは，水分子どうしの水素結合により，お互いを切り離す際には大きなエネルギーが必要だからである（図 5.21a）．また，氷において水分子は水素結合のために規則正しく配列しており，水のときより体積が増大し，密度が減少する．だから，氷は水に浮くのである．通常の物質では固体は液体よりも密度が大きいので，固体が液体の上に浮くことはない．そして氷から水になる際，その規則性が崩れて少し密

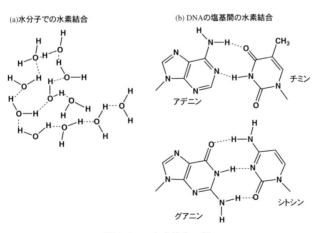

図 5.21　水素結合の例

度が増大（体積が減少）し，4 ℃で最も密度が大きくなり，さらに温度が上がると分子運動により密度が減少傾向（体積が増加）になる．

　NaClのような塩は非常に水に溶けやすい．ここにも水素結合が関係している．NaClが水中に含まれるとき，結晶の状態でいるよりも，Na^+イオンとCl^-イオンに別れた方がよい．なぜならば，Na^+イオンとCl^-イオンは図5.22のように近くの（溶媒としての）水に取り囲まれ，水素結合によって安定化を受けるからである．このように，極性溶媒が電荷を持ったイオンを安定化させる現象を溶媒和（solvation）といい，溶媒が水の場合に限って水和（hydration）という言い方をする．水に溶けやすい物質は，水和をうけやすいのである．構造において重要な水素結合の1つとして，DNAの二重らせんを形作っている塩基どうしの水素結合もある（図5.21b）．この水素結合なしには，DNAが遺伝子としての機能を見いだすことができなかったであろう．

　炭素と水素から構成される飽和炭化水素（アルカン alkane）は，典型的な無極性分子である．しかし，アルカンにおいても分子間の引力は働いている．これを示すよい例は，アルカンの炭素鎖が長くなるに従って，規則正しく融点や沸点が高くなっていることである．

　表5.3には，いくつかのアルカンの常圧での沸点を記した．もともと分極していないので双極子でもなく，水素結合するような原子も存在しないアルカンどうしにも引力が働くというのは一見不思議に思える．しかし，アルカン分子の周囲には，負電荷を持つ電子が存在することを忘れてはいけない．アルカン分子どうしが近づくと，各分子の電子どうしが反発して，電子が動く（図5.23）．電子が動くということは，一時的・部分的ではあるが結合の

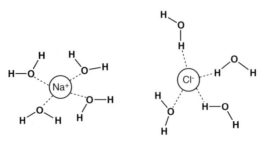

図 5.22 水中のNa^+とCl^-の水和

5.3 様々な化学結合

表 5.3 アルカンの沸点の例

アルカン	沸点(℃)
メタン CH_4	-162
エタン CH_3CH_3	-89
プロパン $CH_3CH_2CH_3$	-42
ブタン $CH_3CH_2CH_2CH_3$	-0.5
ペンタン $CH_3CH_2CH_2CH_2CH_3$	36
イソペンタン $(CH_3)_2CH_2CH_2CH_3$	28
ネオペンタン $(CH_3)_2C(CH_3)_2$	10
ヘキサン $CH_3CH_2CH_2CH_2CH_2CH_3$	69

分極が生じて部分的な δ^+ と δ^- が生じることになる．こうなれば，分子間で引力が生じてもおかしくはあるまい．アルカンの炭素数が増えると分子どうしが接して相互作用する場所が増え，分子どうしを引きはがすためには，より大きなエネルギーが必要になるため沸点が高くなるのである．枝分

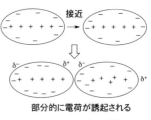

図 5.23 ロンドン分散力

かれしたアルカンでは，分子どうしの接触面積が小さくなり，同じ炭素数を有する直鎖アルカンよりも沸点は低くなる．このような，一時的にできた双極子どうしの間で起こる相互作用のことを，ロンドン（ドイツ生まれ・アメリカ Fritz Wolfgang London, 1900-1954）にちなんで，ロンドン分散力（London dispersion force）あるいは単にロンドン力という[*5-6]．ロンドン分散力は極めて小さい相互作用であり，双極子相互作用の更に 1/10 程度しかない．そして，クーロン力が電荷間の距離の 2 乗に反比例するのに対し，ロンドン分散力は距離の 6 乗に反比例している．

疎水性（親油性）の化合物が水中にあるとき，疎水性化合物どうしが凝集して集合体をつくったり安定な立体構造を保ったりするときの作用を疎水

[*5-6] 以前，あるいは特定の分野では，ロンドン分散力のことだけを，ファンデルワールス（オランダ Johannes Didreik van der Waals, 1837-1923）の名をとってファンデルワールス力（van der Waals force）とよんでいた．しかし，現在では必ずしもそのように定義されるわけではなく，全ての分子間相互作用を総称してファンデルワールス力という方が多いようである．ただし，イオン間相互作用を含まないと考える場合もあり，かならずしも定義が定まっていないのが現状である．

性相互作用（hydrophobic interaction）という．これは，水素結合ネットワークを形成する周囲の水分子から疎水性化合物が排除された結果であり，引力によって分子間の結合が起こるのではない．その点，上述の分子間力とは全く異なる作用である．生体高分子であるタンパク質どうしやタンパク質と疎水性低分子有機化合物との相互作用，タンパク質立体構造の維持，疎水性低分子化合物（ゲスト分子）とそれを取り込む大きな人工ホスト分子との相互作用などで見られる．

第6章　有機化合物の分類と命名法の基本

6.1　有機化合物の分類と名前の付け方

有機化合物とはどんなものか

　生物が生きることによって生成される化合物，生物を構成している物質が，もともと「有機 (organic)」化合物であり，鉱物などの「無機 (inorganic)」化合物と区別されていた．「有機」化合物は、生物だけが作れると考えられていたのだが，1828年，ヴェーラー（ドイツ Friedrich Wöhler, 1800-1882）が，「無機」化合物であるシアン酸アンモニウム NH_4OCN（ammonium cyanate）を加熱することで，「有機」化合物である尿素 NH_2CONH_2（urea）ができることを発見したことはあまりに有名である．それ以降，様々な「有機」化合物が実験室で合成できることがわかり，古い定義は役に立たなくなった．現在では，炭素原子を主成分として，水素や酸素などを含む物質を有機化合物（organic compound），それ以外を無機化合物（inorganic compound）という．炭素が主成分とはいっても，炭素の同素体（例：ダイヤモンド），単純な酸化物（例：二酸化炭素 CO_2），硫化物（例：二硫化炭素 CS_2, carbon disulfide），炭酸塩（例：炭酸ナトリウム Na_2CO_3, sodium carbonate），シアン化物（例：シアン化水素 HCN, hydrogen cyanide）のような物質は，慣例として無機化合物として取り扱う．しかし，中心原子は金属で，周囲に配位子（ligand，金属に配位結合する物質）として有機化合物を有する有機金属錯体のような物質も知られるようになっており，その境界線はあいまいになりつつある．いずれにせよ，脂肪，タンパク質，核酸，糖などの生体を構成する有機化合物なくして生物は生物たりえない．そして，私たちが日常利用している薬，プラスチック製品，香料，染料，繊維などなど，有機化合物からできているものは数限りない．有機化合物に関する基礎を学ぶことは，

そういった物質が何であるのか，どういう性質なのかを知るために重要なカギであり，自分たちが生活していく上で，実は必要不可欠な要素である．

有機化合物の特徴

有機化合物の主な構成元素は，炭素 C，水素 H，酸素 O であり，窒素 N，硫黄 S，リン P，ハロゲンを含む物質も多い．炭素は，原子1個が結合できる原子価が4つと多く，炭素原子や他の原子と強い共有結合で結びつくため，無限に数多くの有機化合物が存在できる．また，炭素は単結合だけでなく，二重結合や三重結合を形成することができる．単結合に比べて二重結合の原子間距離は短くなり，三重結合は更に短くなる．各原子の原子価については，5.2節で既に述べた．有機化合物の特徴を，表 6.1 にまとめた．

有機化合物の分類

有機化合物の種類は多く，様々な観点から分類することができる．ここ

表 6.1 有機化合物と無機化合物の違い

	有機化合物	無機化合物
構成元素の種類	C, H, O, N, P, S などが主で，種類は少ない	すべての原子が対象である
化合物の種類	組み合わせ次第で無限に存在する	原子の構成の仕方がある程度決まっているので，有機化合物に比べると少ない
化学結合	ほとんどは共有結合で，分子を形成している	イオン結合でイオン結晶を作るが，共有結合もある
融点と熱安定性	一般的に融点は低く（300 ℃以下），高温では分解する	一般的に融点は高く，熱に安定である
溶解性	一般的に水に溶けにくく，有機溶媒に溶けやすい	一般的に水に溶けやすく，有機溶媒に溶けにくい
電離	非電解質が多い	電解質が多い
燃焼性	可燃性のものが多く，完全燃焼すると CO_2 と H_2O を生じる	不燃性のものが多い
密度	液体では 1.0 g/cm^3 より小さいものが多いが，ハロゲンを含んだ物質のように 1.0 g/cm^3 より大きいものもある	液体では 1.0 g/cm^3 より大きいものが多い

では，有機化合物を骨格の形から分類してみよう（図 6.1）．まず，炭素が鎖状に直線でつながっている鎖式化合物（open-chain compound または acyclic compound）と，炭素原子の鎖が環を形成している環式化合物（cyclic compound）に大別される．鎖式化合物は脂肪族化合物（aliphatic compound）ともいわれる．また，鎖式化合物の中でも枝分かれのないものを直鎖化合物（straight-chain compound）として，枝分かれのある分岐化合物（branched compound）と区別する．炭素−炭素結合が σ 結合だけでつながっている化合物を飽和化合物（saturated compound）といい，π 結合を含んでいる化合物を不飽和化合物（unsaturated compound）という．

有機化合物の中で，炭素と水素のみでできたものを，特に炭化水素（hydrocarbons）という．炭化水素は基本的な有機化合物であり，分類中の「化合物」を「炭化水素」に置き換えると，炭化水素の種類を示すことになる．中でも，脂肪族飽和炭化水素をアルカン（alkane）といい，脂肪族不飽和炭化水素で二重結合 1 個を含むものをアルケン（alkene），三重結合 1 個を含むものをアルキン（alkyne）という．二重結合を有する化合物を，オレフィン（olefin）ともいう．

一方，環式化合物のうち，ベンゼン環のような芳香環を有するものを芳香族化合物（aromatic compound）という[*6-1]．炭素のみで骨格ができているものは，芳香族炭化水素（aromatic hydrocarbon）とよばれ，環に窒素・酸素・硫黄など炭素以外の原子を含む芳香族化合物を複素芳香族化合物（het-

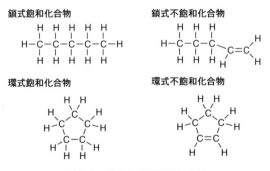

図 6.1　種々の有機化合物の例

＊6–1　芳香族化合物・芳香環に関しては，9.1 節を参照のこと．

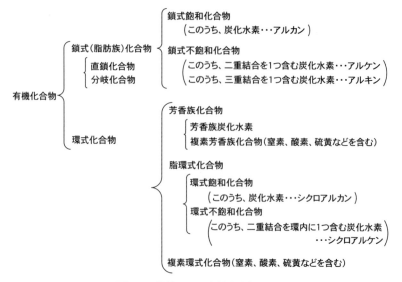

図 6.2　骨格による有機化合物の分類

eroaromatic compound）という．そして，芳香族化合物以外の環式化合物を脂環式化合物（alicyclic compound）という．炭素のみで骨格ができているので，炭素還式化合物（carbocyclic compound）ともいう．環に窒素・酸素・硫黄などを含む場合には，複素環式化合物（heterocyclic compound）となる．これらをまとめると，図 6.2 で表される．

有機化合物の基本，直鎖アルカンを命名する

　有機化合物は無数に存在しており，それらを区別するために名前をつける必要がある．化合物の命名は以前から問題になっており，例えば発見者の名前や化合物の形などから慣例的につけられる名前（慣用名 common name または通称名 trivial name）もある．これに対して，化合物の名称を，構造から一義的に示す体系的命名法（systematic nomenclature，系統名ともいう）もされている．国際純正応用化学連合（International Union of Pure and Applied Chemistry，IUPAC）の規則に則る，通称 IUPAC（アイユーパック）名がその代表的なものである．化合物の IUPAC 命名法は，時折規則が改正されているが，2013 年に有機化合物命名法に大きな変更があった．これは

2013勧告と称されている．これまでは複数の命名方式が認められていたが，2013勧告では「一つの化合物ではできるだけ一つの名称を用いることが望ましい」という考えから，優先IUPAC名（preferred IUPAC Name, PIN）という概念が導入されている．PIN以外の名称も，一般IUPAC名（general IUPAC name, GIN）として使用は認められているが，本書では，できるだけ

表 6.2 直鎖アルカン C_nH_{2n+2} の名称

n	化学式	名　称	和　名
1	CH_4	methane	メタン
2	CH_3CH_3	ethane	エタン
3	$CH_3CH_2CH_3$	propane	プロパン
4	$CH_3(CH_2)_2CH_3$	butane	ブタン
5	$CH_3(CH_2)_3CH_3$	pentane	ペンタン
6	$CH_3(CH_2)_4CH_3$	hexane	ヘキサン
7	$CH_3(CH_2)_5CH_3$	heptane	ヘプタン
8	$CH_3(CH_2)_6CH_3$	octane	オクタン
9	$CH_3(CH_2)_7CH_3$	nonane	ノナン
10	$CH_3(CH_2)_8CH_3$	decane	デカン
11	$CH_3(CH_2)_9CH_3$	undecane	ウンデカン
12	$CH_3(CH_2)_{10}CH_3$	dodecane	ドデカン
13	$CH_3(CH_2)_{11}CH_3$	tridecane	トリデカン
14	$CH_3(CH_2)_{12}CH_3$	tetradecane	テトラデカン
15	$CH_3(CH_2)_{13}CH_3$	pentadecane	ペンタデカン
16	$CH_3(CH_2)_{14}CH_3$	hexadecane	ヘキサデカン
17	$CH_3(CH_2)_{15}CH_3$	heptadecane	ヘプタデカン
18	$CH_3(CH_2)_{16}CH_3$	octadecane	オクタデカン
19	$CH_3(CH_2)_{17}CH_3$	nonadecane	ノナデカン
20	$CH_3(CH_2)_{18}CH_3$	icosane	イコサン
21	$CH_3(CH_2)_{19}CH_3$	henicosane	ヘンイコサン
22	$CH_3(CH_2)_{20}CH_3$	docosane	ドコサン
23	$CH_3(CH_2)_{21}CH_3$	tricosane	トリコサン
30	$CH_3(CH_2)_{28}CH_3$	triacontane	トリアコンタン
31	$CH_3(CH_2)_{29}CH_3$	hentriacontane	ヘントリアコンタン
32	$CH_3(CH_2)_{30}CH_3$	dotriacontane	ドトリアコンタン
33	$CH_3(CH_2)_{31}CH_3$	tritriacontane	トリトリアコンタン
40	$CH_3(CH_2)_{38}CH_3$	tetracontane	テトラコンタン
50	$CH_3(CH_2)_{48}CH_3$	pentacontane	ペンタコンタン
60	$CH_3(CH_2)_{58}CH_3$	hexacontane	ヘキサコンタン
70	$CH_3(CH_2)_{68}CH_3$	heptacontane	ヘプタコンタン
80	$CH_3(CH_2)_{78}CH_3$	octacontane	オクタコンタン
90	$CH_3(CH_2)_{88}CH_3$	nonacontane	ノナコンタン
100	$CH_3(CH_2)_{98}CH_3$	hectane	ヘクタン

新しい規則を元にした命名法を紹介していくことにする．

日本語の場合，それぞれが日本語に訳されたり，日本語で読む場合はローマ字読みになったりと，ややこしいことが多い．ここでは，アルカンをアルファベットで命名する方法を覚えてもらいたい．その方が，後で述べる様々な化合物を名づける際に応用できるからだ．日本語で覚えてしまうと，この応用ができなくなってしまう．

まず，表6.2に主な直鎖アルカン C_nH_{2n+2} の名称を示した．炭素数，名称，化学式の関係はすべて覚えてしまおう．これらの名称はラテン語やギリシャ語が語源となっており，炭素数を表す言葉の末尾に -ane をつけたものである．わかりやすい例でいうと，水泳・自転車ロードレース・長距離走の3種目をこなすスポーツ競技トライアスロン（triathlon）の「トライ」は，3を示す接頭辞の「tri」であり，5角形を示すペンタゴン（USA国防総省の本

有機化合物の日本語読みの矛盾

アルカン，アルケン，アルキン，エーテルなどなど，実は有機化合物のこれらの言い方は日本人だけにしか通用しない．「えーっ」と驚くかもしれないが，本当のことだ．しかし，決して嘘を書いてきたわけではなく，単語の読み方の問題なのだ．明治時代に化学が日本に入ってきた頃，化学が最も盛んだったのはドイツでありヨーロッパだったので，その言葉をそのまま日本語訳し，それが現在でも続いているのである．しかし，世界的標準言語は今や英語であることに誰も異論を挟まないであろう．化学でも化合物の綴りはそのままに，発音はすべて英語読みが世界的標準となっているのである．例えば，アルカン alkane は英語読みで「アルケイン」，アルケン alkene は「アルキーン」，アルキン alkyne は「アルカイン」と発音しなければ通じない．エーテル ether ではなく「イーサー」でないといけない．化学で使う道具も同じ．ピペット pipet は「パイペット」なのである．既に日本では定着してしまった和名ばかりなので，今更変えられそうにないが，どうにかならないものだろうか……．

部庁舎の名前）に含まれる「ペンタ」は，5を示す接頭辞「penta」である．若干不規則なところもあるが，同じように，数を示す言葉を利用して体系的にアルカンの名称がつけられている．なお，炭素数1〜4の4つのアルカンは慣用名であるが，体系的な名称としても用いられている特別なものである．

6.2 分岐アルカンの命名法

分岐アルカンの慣用名

本節では，分岐アルカンおよびハロゲン原子が置換したハロアルカンの命名について学ぼう．炭素数4以上のいくつかの分岐アルカンには慣用名が用いられることもある．例えば，分子内

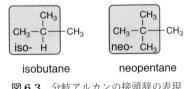

図 6.3　分岐アルカンの接頭辞の表現

に $(CH_3)_2CH-$ の構造をもつものには，接頭辞 iso-（イソ）をつける．これは，「等しい」という意味で，化学では「異性体（isomer）」を意味する．図6.3の炭素数4の化合物では isobutane になる．また，$(CH_3)_3C-$ の構造を持つものには，「新しい」を意味する接頭辞 neo-（ネオ）をつける．炭素数5の化合物は，isopentane である．母体の名前の butane や pentane の異性体にあたるので，こうした言い方が存在するのである．ただし，炭素数7以上の場合で接頭辞をつける命名法は認められていない．分岐アルカンと区別するために，直鎖アルカンにわざわざ接頭辞 *n*-（normal ノルマル，「普通」の意味）をつけることもあるが，現在ではこれらの慣用名は推奨されていない．

分岐アルカンの構造と置換基の構造を把握する

体系的な命名法を学ぶ前に，分岐アルカンにおける構造をあらためて見てみよう（図6.4）．有機化合物中で，特定の原子どうしが結合してできている原子団を「基（group）」といい，Hに置き換わるものという意味で「置換基（substitution group または substituent）」ともいう．基準はメタン CH_4 であり，炭素原子に4つの水素を有している．これらの水素のうち1つを水素以外のもの R^1 に置き換えた場合，R^1 が置換基であり，このような炭素を第

図 6.4　各種炭素，水素の呼び方

一級炭素（primary carbon），残っている水素を第一級水素という．この第一級水素1つを更に置換基 R^2 に置き換え，2つの置換基を有する炭素のことを第二級炭素（secondary carbon）といい，残っている水素を第二級水素という．更に1つの水素を置換基 R^3 で置き換えると，3つの置換基をもつ第三級炭素（tertiary carbon）となり，残った1つの水素は第三級水素という．最後の水素を置換基 R^4 で置き換えてしまうと，炭素は1つの水素も有していない状態になり，第四級炭素（quaternary carbon）という．置換基の数と水素の数の違いに注意しよう．

　置換基 R において，アルカンの水素を1つ取り除いたものからできているものがアルキル基（alkyl group）である．直鎖アルキル基の名前は，直鎖アルカンの名称の末尾 -ane を -yl に置き換えてやればよい（図6.5）．例えば，methane から水素1つを取り除いた methyl（メチル，Me と略す）基，ethane からできる ethyl（エチル，Et と略す）基，propane からできる propyl（プロピル，Pr と略す）基，butane からできる butyl（ブチル，Bu と略す）基などである．以前は，分岐を持つアルキル基の慣用名がよく使われていた．先に示した iso- や neo- を接頭辞とするケースだけでなく，第二級（接続する炭素が2つの置換基を有する）を意味する secondary の略号 sec-（または単純に s-）や第三級（接続する炭素が3つの置換基を有する）を意味する tertiary の略号 tert-（または単純に t-）を接頭辞とするケースもあった．IUPAC の新しい基準では，これら分岐アルキルの殆どは廃止され，isopropyl 基のみ使用が認められている．ただ，これらの表記法はまだまだ実際にはよく使われているのが現実で，知っていて損はない．それではこういった分岐アルキル基をどう命名したらよいのだろうか．答えは図6.5に記

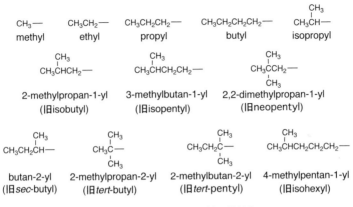

図 6.5 様々なアルキル基の慣用名

しておくが，詳しくは次の項で解説するので，そちらを参照していただきたい．ちなみに，–CH$_2$– は methylene（メチレン）基，>CH– は methine（メチン）基とよばれる．

ハロゲン原子も置換基の一種である．フッ素 F が置換基になった場合，fluoro（フルオロ）基という．同様に，塩素 Cl では chloro（クロロ）基，臭素 Br では bromo（ブロモ）基，ヨウ素 I では iodo（ヨード）基となることを覚えておこう．

分岐アルカンの IUPAC 命名法

分岐アルカンの命名は，IUPAC の規則に従えば一義的に行うことができる．以下，順番に記していこう．

① 分子の中で，一筆書きができるようにつながっている炭素鎖のなかで，最も長いもの（主鎖 stem chain）をみつけて，その炭素数から主となるアルカン名をつける．例えば，図 6.6a において，直線を記した炭素が，主鎖であり，炭素数 6 の hexane ということになる．必ずしも主鎖が横一列に書かれるわけではないので，その場合は注意が必要だ．同様に，6.6b は decane，6.6c は heptane，6.6d は nonane となる．

② 主鎖に結合している水素以外のものは，側鎖（side chain）であり，置換基ともいう．主鎖が決まったら，次は側鎖＝置換基の名前をすべてつけ

よう．6.6a の化合物についている置換基は，先に示した methyl 基のみなので，これで終了．同様に，6.6b の置換基は butyl 基となる．ここで，先に図 6.5 で示したような慣用名のある枝分かれのアルキル置換基の場合，それをそのまま使用することができる．また，6.6c のように複数の置換基がついている場合も，それぞれを methyl 基と chloro 基などと名前をつける．6.6d では methyl 基と ethyl 基である．

③ 次に，置換基がついている炭素を特定しなければならない．そうでないと，全く違う物質になってしまうからだ．そのために，主鎖の端の炭素から順番に番号をつけ，どの炭素に置換基がついているかを明確にしなければならない．この際，置換基がついている炭素になるべく小さい番号がつくような方向から番号付けすることが必要である．例えば 6.6a では，左の炭素から数えて 3 番目の炭素に methyl 基がついていることになり，右から数えて 4 番目ということにはならない．6.6b の butyl 基は 5 番目の炭素についていることになる．6.6c のように，種類の異なる 2 つの置換基が両端から数えて同じ順番の炭素についている場合は，置換基のアルファベット順で早い方が小さい番号の炭素につくと考えるので，chloro 基が 2 番目の炭素，methyl 基が 6 番目の炭素についているとする．また，6.6d のように 3 つ以上の置換基が存在する際，置換基を持つ炭素の位置番号としては 2,4,8- とする場合と 2,6,8- とする場合が考えられる．できるだけ数値は小さくするのが原則なので，2,4,8- 番の炭素に置換基があるとして，1 つの methyl 基は 2 番目の炭素，

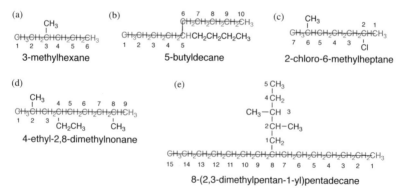

図 **6.6** 枝分かれしているアルカンの命名例

もう1つの methyl 基は8番目の炭素，ethyl 基は4番目の炭素についていることにする．

④ 最後に，置換基のついている炭素位置番号，その置換基，主鎖をならべて命名する．6.6a では，3-methylhexane となる．ここで注意したいのは，炭素位置番号と置換基はハイフン（-）でつなぐこと，そして，置換基名と主鎖名の間にスペースを入れないことである．6.6b は 5-butyldecane と命名される．複数の置換基がある場合はどうしたらよいか．まず，置換基はアルファベット順で早い方から名前にいれていくので，6.6c は，2-chloro-6-methylheptane となる．置換基名の間はハイフンでつなぐ．同じ複数個の置換基がある場合はそれらをまとめて，2つなら di-（ジ），3つなら tri-（トリ），4つなら tetra-（テトラ），5つなら penta-（ペンタ）などを置換基の接頭辞としてつける．6.6d では methyl 基が2つなので，dimethyl 基と表される．ただ，これらの接頭語は例外を除いてアルファベットに含まれないので，ethyl 基と dimethyl 基を比べてアルファベット順で早いのは ethyl 基の方であり，6.6d の名前は，4-ethyl-2,8-dimethylnonane となる．2つの methyl 基がついている場所は，2,8- のように，カンマで区切って示すこと．同じ炭素についている場合には，「2,2-」というように記す．慣用名で用いる isopropyl 基の iso- は，すでに一つの置換基名の一部となっているので，アルファベット順に含める．

⑤ 枝分かれのある（置換基のついている）複雑な側鎖を有する 6.6e のような場合には，まず，側鎖の名前をつける必要がある．以前の規則では，主鎖に結合している炭素を1番とし，そこから繋がる最長鎖を側鎖とするものであった．この場合，6.6e の側鎖は，2,3-dimethylpentyl 基となる．di- という接頭語は複雑な置換基の一部に組み込まれているので，例外的にアルファベット順に含めて扱っている．ただし，最近の規則では，主鎖に結合している炭素を通り，一筆書きができる最も長い炭素鎖を決め，これを分岐アルキル鎖名とする方が推奨されている．すると 6.6e では，2位と3位にメチル基が二つずつ結合している炭素5個の側鎖となる．この場合，主鎖に結合する側鎖の炭素ができるだけ小さい1番として側鎖の炭素に番号をつけている．炭素5個の直鎖は pentyl 基だが，分岐アルキル基では，どの炭素が主

鎖に結合しているかを明示しなければならない．その際，1-pentyl とするのは間違いで，アルカン名 pentane の末尾の -e を -yl に置き換え，pentan-1-yl とする．したがって，側鎖全体では 2,3-dimethylpentan-1-yl 基となる．先の図 6.5 に示した分岐アルキル基も同じルールでつけられている．最終的な 6.6e の命名は，8-(2,3-dimethylpentan-1-yl)pentadecane となる．複雑な側鎖はかっこにまとめて表示されている．複雑な同じ置換基が複数個ある場合，先に示した di-, tri- などに代わって，2つなら bis- (ビス)，3つなら tris- (トリス)，4つなら tetrakis- (テトラキス)，5つなら pentakis- (ペンタキス) などの接頭辞をつけることになっている．

簡単な環式化合物の命名法

　世の中には，鎖式化合物だけでなく，多くの環式化合物も存在している．環が複数つながっていたり，橋かけ構造していたりなど複雑なものもあるが，ここでは最もシンプルな，環が1つの化合物に関してのみ触れる．

　置換基のないものでは，炭素原子数が同じ直鎖炭化水素の名前の頭に，cyclo- (シクロ，環状の意味) をつければよい (図 6.7)．環の大きさに合わせて，環を形成している炭素数3つの化合物を3員環，4つを4員環，5つを5員環，6つを6員環などという．

　置換基がある場合には，図 6.8a のように置換基名を頭につければよい．置換基が1つの場合は，置換基の場所を示す数字をつける必要はないが，2つ以上置換基のある化合物では，置換基の相対的な位置番号をつけなければならない (6.8b および 6.8c)．これらにおいては，もうひとつ注意する点がある．ここに示した 6.8b および 6.8c は，構成する原子やつながり方は同じだけれども，環に対する置換基の向きだけが異なっているので，幾何異性体 (geometrical isomer) といわれる．シス-トランス異性体 (*cis–trans* isomer) ともいわれ，環に対して置換基が反対方向を向いている 6.8b がトランス体 (*trans*-form) で，環に対して置換基が同じ方向を向いている 6.8c がシス体 (*cis*-form) となり，それぞれを化合物名の前につける[*6-2]．その他，分子内に酸素や窒素などを含む，複素環式化合物の例を図 6.9 に示した．

　　*6-2　シス-トランス異性体の詳細は，8.1節を参照のこと．

図 6.7　環式飽和炭化水素の命名例

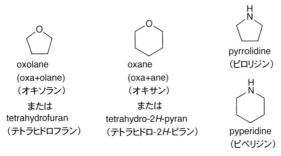

図 6.8　置換基のついた環状化合物の命名

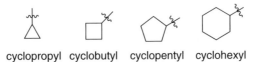

図 6.9　複素単環化合物の例

図 6.10　環状炭化水素の置換基の例

また，環式炭化水素が置換基になった場合にも，鎖状のアルキル鎖と同様に，-ane を -yl に置き換えればよい．図 6.10 に例を示した．

第7章　有機化合物の官能基と性質

7.1　多重結合を有する化合物

様々な官能基

　有機化合物は基本的には炭素原子を主骨格とした化合物群の総称であるが，アルカンの水素原子が様々な原子に置き換わってできる多様な化合物が存在している．それらは，ある特定の原子どうしの集まり（原子団，基）でできており，化合物の性質を特徴付けている．そして，C–C 単結合や C–H 結合に比べて，より高い反応性を有している．このような特徴的な原子団のことを官能基（functional group）という．官能基は，その英語が示すように，何かの機能・役割を有する特別な場所である．官能基＝機能基と考えた方がわかりやすいかもしれない．官能基がないアルカンは，極めて反応性に乏しい．ここでは，アルキル基を除いた官能基の種類に注目して，有機化合物にはどのような種類の化合物があるかを改めて見直すとともに，それぞれの命名について簡単に触れてみたい．

不飽和 C=C 結合も一種の官能基である

　不飽和結合である二重結合を 1 つ有する化合物をアルケン（alkene），三重結合を 1 つ持つ化合物をアルキン（alkyne）ということは既に述べた．これらは，σ 結合よりも弱い π 結合を有しており，アルカンよりはるかに高い反応性がある．その意味で，不飽和結合は一種の官能基ということができる．アルケンの水素が 1 つとれて置換基構造となったものは，アルケニル（alkenyl）基であり，CH_2=CH– の構造の置換基を，特にビニル（vinyl）基という．また，CH_2=$CHCH_2$– の構造は，アリル（allyl）基である．一方，アルキンからできる置換基（C≡C）は，アルキニル（alkynyl）基という．その他，

7.1 多重結合を有する化合物

CH₃CH₂C=CH—   H—C≡C—CH₂—   CH₂=C—
        | |
       CH₃   CH₃
2-methyl-1-butenyl   2-propynyl   1-methylethenyl
                                                  (isopropenyl)

CH₂=   CH₃CH₂=   CH₃C=
                                                |
                                              CH₃
methylidene   ethylidene   propan-2-ylidene
(methylene)   (isopropylidene)

CH₂=C=   CH≡   CH₃C≡
vinylidene   methylidyne   ethylidyne
                  (methine)

図 7.1

二重結合，三重結合を含む置換基は，図 7.1 の様に命名される．

母体（主鎖）になる化合物に二重結合がある場合，アルカンの名前の語尾 -ane を，-ene で置き換えることで命名することができる（図 7.2）．ただし，二重結合の位置を示す炭素番号を必ずつけなければならない．例えば，7.2a では 1 番目の炭素に二重結合があるので，pent-1-ene となる．炭素番号は二重結合の位置をなるべく小さい数字で示すようにふる必要がある．以前は 1-pentene としていたが，現在では位置を示す番号を語尾の前に入れる方法が推奨されている．また，置換基を示す番号は，二重結合の位置を示すためにふった番号を元につけられる．したがって，7.2b は，2-methylpent-1-ene となる．二重結合はその C=C 結合を回転させることができない．したがって，7.2c と 7.2d のように，置換基の種類は同じであるものの，二重結合をはさ

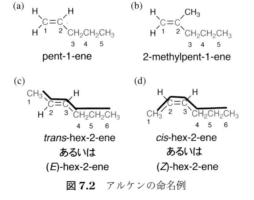

図 7.2 アルケンの命名例

んで違う物質が存在することがある．このような置換基の相対的な位置関係によって生じる異性体は，幾何異性体またはシス–トランス異性体の一種である．それではこの場合，名前をどうつけたらよいだろうか．まず，それぞれ太線で示した炭素鎖が主鎖ということになる．それぞれの主鎖は二重結合を通っており，7.2c では二重結合の反対方向に抜けており，7.2d では同じ方向に抜けていることがわかるであろう．このとき，7.2c をトランス体 (*trans*-form)，7.2d をシス体 (*cis*-form) という．したがって，名前の接頭語として *cis*- あるいは *trans*- を加えて，7.2c を *trans*-hex-2-ene，7.2d を *cis*-hex-2-ene とする．もちろん，これで間違っていないのだけれども，シス–トランス異性体は二重結合に関係するもの以外にもあり，単純にシス–トランスという言葉は，誤解を招きやすい用語でもある[*7-1]．また，二重結合の炭素に，炭素以外の異なる2種類の原子が置換していた場合，幾何異性体が存在するにもかかわらず，これらをシスともトランスともいえず，区別できなくなってしまう．そこで，近年では二重結合に関する幾何異性体を区別する方法として，*EZ* 表記法が用いられている．これは，二重結合を形成しているそれぞれの炭素がもつ2つの置換基に注目したものである．まず，次のようなルールに基づき，不飽和結合している炭素についている（不飽和結合を除いた）2つの置換基の優先順位（1番か2番か）をそれぞれ決めるのである．

① 二重結合に結合している原子は，原子番号が大きいほど優先順位が高い．つまり，I > Br > Cl > F > O > N > C > H の順番に優先順位が低くなる．H は常に優先順位が最も低い置換基となる．

② 置換基に直接ついている原子が同じ場合，その原子に結合している中で最も原子番号の高い原子どうしを比較して順位を決める（図7.3）．それでも順位が決まらなければ，その次に順位が高い原子どうしを比較する．それ

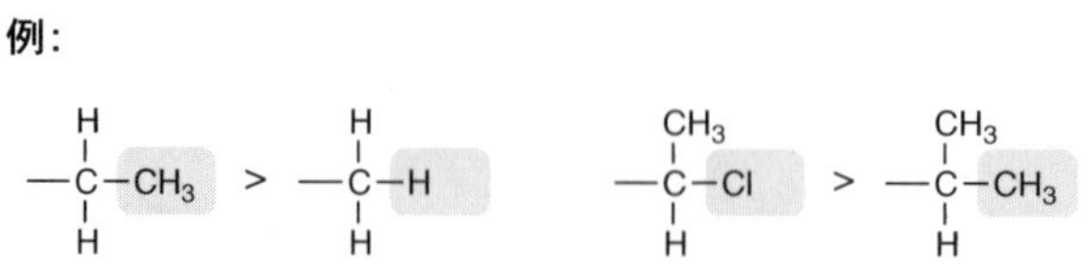

例：

図7.3　優先順位の比較

[*7-1] シス–トランス異性体については，8.2節にまとめてある．

でもだめなら，その原子についている別の原子どうしを比べる……というように，決まるまで結合を追っていく．

③ 二重結合または三重結合の置換基の場合，2つまたは3つの単結合で原子がつながっているとみなす（図7.4）．

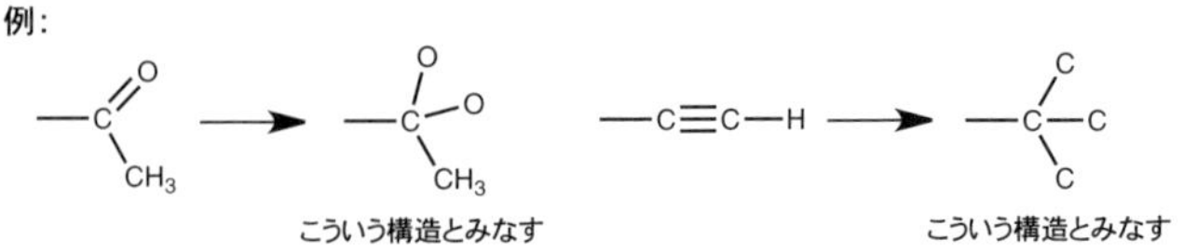

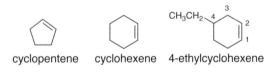

図 7.4　多重結合の取扱い方

最終的に2つの炭素原子において，優先順位が高い置換基どうしが二重結合に対して同じ向きを向いている場合を Z（ドイツ語の「同じ」を意味する zusammen 由来）体，逆を向いている場合を E（ドイツ語の「反対」を意味する entgegen 由来）体とするのである．すると，7.2c は (E)-hex-2-ene，7.2d は (Z)-hex-2-ene と表記することができる．単純に $cis=Z, trans=E$ のように思うかもしれないが，もともとの定義法が異なるので，場合によってはこの関係が崩れてしまうことに注意しよう．

二重結合を含む環状化合物で3〜6員環の場合，二重結合に関する幾何異性体は存在しないので，命名は炭化水素の -ane を -ene に換えるだけである（図7.5）．7員環以上は幾何異性体が存在する．また，置換基がある場合には，二重結合の端の炭素の番号を1として，置換基の方向に番号を数える．

図 7.5　二重結合を含む環状化合物

分子内に2個の二重結合がある場合には，-diene（ジエン）の語尾になり，3つなら -triene（トリエン）などとなる（図7.6a）．一方，母体になる化合物に三重結合がある場合は比較的簡単で，アルカンの名前の語尾 -ane を，-yne で置き換え，三重結合の位置を示す炭素番号をつけるだけである．例えば，7.6b では2番目の炭素に三重結合があるので，hex-2-yne となる．また，

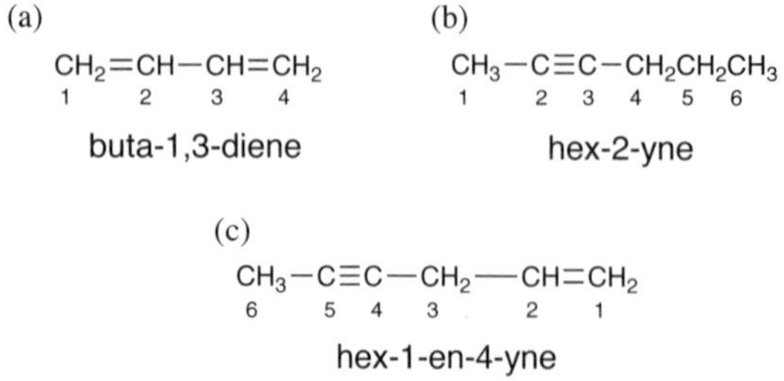

(a)
CH2=CH−CH=CH2
1 2 3 4
buta-1,3-diene
(b)
CH3−C≡C−CH2CH2CH3
1 2 3 4 5 6
hex-2-yne
(c)
CH3−C≡C−CH2−CH=CH2
6 5 4 3 2 1
hex-1-en-4-yne

図 7.6　多重結合を複数含む化合物の命名例

二重結合と三重結合が混在する場合には，-enyne（エンイン）の語尾をつける．7.6c の例では, -en と yne の間に三重結合の位置を示す番号を入れてある．二重結合や三重結合の位置番号はなるべく小さくなるようにつけるが，両者が同じ番号になってしまう場合は，二重結合を優先して小さい番号に割り振る．

芳香族化合物の命名

ベンゼン C_6H_6 とその類似物（誘導体）は，良い香りがするということから，芳香族化合物（aromatic compound）とよばれ，このような環構造を芳香環（aromatic ring）という．代表的な芳香族化合物を図 7.7 に示した*7-2．芳香環に含まれる二重結合は隣り合っていて特殊であり，極めて安定なのでふつうの二重結合ほど反応性は高くないが，条件によっては反応する．芳香

benzene
（ベンゼン）
naphthalene
（ナフタレン）
anthracene
（アントラセン）
O
furan
（フラン）
S
thiophene
（チオフェン）
H
N
pyrrole
（ピロール）
H
N
N
imidazole
（イミダゾール）
N
pyridine
（ピリジン）

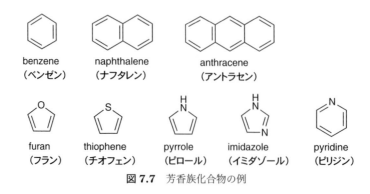

図 7.7　芳香族化合物の例

*7-2　芳香環に関する詳細は，9.1 節を参照のこと．

族化合物の命名法も詳細に定められているが，あまりに多岐にわたるので本書では割愛させていただく．ベンゼン環を置換基として考える場合，フェニル（phenyl）基（C_6H_5 または Ph で表す場合が多い）とする（図7.8）．ナフタレン環を置換基とした場合には，結合部が2種類あり，それぞれが naphthalen-1-yl（または 1-naphthyl 基），naphthalen-2-yl（または 2-naphthyl 基）と区別されている．芳香族化合物の置換基は，一般にアリール（aryl）基とよばれ，Ar- と略される．

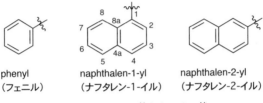

図7.8 フェニル基とナフチル基

主鎖の決め方〜まとめ

これまで様々な化合物の命名法について述べてきたが，主鎖を決めるのが最も重要であることがわかったであろう．この主鎖の決め方に関して，IUPAC の推奨命名法に最近大きな変更があった．それは次のようなものである．

① 鎖の構成成分にヘテロ原子（hetero atom，炭素と水素以外の原子）が含まれる場合，より多くのヘテロ原子を含むものが主鎖となる．例えば，炭素鎖の途中に酸素や窒素があった場合，それを含んでいるものが主鎖とし

て選ばれる（図7.9a）．

② 鎖の長いものを優先し，不飽和結合の存在はその次の選択肢とする（図7.9b）．

③ 環が存在する場合，鎖より環が優先する（図7.9c）．

これらにより，推奨される命名法が，従来のものとかなり異なってしまう場合もあることに注意しよう．

7.2 様々な官能基

官能基の違いによる命名法

IUPAC命名法において，不飽和結合を含む化合物は炭化水素の一種として主鎖の語尾変化で命名されるが，他の官能基は特性基（characteristic group，官能基とほぼ同じ意味）とよばれている．そして，特性基を含む化合物に対して複数の命名法があり，主に用いられているのが，炭化水素または基本複素環系の水素を特性基で置き換えたことを示す，置換命名法（substitutive nomenclature）である[*7-3]．置換した特性基は，接頭語あるいは接尾語として母体のアルカン名に加えられる．2種類以上の異なる特性基をもつ化合物では，原則としてどれか1つの特性基を主基（principal group）として接尾語で表し，その他の特性基はすべて接頭語で表すことになっている．

表7.1 接頭語としてのみ名づけられる主な特性基

特 性 基	接 頭 語
$-F$（フルオロ）基	fluoro（フルオロ）
$-Cl$（クロロ）基	chloro（クロロ）
$-Br$（ブロモ）基	bromo（ブロモ）
$-I$（ヨード）基	iodo（ヨード）
$-NO_2$（ニトロ）基	nitro（ニトロ）
$-N_3$（アジド）基	azido（アジド）
$-OR$（アルコキシ）基	alkoxy（アルコキシ）
$-SR$（アルキルチオ）基	alkylsulfanyl（アルキルスルファニル）

[*7-3] 酸素や窒素など炭素や水素以外の原子をヘテロ原子といい，ヘテロ原子を環内に含む化合物が複素環化合物である．「基本複素環系」とは，その基本的な構造という意味を示している．

まず，表 7.1 には主基とはならず，かならず接頭語として用いられる主な特性基をまとめてみた．

ハロゲン……フッ素 F，塩素 Cl，臭素 Br，ヨウ素 I などをハロゲン（halogen，通常 X で表す）といい，これらを有するものを含ハロゲン化合物という．C–F 意外の C–X 結合は極めて切れやすく，含ハロゲン化合物は極めて反応性が高い．ハロゲンは基本的に接頭語で示す．塩化ブチル（butyl bromide）のように，アルキル基の名前の後に，fluoride, chloride, bromide, iodide をつけて示すこともあるが，これらは IUPAC 命名法ではない．

ニトロ基……–NO_2 がニトロ（nitro）基で，構造式としては図 7.10 のようになっている．これを有するのがニトロ化合物である．ニトロ基自体の反応性は高くないが，電子を強く引きつける力を持っているので，分子の反応性に大きく影響を与える官能基である．

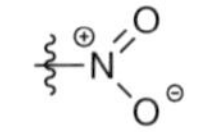

nitro group
（ニトロ基）

図 7.10　ニトロ基

アジド基……–N_3 基を持つものをアジド化合物またはアジ化合物（azide）という（図 7.11）．原子団そのものが双極子になっていて，反応性が高い．窒素分子を放出しながら反応することから，爆発性があるので取扱いに注意を要する．アジ化物イオン N_3^- はヘモグロビンの鉄原子に結合することで酸素の運搬を阻害する性質があり，毒性が強い．代表的な化合物としてアジ化ナトリウム NaN_3（sodium azide）がある．

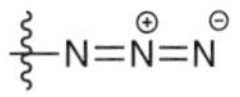

azide group
（アジド基）

図 7.11　アジド基

アルコキシ基・アルキルスルファニル基……R は一般的なアルキル基を意味しており，アルキル基のついている酸素原子のことをアルコキシ基という．メトキシ（methoxy），エトキシ（ethoxy），プロポキシ（propoxy），ブトキシ（butoxy），フェノキシ（phenoxy）以外は，アルキル基の名称に -oxy をつける．アルコール ROH から H^+ が奪われたものがアルコキシドイオン RO^-（alkoxide）で，強い塩基性（H^+ を奪いやすい性質）を示す．また，酸素が硫黄に置き換わった –SR をアルキルスルファニル（alkylsulfanyl）基という．

次に，主基として命名される官能基について紹介する．2 種類以上の官能基が含まれているとき，何を主基とするかの優先順位は規則で決まっている．

表7.2 特性基が主基として名づけられる化合物の優先順位

(グループ内では，上に書かれているものが優先される．また，Cに「かっこ」がついているものは、その炭素が主鎖の一部となっていることを示す)

	化合物の種類	特性基	接頭語	接尾語及び命名
1	ラジカル(遊離基) ラジカルアニオン (遊離基陰イオン) ラジカルカチオン (遊離基陽イオン)	R•		置換基名と同じ， •CH_3 methyl
2	イオン アニオン（陰イオン） 両性イオン化合物 カチオン（陽イオン）	R^- $-^-R^+$ R^+	ato（アト） onio（オニオ）	-ate（アート） -onium（オニウム）
3	酸 カルボン酸 スルホン酸 カルボン酸塩 	-COOH -(C)OOH -SO_3H -COOM -(C)OOM	carboxy（カルボキシ） sulfo（スルホ）	-carboxylic acid（カルボン酸） -oic acid（酸） -sulfonic acid（スルホン酸） metal carboxylate（カルボン酸金属） metal -oate（-酸金属）
4	酸誘導体 酸無水物 エステル 酸ハロゲン化物 アミド 	 -COOR -(C)OOR -COX -(C)OX -$CONH_2$ -(C)ONH_2	 R-oxycarbonyl（Rオキシカルボニル） haloformyl（ハロホルミル） carbamoyl（カルバモイル）	-oic anhydride または -ic anhydride（-酸無水物） R -carboxylate（カルボン酸R） R -oate（-酸R） carbonyl halide（ハロゲン化-カルボニル） -oyl halide（ハロゲン化-オイル） carboxamide（カルボキサミド） -amide（アミド）
5	ニトリル	$-C\equiv N$ $-(C)\equiv N$	cyano（シアノ） nitrilo（ニトリロ）	carbonitrile（カルボニトリル） nitrile（ニトリル）

6	アルデヒド及びその誘導体			
	アルデヒド	-CHO	formyl（ホルミル）	carbaldehyde（カルバルデヒド）
		-(C)HO	oxo（オキソ）	-al（アール）
7	ケトン及びその誘導体			
	ケトン	$\underset{(C)}{\overset{O}{\|\|}}$	oxo（オキソ）	-one（オン）
8	アルコール類			
	アルコール	-OH	hydroxy（ヒドロキシ）	-ol（オール）
	フェノール	-OH	hydroxy（ヒドロキシ）	-ol（オール）
	チオール	-SH	mercapto（メルカプト）	
			sulfanyl（スルファニル）	thiol（チオール）
9	ヒドロペルオキシド			
		R-OOH	hydroperoxy（ヒドロペルオキシ）	
10	アミン及びその誘導体			
	アミン	-NH$_2$	amino（アミノ）	-amine（アミン）
	イミン	=NH	imino（イミノ）	-imine（イミン）
11	エーテル類			
	エーテル	-OR	R-oxy（Rオキシ）	
	スルフィド及びS, Se	-SR	R-thio（Rチオ）	
			R-sulfanyl（Rスルファニル）	
12	過酸化物			
		-O-O-R	R-dioxy（Rジオキシ）	

表7.2にはその順番と，代表的な特性基をまとめてある．

この中で，特に重要であると思われるものを次にピックアップした．

カルボニル基（C=O）……炭素と酸素が二重結合している原子団をカルボニル（carbonyl）基という．図7.12のR^1, R^2にどのような原子団を含むかによって様々な種類の類縁体がある．一方がOH基であるとき，カルボキシ（carboxy）基となり，それを含む化合物がカルボン酸（carboxylic acid）である（図7.13）．カルボン酸には多くの誘導体（derivative，そこから派生し

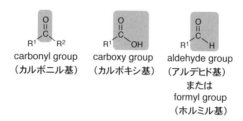

図 7.12 C=O を含む官能基

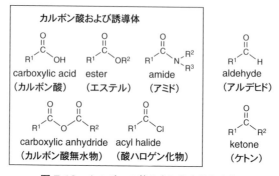

図 7.13 カルボニル基を含む代表的化合物

てできるもの）があり，R^2 の部分がアルコキシ基の場合はエステル（ester），アミノ基 NH_2 または NR^1R^2 の場合がアミド（amide）となる．2つのカルボン酸が脱水縮合したものが酸無水物（carboxylic anhydride）であり，OH がハロゲンに置換されたものが酸ハロゲン化物（acyl halide）である[*7-4]．R^2 が水素の場合には，アルデヒド（aldehyde）基またはホルミル（formyl）基といい，これを含む化合物がアルデヒド（aldehyde）である．また，R^1, R^2 ともアルキル置換基の場合がケトン（ketone）である．カルボニル基は極めて反応性に富む官能基なので，化学において非常に重要な化合物群である．

スルホ基（$-SO_3H$）……スルホ（sulfo）基は，中心原子が硫黄になった代表的な酸性（H^+ を出しやすい性質）基である．

[*7-4] RCO- の部分をアシル（acyl）基といい，特に CH_3CO- をアセチル（acetyl）基という．他の殆どのアシル基は，相当する酸名の語尾を -oyl に変えたものを用いる．接尾語 carboxylic acid をもつものを由来とするアシル基は，相当する酸名の語尾を carbonyl に変える．

7.2 様々な官能基

シアノ基（−C≡N）……炭素原子の部分で母体と結合している置換基で、シアノ（cyano）基またはニトリル（nitril）基という。反応性は比較的高く、様々な別の化合物に変換可能である。原子の順番が−N$^+$≡C$^-$基のことをイソニトリル（isonitril）基といって区別する。

ヒドロキシ基（−OH）……アルコール（alcohol）の部分構造であるOHをヒドロキシ（hydroxy）基という。ヒドロキシル（hydroxyl）基ということもあり、日本語訳されて水酸基ともいう。このO−H結合は切断が比較的容易であるが、通常のアルコールは中性である（自然にはO−H結合は切れないということを示す）。特に、ヒドロキシ基の置換したベンゼンをフェノール（phenol）といい、このO−H結合はより切断されやすいので弱酸性となる（図7.14）。酸素Oが硫黄Sに置き換わった−SH（スルファニル sulfanyl）基を有するものは、チオール（thiol）とよばれる。

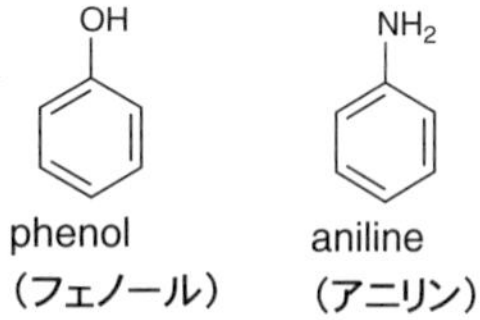

図7.14 フェノールとアニリンの構造

アミノ基（−NH$_2$）……窒素を含むNH$_2$をアミノ（amino）基といい、これを有する化合物をアミン（amine）という。2つの水素はアルキル基に置き換えることができる（−NR^{1}R^2）。アミノ基は塩基性を示す置換基である。アミノ基とカルボキシル基を同一分子内に有する化合物群がアミノ酸（amino acid）である。窒素の有する非共有電子対のために反応性が高い。ベンゼン環にアミノ基が置換している化合物を、アニリン（aniline）という（図7.14）。

エーテル（R−O−R）……C−O−C結合を有しているものがエーテル（ether）化合物である。C−O結合は分極しているが、容易に切断することはできない。したがって、エーテル類は極性であるが反応性に乏しく、様々な反応の溶媒として用いられる。以前はエーテルR^1-O-R^{2}を alkyl^1 alkyl^2 ether とよぶのが一般的だったが、現在では図7.15のように、置換命名法を用いることになっ

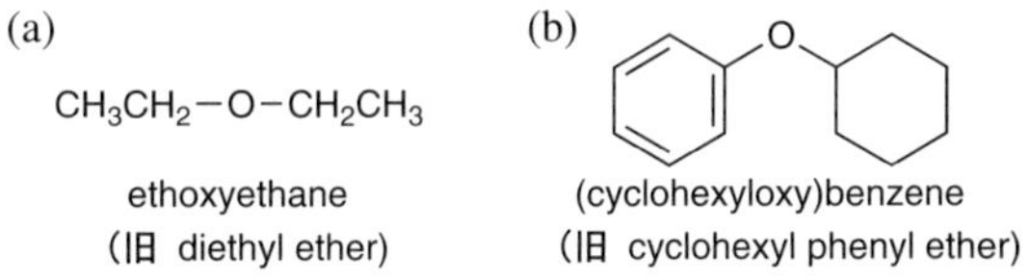

(a) CH$_3$CH$_2$−O−CH$_2$CH$_3$
ethoxyethane
（旧 diethyl ether）

(b) (cyclohexyloxy)benzene
（旧 cyclohexyl phenyl ether）

図7.15

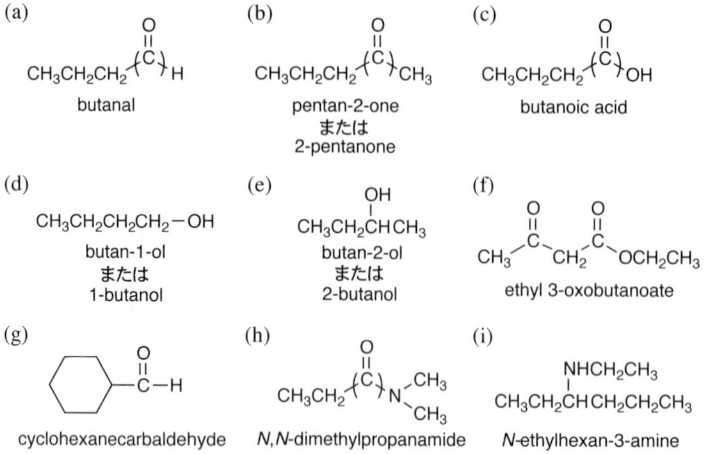

図 7.16 様々な化合物の構造式と名前
ここでは C に「かっこ」をつけているが普通はつけないことに注意

ている.

　表7.2 中の特性基の欄で，かっこで囲まれている炭素原子は，その炭素が化合物の母体に含まれていることを示す．図7.16 に様々な化合物の構造と名前を示した．7.16a では，炭素数 4 のアルデヒドなので butane の語尾 -ane を -al に置き換えて butanal と命名される．同じように，ケトンでは -one (7.16b)，カルボン酸では -oic acid (7.16c) と命名される．また，アルコールでは語尾を -ol に置き換えるだけでアルコール名となる (7.16d と 7.16e)．ただし，ケトンやアルコールでは，特性基の場所を示す炭素番号を付記する必要がある[*7-5]．こういった語尾変化のルールがわかれば, 比較的簡単に化合物名を決めることが可能となる．複数の特性基がある場合には，表7.2 の優先順位に従って主基が決定される．7.16f にはエステルとケトンの両方の特性基があるが，エステルが優先されるので，ethyl 3-oxobutanoate となる．なお，かっこで囲まれていない炭素をもつカルボニル基は，化合物の母体となるパーツにその特性基がついていることを意味している．7.16g では，母

[*7-5] 分子の母体にカルボニル基を含むアルデヒドやカルボン酸，アミドの場合，官能基は必ず主鎖の最も端に存在するので，官能基がついている炭素番号を付記する必要がない．

7.2 様々な官能基　　　141

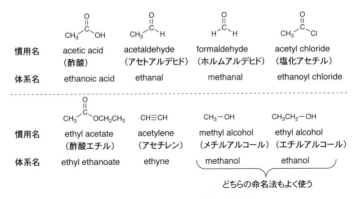

図 7.17　慣用名でよばれる化合物

体はシクロヘキサン C_6H_6 で，そこに CHO という特性基が置換しているので, cyclohexanecarbaldehyde という名前になる．こういった名前の付け方は，参考として知っていると役に立つ．カルボン酸の場合も同様に名付けられる．さらに，7.16h（アミド）と 7.16i（アミン）に窒素を含む化合物の例を挙げているので確認してほしい．

このように体系的に様々な化合物について名前をつけることができるが，簡単な化合物ではいまだに慣用名が使われている．例えば，酢酸 CH_3CO_2H（acetic acid）やホルムアルデヒド HCHO（formaldehyde）は，今でも慣用名でよばれるのが一般的である．慣用名でよばれる主な化合物を図 7.17 にまとめた．なお，CH_3COCH_3 は通常アセトン（acetone）とよばれるが，IUPAC 命名法では推奨されず，propan-2-one となる．また，これまで一般的であった $CH_2=CH_2$ のエチレン（ethylene）や $CH_2=CH\text{-}CH_3$ のプロピレン（propylene）は認められておらず，それぞれエテン（ethene），プロペン（propene）となる．

σ結合において官能基は電子を引っ張る性質を持つ

3.5 節で，原子の持つ電気陰性度について述べた．これは，そのまま置換基の性質にも関係している．分子中の置換基において，σ結合の電子を引きつけやすい置換基（電子求引性基 electron-withdrawing group, EWG と略す）と電子を押しつけやすい置換基（電子供与性基 electoron-donating group,

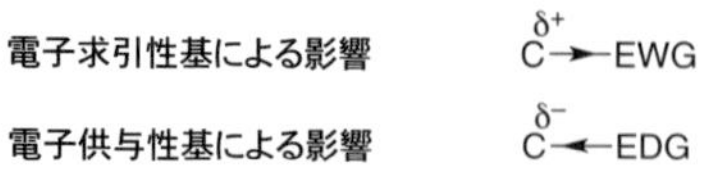

電子求引性基による影響　$\overset{\delta^+}{C}\!\!\rightarrow\!\!\text{EWG}$

電子供与性基による影響　$\overset{\delta^-}{C}\!\!\leftarrow\!\!\text{EDG}$

図 7.18　官能基のI効果による影響

EDG と略す）が存在している．電子求引性基，および電子供与性基が σ 結合に分極を生じさせることを，置換基の誘起効果（inductive effect，I 効果）という（図 7.18）．最近ではあまり使わないが，電子を引っ張ることを＋I 効果，電子を与えることを－I 効果と区別することもある（電荷のプラス・マイナスとは意味が異なることに注意）．基本的に，既に示した官能基はすべて電子求引性基として働く．一方，一般的なアルキル基は，弱い電子供与性基の性質がある．表 6.1 によれば，炭素の電気陰性度は 2.55，水素原子は 2.20 となり，C-H 結合においてわずかではあるが，炭素原子の電子密度が高くなっている．結果的に炭素原子に電子が寄っているアルキル置換基は，その電子の流れに従い置換基全体として電子を押し出す傾向を有することになる（図 7.19）．ここで言う誘起効果はあくまで σ 結合に関して寄与するものである

アルキル置換基

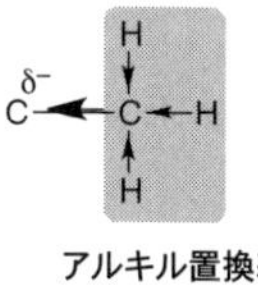

図 7.19　アルキル基の電子供与性効果

ことを忘れないように．誘起効果の特徴は，距離が離れるに従って効果が薄くなるところにある．例えば，$C^4\text{-}C^3\text{-}C^2\text{-}C^1\text{-}NO_2$ のような分子で，電子求引性基である NO_2 の影響は C^1 が最も受けるが，C^2 は若干の影響を受けるものの，C^3，C^4 はほとんど影響を受けない．

有機化合物の分析法

　実験によって合成した化合物や天然の化合物の構造を調べるために，現在では様々な分析機器が用いられている．これらを駆使すると，化合物の分子式や構造式だけではなく，立体構造までもわかってしまう場合がある．よく用いられる分析機器と，何がわかるかを簡単に示す．

元素分析（elemental analysis）……物質中に C が何％，H が何％含まれるか，など化合物の組成を示す元素分析は，今や機器分析法の１つである．高校の教科書に書いてあるように，基本は化合物を燃焼して，発生する二酸化炭素 CO_2 や水 H_2O の量を分析する．機器分析としては，初めの秤量をきちんとすれば，後は自動で機械が数値まで出してくれる．基本的には CH の分析だが，窒素 N，硫黄 S，酸素 O の分析もできる．物質の純度が高くないと，正確な値にならない．

核磁気共鳴分光法（nuclear magnetic resonance spectroscopy）……NMR と略され，有機化合物の分析に日常的に用いられ，最も重要な機器分析法の一つである（図 7.20）．化合物における各原子は，結合している原子や立体的な位置などによって，すべて異なる環境にある．大きな磁場の中で化合物にラジオ波を当ててやると，原子の核が，環境に応じて固有の振動数

図 7.20　核磁気共鳴分光法の測定装置

で共鳴を起こす．それによって各々の原子の状態を区別し，原子どうしのつながりに関する情報を得ることができる．医療用に用いられている磁気共鳴イメージング（magnetic resonance imaging, MRI）と原理的には同じだ．磁場として超伝導磁石を使用する必要があり，磁場が大きいほど原子状態の区別をつけやすい（高分解能である）．通常は 300〜600 MHz という強さの磁石を用いるが，今では磁場（磁束密度）が 23.5 T（テスラ）に達する 1 GHz という装置も市販されている．なお，一般的なフェライト磁石が 0.2〜0.4 T 程度，病院の MRI は約 1 T である．最も測定される核種は，^{1}H と ^{13}C で，特に ^{1}H は天然存在比が高いので，感度高く測定することができる．

質量分析法（mass spectrometry）……化合物の分子質量を測定するのが，質量分析法である．機器に導入された物質は，何らかの作用によりイオン化される．基本的には分子が単純にイオン化した物質，分子イオン（molecular ion，親イオン parent ion ともいう）を測定することで，分子質量が決定される．これが高分解能モードである．高分解能モードでは，物質に含まれる同位体も異なるピークとして区別される．イオン化の方法にもよるが，一部の結合が切れて分子が断片化したものも生成する．分解した物質をフラグメントイオン（fragment ion）といい，物質によってできるフラグメントイオンのパターンは異なる．低分解能モードで，同じパターンのスペクトルが得られれば，同じ物質であると判定でき，物質の同定にも用いられる．イオン化する方法およびイオン化された物質を測定する方法はたくさんあり，様々な種類の装置が考案されている．以前は難しかったタンパク質のような高分子も，現在では比較的簡単に測定できる．最近では，ガスクロマトグラフィー（gas chromatography, GC）や高速液体クロマトグラフィー（high performance liquid chromatography, HPLC）などの分離装置と組み合わせて使用されることが多い．スポーツにおけるドーピング検査や食料品の残留薬物の検出などの微量検出で盛んに用いられ，現代の花形分析機器ともいえる．

赤外分光法（infrared spectroscopy）……IR と略される．物質に赤外線を照射した際，原子間の共有結合が振動したり回転したりするエネルギー分が吸収される．官能基によって，吸収される波数が異なっており，その透過光または反射光のスペクトルを測定することで，分子がどのような官能基を有しているかを知ることができる．今ではメインの測定機器ではないが，他の機器分析法と組み合わせることで，決定的な情報となり得る．

第 8 章　有機化合物の異性体

8.1　有機化合物の構造異性体

異性体とは

　有機化合物において，同じ分子式（同じ数と種類の原子）をもっているにもかかわらず構造が異なっている化合物が存在している．一般に，これらの化合物のことを異性体（isomer）という．異性体には大きく分けると，「構造異性体（constitutional isomer）」と「立体異性体（stereoisomer）」がある．これらを順次説明しよう．

分子式が同じでも原子の配列が違う……構造異性体

　まずはじめに，構造異性体について例を挙げて説明しよう．構造異性体とは，原子または原子団の結合状態，配列の仕方が異なることによる異性体のことである．例えば，$C_4H_{10}O$ という分子式を持つもので，原子の結合の仕方が異なっている化合物を，複数かくことができる（図 8.1）．ブタン-1-オール（butan-1-ol または 1-butanol）という物質はその代表例である．ヒドロキシ基がついている炭素に他の置換基が 1 つ（水素は 2 つ）あるので，ブタン-1-オールは第一級アルコールとよばれる．構造異性体の中でも，同じ第一級アルコールで炭素骨格が違う異性体（連鎖異性体 chain isomer）や，官能基（ここではヒドロキシ基）のついている位置が異なることによる異性体（位置異性体 position isomer）がある．ヒドロキシ基がついている炭素に他の置換基が 2 つあるものを第二級アルコール，3 つあるものを第三級アルコールという．また，酸素原子の結合状態が違って官能基そのものが異なっている異性体（官能基異性体 functional group isomer）もある．

　分子式から構造を類推する方法に，不飽和度（degree of unsaturation）と

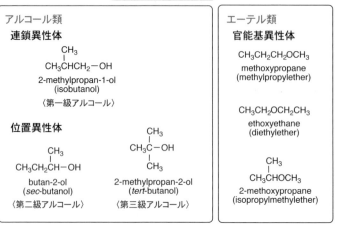

図 8.1 分子式 $C_4H_{10}O$ の構造異性体

いう考え方がある．例えば C=C 結合にせよ C=O 結合にせよ，二重結合が含まれていたら，そこに水素原子 2 つを加えると CH–CH および CH–OH となり，それ以上結合できなくなる，すなわち飽和する．不飽和度とは，分子 1 個あたりにつけることができる水素分子 H_2 の数を意味する．二重結合が 1 個あれば不飽和度 +1，三重結合 1 個で不飽和度 +2 となる．多重結合を含まない環式炭化水素に H_2 は付加しないけれども，鎖式化合物の両端から水素 1 つずつをとってつないだのが環式化合物なので，環構造の不飽和度は +1 となる．炭化水素の一般式で，アルカンの分子式が C_nH_{2n+2}，アルケンとシクロアルカンが C_nH_{2n}，アルキンが C_nH_{2n-2} となっているのは，不飽和度が 1 ずつ増えているのを示している．不飽和度は，分子式から次式で求められる．

$$不飽和度 = \frac{2C+2-H+N-X}{2} \qquad (式 8\text{-}1)$$

式中の C（炭素），N（窒素），X（ハロゲン），H（水素）は，各々の原子の数を意味している．一般式より，炭素数が C のアルカンの水素数が $2C+$

2 なので，$2C+2-H$ がゼロである場合が基準となる（鎖式炭化水素の炭素にはそれぞれ 2 個ずつの水素がついており，両端には更に 1 個ずつ多く水素がついていることを示す）．炭素鎖の内側に窒素原子があると水素が 1 個つく（NH）ので，その分 N が足されている．また，ハロゲン類は水素と同じに扱

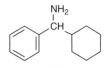

図 8.2 不飽和度 5 の化合物

うので，X だけ引かれることになる．2 で割るのは，水素 2 個分の追加で不飽和度 +1 となるのを考慮しているからである．例えば，先の $C_4H_{10}O$ では，不飽和度がゼロとなり，多重結合も環構造も有していないことがわかる．また，図 8.2 のような化合物の分子式は，$C_{13}H_{19}N$ となり，不飽和度は 5 である．ベンゼン環は二重結合 3 つと環構造 1 つと数えるので，計算した不飽和度は構造式と一致する．ただし，不飽和度からは，二重結合の数，三重結合の 2 倍数，環構造の数の合計がわかるだけである．

芳香族化合物のベンゼン環に 1 つの置換基 R がある場合，置換基 R が結合している炭素の隣の炭素の場所を o- 位（*ortho*-position，オルト），その隣を m- 位（*meta*-position，メタ），向かい合っている場所を p- 位（*para*-position，パラ）という（図 8.3）．ベンゼン環状に 2 つの置換基がある場合には，それぞれの場所に基づく 3 種類の位置異性体が存在し，それぞれ o- 体（*ortho*-isomer），m- 体（*meta* -isomer），p- 体（*para* -isomer）という．ただし，最近

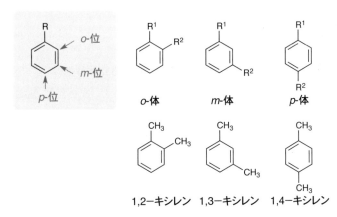

図 8.3 ベンゼン置換体の位置異性体

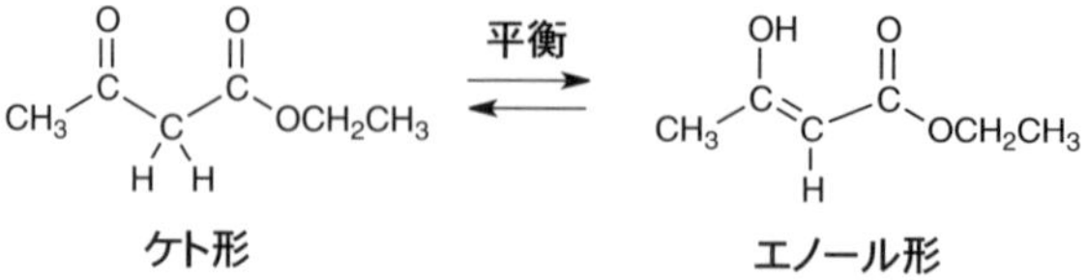

ケト形 ⇌(平衡) エノール形

図 8.4 ケト-エノール互変異性体

の IUPAC 命名法では，これらの名称の使用は極力控えることになっており，o-位，m-位，p-位は，それぞれ 2-位，3-位，4-位という．例えばキシレン（xylene）では，1,2-，1,3-および 1,4-キシレンと表す方が望ましいとされている．

また，図 8.4 のアセト酢酸エチル（ethyl acetoacetate）のように，原子や原子団の移動によって互いに素早く変換し合って平衡状態になる（互変異性 tautomerism という）異性体も一種の構造異性体であり，互変異性体（tautomer）というが，これらは通常分離することはできない．ここに示したケト形（keto form）とエノール形（enol form, ene＋ol の意味）の互変異性のことを，特にケト-エノール互変異性（keto-enol tautomerism）という．

以上のように，一口に構造異性体といっても非常に多岐にわたっていて，異性体同士の関係も様々だ．連鎖異性体や位置異性体のように，分子の物理・化学的性質は異なるけれども比較的近い性質をもっているものもあれば，官能基が異なるために全く違う性質の異性体もある．

8.2 立体配置に由来する立体異性体

分子を 3 次元的にとらえる……立体配置に関する立体異性体

有機分子を 3 次元的な構造としてとらえることを「立体化学（stereochemistry）」という．そして，3 次元的に重ね合わせることができない分子どうしを，立体異性体（stereoisomer）という．立体異性体には大きく分けて，立体配置（configuration）に由来するものと，立体配座（conformation）に由来するものがある．本節では，立体配置に由来する有機分子について学ぶ．

立体配置とは，分子内での原子の 3 次元空間での配置を意味しており，その配置の仕方が変わると，別の物質になってしまうのである．そして，立体

配置の異なる物質において，置換基の絶対的な位置関係によるものと，相対的な位置関係によるものがある．それらについて順に説明していこう．

鏡に映る像が存在する……エナンチオマー

右手と左手はちょうど鏡に映した像，鏡像の関係にあって重ね合わすことができない．野球のグローブにも右手用と左手用があるのはご存じであろう．グローブのように鏡像が存在するものをキラル（chiral）であるという．それに対して，バットやボールには鏡像関係のものは存在せず，これらはアキラル（achiral）である．自然界にもキラルまたはアキラルなものがたくさんあるが，分子にもキラルとアキラルが存在する．ベンゼン環やエタノールのような単純な化合物には鏡像体が存在せず，鏡に分子の形を映してもまったく同じものになる．それに対して，旨味成分として知られている「味の素」の主成分は，アミノ酸の一種のL-グルタミン酸ナトリウム（monosodium glutamate）であり，これは4つの異なる置換基を有する炭素（不斉炭素原子 asymmetric carbon）を含んでいる（図 8.5）[*8-1]．有機分子がキラルなのか

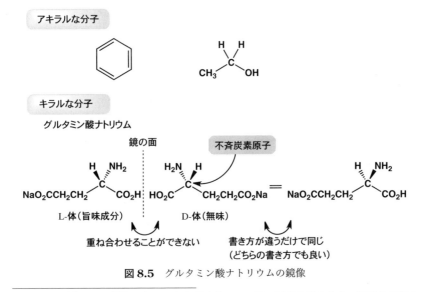

図 8.5 グルタミン酸ナトリウムの鏡像

[*8-1] 不斉とは，対称でないことを意味する．一般に不斉を示す中心の原子を不斉中心（asymmetric center）または不斉点という．

アキラルなのかを判別する重要な手段の1つは，不斉炭素原子をもっているかどうかを見定めることである[*8-2]．L-グルタミン酸ナトリウムを鏡に映した分子は，重ね合わせることができない別の分子（D-グルタミン酸ナトリウム）なので，グルタミン酸ナトリウムはキラルである（L，D については後述）．これらの鏡像体どうしを立体異性体の一種，鏡像異性体（mirror image isomer）というが，現在ではエナンチオマー（enantiomer）という方が多い．有機分子の立体化学を示す一般的な方法では，結合がどちらの方を向いているかを単なる直線ではなく，くさび形で示す．ふつうの直線で示される結合が紙面上に乗っかっているのに対し，結合 ◀━ （up）は，細い方から太い方へ紙面の手前につきだしていることを示しており，逆に結合 ……ııııı （down）は，奥に引っ込んでいる．置換基の空間的な配置は絶対的に決まっており，2つの置換基の位置を入れ替えると鏡像になってしまう．このような立体配置のことを絶対配置（absolute configuration）という[*8-3]．

　エナンチオマーどうしは，融点，沸点，溶媒への溶解度などの物理的性質は同じであり，区別するのはむずかしい．しかし，1つの面内で振動する平面偏光（polarized light）という特別な光に対する相互作用が異なっているのが特徴である（図 8.6）．偏光が分子を通過した際に偏光面の回転，旋光（optical rotation）がおこる．旋光の度合いを測定するのが旋光度計（polarimeter）で，一方の鏡像体が偏光面を時計回りに右に回転させるならば（右旋

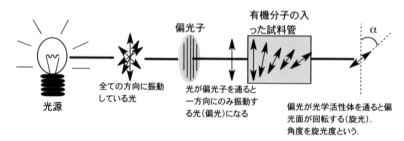

図 8.6　「光学活性」の意味

---

　*8-2　不斉点は持たないものの，分子が形作る平面によって鏡像ができる軸不斉（axial chirarity）というものもある．
　*8-3　適当な置換基どうしを奇数回入れ替えると鏡像になるが，偶数回入れ替えると元にもどって同じ化合物になってしまう．鏡像どうしを見極めるときに注意しなければならない．

性 dextrorotatory，*d* または＋と表す），もう一方の鏡像体は反時計回りに左に回転させ（左旋性 levorotatory，*l* または－と表す），それらの回転角の絶対値は等しい．

旋光の角度のことを，旋光度（optical rotation）といい，α（アルファ）で示される．α は測定条件によって大きく変わるので，通常は次式で求められる，比旋光度［α］（specific rotation）が用いられる．

$$[\alpha]_\lambda^t = \frac{\alpha}{lc} \times 100 \qquad (式 8\text{-}2)$$

- α：物質の旋光度（degree）
- *l*：セルの長さ（dm）10 cm のセルを *l* = 1 とする．
- c：サンプル濃度（10 mg/1 mL）10 mg のサンプルを 1 mL の溶媒に溶かした場合を *c* = 1 とする．
- *t*：測定温度（℃）
- λ：波長（通常は Na の D 線 589.3 nm を使い，D と記す）

クロロホルムを溶媒として，あるサンプルを測定した場合，例えば次のように表記される．

$$[\alpha]_D^{23} = +14 \ (c\ 1.20,\ CHCl_3) \qquad (式 8\text{-}3)$$

比旋光度の単位はなく，符号はプラスでもマイナスでも省略しない．

このように旋光を引き起こす物理的性質をもつ化合物を「光学活性体（optically active compound）」といい，この鏡像体どうしを光学異性体（optical isomer）という．定義は異なるものの，基本的にはエナンチオマー＝光学異性体といって差し支えない．鏡像異性体も光学異性体も同じことを意味しているが，本書では統一して「エナンチオマー」と表記することにする．

立体配置の表し方

エナンチオマーの絶対配置を表す方法として D と L，*d* と *l*，＋と－などの表記法があり，混乱しやすい．これらについて簡単にまとめてみた．

(1) *dl* または＋－表記法

先にエナンチオマーは偏光面を回転させる性質があると書いた．このとき

光源に向かって見て，偏光面を右に回転させる右旋性を持つ場合が＋（プラス）であり，そのような性質を持つ右旋性物質を，*d*-体または(＋)-体と表記する．一方，偏光面を左（−，マイナス）に回転させるのが左旋性物質で，*l*-体または(−)-体と表す．つまり，*dl* と＋−は，エナンチオマーの光学活性から示される同じ表記法なのである．

(2) DL 表記法

主に糖類やアミノ酸の異性体を示すのに用いられる．図 8.7 に示すような構造式の書き方をフィッシャー投影式（Fischer projection）という．これは，フィッシャー（ドイツ Hermann Emil Fischer, 1852-1919）が糖類の絶対配

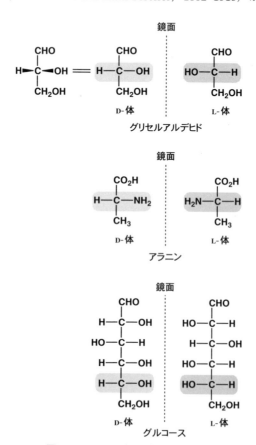

図 8.7 Fischer 投影式と DL 表記法

置を示すために用いた方法である．ここで，グリセルアルデヒド（glyceraldehyde）の中で最も酸化度の高い（ヒドロキシ基を酸化するとカルボニル基になるので，カルボニル基の方が酸化度が高い）アルデヒド基を上に書いた場合，炭素原子に交差する横の結合は，両方とも紙面の手前側につきだしていることを意味している．このとき，真ん中の炭素に結合しているヒドロキシ基が右にあるものを D-体，左にあるものを L-体とよぶ．カルボキシ基の隣の炭素にアミノ基が置換している α-アミノ酸の一種，アラニン（alanine）では，アミノ基の方向により D-体，L-体が決定される．ブドウ糖（グルコース glucose）のような糖類では，鎖式構造を同じようにアルデヒド基を上にして示し，アルデヒド基から最も遠い不斉中心の炭素に結合しているヒドロキシ基の位置により，同様な D，L が決定される．なお，DL は普通の大文字より若干小さめにかかれる．

(3) *RS* 表記法

エナンチオマーには，不斉中心が 1 つだけではなく複数含むものもある．不斉中心が n 個ある場合，例外を除いて 2^n 個の立体異性体が存在することになる．糖類にも複数の不斉炭素が含まれているが，置換基がヒドロキシ基やアミノ基に限られており，規則的な配列をもっているので，立体異性体のすべてに対して別々の名前を付けて区別している．しかし，より複雑な化合物の場合，DL 表記だけでは非常にわかりにくい名前になりかねない．そこで開発されたのが，不斉中心の 1 つ 1 つの立体化学を明確にして異性体の区別をするという，*RS* 表記法である．カーン（イギリス Robert Sidney Cahn, 1899–1981），インゴルド（イギリス Christopher Kelk Ingold, 1893–1970），プレローグ（スイス Vladimir Prelog, 1906–1998）の名を冠して，Cahn-Ingold-Prelog（CIP）順位則（priority rules）ともいう．最近では，ほとんどの化合物において，*RS* 表記法が用いられている．

例えば，先の D-グリセルアルデヒドについて考えてみると図 8.8 のようになる．まず，不斉中心に結合している 4 つの原子団に，7.1 節で *EZ* 表記の決定法を示したのと同じ方法で順位をつける．そして，不斉炭素原子を自動車のステアリングの中心，最も順位の低い原子団（水素）をステアリングの軸の根元とみなし，残りの原子団をステアリング上に配置する．ここでは，

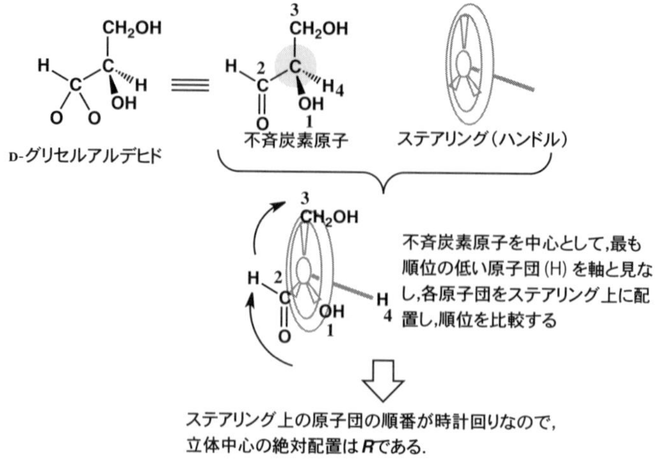

図 8.8　CIP 順位則による RS 表記法

ヒドロキシ基が 1 番，アルデヒド基が 2 番，CH$_2$OH が 3 番となる．1 番-2 番-3 番の順に結んだとき時計回りになるので，この不斉中心の絶対配置は R(ラテン語で右を表す *rectus*)-体となり，(R)-グリセルアルデヒドとなる．L-グリセルアルデヒドの場合には，1 番-2 番-3 番が時計の逆回りに結べるので S(ラテン語で左を表す *sinister*)-体となる．複数の不斉中心がある場合，1 つ 1 つ R か S かを決めていくことになり，理論的に立体化学の違いを表記できることになる．

エナンチオマーの純度の表し方

あるサンプル中に含まれるエナンチオマーの比率は，エナンチオマーの純度を示すことになる．一般には，エナンチオマーがどのくらい過剰に存在するかを表すために，エナンチオマー過剰率（enantiomeric excess, ee と略す）という百分率が用いられる．(R)-体と (S)-体のそれぞれの量（または量の比率）が数値としてわかっていた場合，それぞれの値を次式に代入することで ee を計算することができる．

$$\text{エナンチオマー過剰率 (ee, \%)} = \frac{|R-S|}{R+S} \times 100 \quad (式 8\text{-}4)$$

(*R*)-体と(*S*)-体の量を示す数値は，キラルな特殊カラムを使った高速液体クロマトグラフィーやガスクロマトグラフィーによって求めるのが一般的である．

一方，サンプルの比旋光度の値を，既にわかっている比旋光度の値と比較することで，「光学純度（optical purity）」を計算することができる．

$$光学純度（\mathrm{Op}, \%）= \frac{[\alpha]（目的とするサンプルの値）}{[\alpha]（\mathrm{Op}100\%の標準サンプルの値）} \quad (式8\text{-}5)$$

本来光学純度と ee の定義は異なるが，意味するところは同じである．

置換基の相対的な位置関係による立体異性体……ジアステレオマー

2つの不斉中心を有している化合物では，2^2 で4つの立体異性体が存在することになる．必須アミノ酸の1つであるトレオニン（threonine）という化合物で見てみよう（図8.9）．左上の構造が天然体のL-トレオニンであるが，この分子の立体化学を *RS* 表記で示すと(2*S*,3*R*)-体である．*RS* の前の数字は不斉炭素原子の分子中での炭素番号である．カルボキシ基の炭素を1として，隣の炭素が2，その隣が3となる．この化合物とエナンチオマーの関係にあるのは，鏡面を境にした(2*R*,3*S*)-体ということはわかるであろう．それに対し，2つの不斉炭素原子のうち1つが違うも

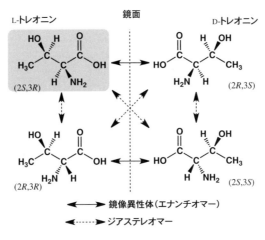

図8.9 不斉中心が2つの化合物

の，例えば，2番目の不斉中心だけ逆になっている(2R,3R)-体も存在しており，これは明らかに鏡像とは異なる異性体である．このように，複数の不斉中心を有する化合物で，エナンチオマーの関係以外の立体異性体をジアステレオマー（diastereomer）といって区別している．2つ以上のキラル中心の立体配置の関係を，相対配置（relative configuration）という．図8.9でエナンチオマーの関係にあるものを実線矢印で結び，ジアステレオマーの関係にあるものを点線矢印で結んだ．不斉中心が2つ以上ある場合，複数あるジアステレオマーのなかでも，1つの不斉中心の立体配置だけが異なっているものを，特別にエピマー（epimer）という．ジアステレオマーはエナンチオマーとは異なり，物理的性質や化学的性質が異なるので，ジアステレオマーどうしを分離することは比較的容易である．

一方，図8.10に示すブタン-2,3-ジオール（butan-2,3-diol）にもエナンチオマー(2R,3R)-体と(2S,3S)-体，およびそれらのジアステレオマー(2R,3S)-体または(2S,3R)-体が存在する．ただし，(2R,3S)-体と(2S,3R)-体は，左右対称の分子であり，鏡にいくら映しても自分自身の姿しか映らない．つまり，

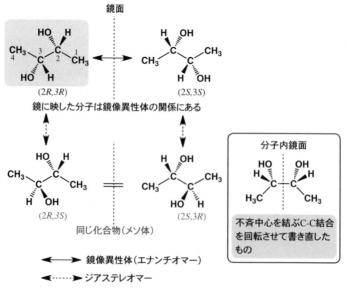

図8.10　ブタンジオールの立体異性体

それらは同じ物質なのである．これは，左右対称の特別な化合物だけの性質で，言うなれば分子内に鏡面を持っている．このような化合物を，「メソ体」（meso compound）という．不斉中心が2つあれば通常4つの立体異性体が存在するが，メソ体の場合，例外的に3つの異性体しか存在しないのである．

ジアステレオマーの一種，幾何異性体

図8.11のような2つの臭素原子Brが置換している環式化合物を考えてみる．6.2節で示したように，環式化合物において，環平面に対して置換基が同じ方向を向いているか，違う方向を向いているかの相対的な配置により，異性体が存在することになる．ジアステレオマーの関係ではあるが，このような場合を特に，幾何異性体（geometrical isomer）またはシス-トランス異性体（*cis-trans* isomer）ということは既に述べた．トランス体にはエナンチオマーが存在するが，シス体にはエナンチオマーが存在しない．なぜなら，シス体は分子内に鏡面を持つメソ体だからである．

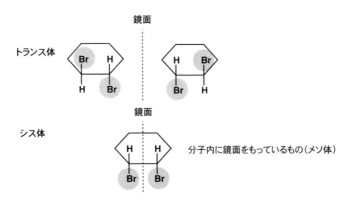

図8.11 環状化合物のシス-トランス異性体とメソ体

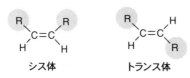

図8.12 二重結合に関するシス-トランス異性体

π結合のある二重結合は回転することができないので，二重結合を挟んで，相対的な置換基の向きが異なっているものがある．これが二重結合に関するシス-トランス異性体である（図8.12）．これらも一種の

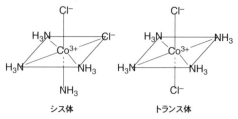

図 8.13 金属錯体に関するシス-トランス異性体

ジアステレオマーと考えることができる．名前の付け方は，7.1 節で示したとおりで，シス-トランスの代わりに *EZ* 表記をする場合が多い．

　金属原子が中心となる錯体で，配位子の相対位置に由来するものにもシス-トランス異性体が存在する．例えば，正八面体のジクロロテトラアンミンコバルト (III) 錯体 [Co(NH$_3$)$_4$Cl$_2$]$^+$ (dichloro tetraammine cobalt (III)) において，Cl$^-$が互いに隣接しているものがシス体，Cl$^-$が互いに Co^{3+}をはさんで反対側に位置するときがトランス体である（図 8.13）．

光学活性体（エナンチオマー）の重要性

　2002 年度ノーベル化学賞は，シャープレス（アメリカ Karl Barry Sharpless, 1941-），ノールズ（アメリカ William Standish Knowles, 1917-2012）とともに野依良治博士 (1938-) が受賞した．その受賞理由は，実用的な不斉合成法 (asymmetric synthesis, 一方のエナンチオマーを選択的に合成する手法) を開発したというものだった．日本の不斉合成研究に関するレベルが，大変高いことを示す良い例であるが，それではなぜ不斉合成をする必要があるのだろうか．先の例だと L-グルタミン酸ナトリウムが旨味を示すのに対し，その鏡像体は味がないことが知られている．また，大衆薬に含まれている抗炎症剤のナプロキセン (naproxen) も一方のエナンチオマーに活性がある（図 8.14）．ある化学物質が生物に作用して何らかの影響を与えることを生理活性 (biological activty) というが，生理活性物質には不斉点を有するものが大変多い．代表的なエナンチオマーである L-アミノ酸が生物になくてはならないタンパク質の部品であることを考えれば，

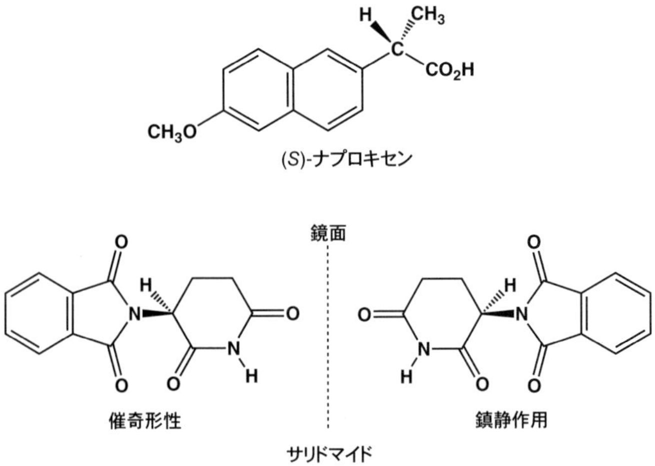

(S)-ナプロキセン

鏡面

催奇形性　　　鎮静作用

サリドマイド

図 8.14　エナンチオマーと生理活性の関係

　もともと生物自体が「エナンチオマー」であり，エナンチオマーどうしの相性，相互作用の違いがあっても何ら不思議ではなかろう．エナンチオマーが 1 対 1 で混ざっているものを「ラセミ体（racemic compound）」という．一方のエナンチオマーが薬にも毒にもならなければ問題なく，以前はラセミ体のまま薬が作られているのがほとんどであった．しかし，それがサリドマイド薬禍の原因となったのは有名である．1960 年代にラセミ体のまま市販された鎮静剤サリドマイド（thalidomide）は，一方のエナンチオマーが鎮静作用のみ示したのに対し，一方は催奇形性を示し，妊婦がこれを服用したことで新生児に障害をもたらしてしまった．後に，単一のエナンチオマーを薬として用いたとしても，生体内で一方へ変換されてしまう（ラセミ化 racemization）ため，話は思ったほど単純ではないことが判明したのであるが，いずれにせよ，現在ではエナンチオマーと生理活性の関係を詳細に調べることが，医薬品開発の過程では必須になっている．こう考えると，いかに一方のエナンチオマーのみをつくるか，その効率的合成法開発の重要性が理解できると思う．もちろん，実用的な面だけでなく学問的な興味も尽きず，何故生物は L-体のアミノ酸からできているのか，どうやってこの世にエナンチオマーが生成したのかなど，生命誕生の謎にも迫る可能性があるのだ．

8.3　立体配座に関する立体異性体

立体配座の違いで立体異性体が生じる

　あらためて有機分子内での原子の空間的な位置関係について，3次元的に考えなおしてみよう．図 8.15 はエタン C_2H_6 分子を立体的に考えるために，エタンを3種類の表示法で書いている．エタン分子の C–C 単結合の回転障壁は低く，常温では 360° 自由回転している．図 8.15a では 60° 回転した構造の違いを立体的に示しているが，この回転によって手前の炭素に結合する水素と奥の炭素に結合する水素との空間配置に変化があるのがわかるであろう．これをさらに 60° 回転させると，もとの位置関係に戻ってくる．このように，単結合の回転によって生じた空間配置の違いを立体配座（conformation）とよび，その違いによる異性体を配座異性体（conformer）という．配座異性体は立体異性体の一種ではあるが，立体配置に関する異性体とは異なり，単結合の回転または構造の反転により生じるものである．配座異性体どうしは，相互に行ったり来たりする関係にあるので，通常は別々のものとして取り出すことはできない．しかし，化合物によっては無数ある配座異性体のうちある立体配座を優先的にとるといったこともあり，化合物の立体配座の解析が重要な意味を持つことがある．

　配座異性体を紙の上で表現するのに，図 8.15b のようなくさび形表示がある．この場合，置換基の立体的な位置関係を把握するのに慣れが必要だ．それに対し，置換基の位置関係を直感的に理解できるようにする簡単な表記法がある．それがニューマン（アメリカ Melvin Spencer Newman, 1908-1993）によって提案されたニューマン投影式（Newman projection）である（図 8.15c）．これは，注目している C–C 結合軸の一方の軸方向から分子を見た様子を表示したもので，手前の炭素は省略され，3つの水素との結合の交点として描かれている．また，後方の炭素は大きな円で表現されており，円周から出ている3本の線で C–H 結合が示されている．ニューマン投影式では両方の炭素に結合している水素どうしの空間配置の関係が非常にわかりやすい．奥の水素が手前の2つの水素の真ん中に位置している配座を「ねじれ

8.3 立体配座に関する立体異性体   **161**

> H H H
> H—C—C—H エタン分子の C-C単結合を回転させる。
> H H H このとき、書き表し方が複数ある。

(a) コンピューターグラフィックによる立体表示法

ねじれ形配座　60°回転すると　同じ向きにそろう　重なり形配座

(b) くさび形表示による表示法

ねじれ形配座　60°回転すると　重なり形配座

(c) Newman投影式による表示法
　（上の図で、C-C結合軸の延長線上、左の炭素の方向からみた図。
　手前の炭素のC-H結合が実線、奥の炭素のC-H結合が破線で書かれている括弧内の構造を
模式的にかいてある ）

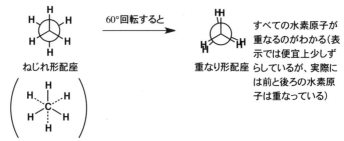

ねじれ形配座　60°回転すると　重なり形配座　すべての水素原子が重なるのがわかる（表示では便宜上少しずらしているが、実際には前と後ろの水素原子は重なっている）

図 **8.15**　エタンの立体配座と表示法

形配座（staggered conformation）」とよび，水素どうしが最も離れているのでエネルギー的に最も有利で安定な配座である．一方，水素どうしが重なっている配座を「重なり形配座（eclipsed conformation）」といい，水素どうしの反発（立体障害 steric hindrance）が大きく最も不安定な配座である．

自由回転しているとはいえ，エタンのC-C結合の回転によって生じる異性体の有するエネルギー（ポテンシャルエネルギーpotential energy）には差があり，その行き来のためにはエネルギー障壁が存在している．ねじれ形から重なり形に移行する際のエネルギー変化を示したのが図8.16である．縦軸がポテンシャルエネルギー，横軸がねじれ角（torsional angle）である．どこを0°にしても構わないが，ここではねじれ形の0°から60°ごとに回転したニューマン投影式を併記している．実際は連続的に回転しているので，エネルギー変化はエネルギー障壁の山を登ったり下ったりした波形となる．軸の回転にあたっては，どれか1つの置換基（ここでは水素）を目印として特定し（ここでは後方の水素の1つに印をしてある），前方の炭素か後方の炭素かのどちらかを固定し，どちらかだけを回転させていくと考えないと意味がない（ここでは後方の炭素が回転している）．エタンの場合のエネルギー障壁は12 J mol^{-1}であり，120°の回転ごとに同じねじれ形に戻ってきている．このようなモデルだと，1つの炭素のC-H結合はそれなりに長いし，隣の炭素のC-H結合の向きと逆であることから，水素どうしの相互作用はあまり関係ないのではないかと思いがちだ．しかし，実際の分子の大きさ・形を考える場合には，電子雲まで考慮する必要があり，図4.28のような空間充填モデルが最も実際の分子に近い．すると，水素どうしは極めて近い位置にあり，ねじれ形と重なり形では大きな違いがあることがわかるであろう．

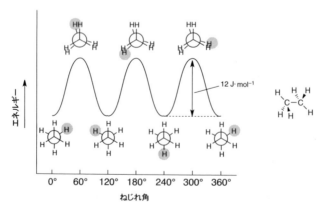

図8.16 エタンのC-C結合回転によるポテンシャルエネルギー図

次に，ブタン $CH_3CH_2CH_2CH_3$ の立体配座を考えてみよう．ブタンの場合，C1-C2 結合軸と C2-C3 結合軸の 2 つの回転が考えられる．実際の分子では両方の結合軸は常に同時に回転可能であるが，それを考えるにはコンピュータによるシミュレーションを行う必要が出てくる．ここでは話を簡素化するために，一方の結合軸の回転だけを行うときの立体配座について考えることにする．まず，C1-C2 結合軸の回転について詳細をみてみる（図 8.17）．

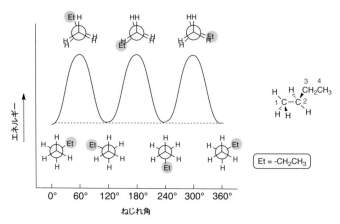

図 8.17 ブタンの C1-C2 結合回転によるポテンシャルエネルギー図

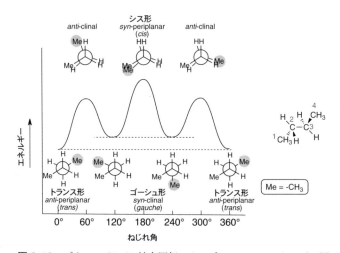

図 8.18 ブタンの C2-C3 結合回転によるポテンシャルエネルギー図

ニューマン投影式をみてみると，基本的にはエタンの場合とそれほど違いがなく，エタンにおける後方炭素に置換していた水素1つがエチル基に置き換わっただけと考えればよい．後方炭素を回転していくと，エタンの場合と同じように，60°ごとにねじれ形配座と重なり形配座が交互に繰り返されることになり，ポテンシャルエネルギー図も同じような波形となる．ただし，水素がエチル基に置換されている分，ねじれ形でも重なり形でも H–H 間よりも H–C_2H_5 間の方が立体障害が大きく，全体的なポテンシャルエネルギーは高い位置にあるといえる．一方，C2–C3 結合軸まわりの回転を考えた場合はどうであろうか（図 8.18）．これでは，前方と後方，両方の炭素に1つずつメチル基がついている状態になる．メチル基が反対方向を向いているねじれ形配座を 0° とおいているが，これは特定の置換基どうしで最も立体障害が小さく安定な配座であり，特にトランス形（*trans* form）とよばれる．両方のメチル基間角度が 90° 以上ある場合をアンチ形（*anti* form，「反対」の意味）ともいい，0° 回転（詳細には *anti*-periplanar）や 60° および 300° 回転（詳細には *anti*-clinal）の立体配座がその例である．120° および 240° 回転したときには，ねじれ形ではあるがメチル基どうしが隣り合った配座をとる．これはゴーシュ形（*gauche* form，「ぎこちない」の意味）とよばれ，メチル基どうしの反発のためにトランス形配座よりもエネルギーが高い状態にある．両方のメチル基間角度が 90° 以下なので，これをシン形（*syn* form，「類似」の意味．詳細には *syn*-clinal）という．最も立体障害が大きくて不安定なのは，メチル基がどちらも同じ方向を向いて重なっている 180° 回転の際の重なり形配座（シン形．詳細には *syn*-periplanar）であり，ポテンシャルエネルギー図では最も高い位置にある．これは，特にシス形（*cis* form）とよばれる．

環式化合物における立体配座

自ら環を作るような結合を作っている有機分子が，環式化合物である．炭素3つ，4つ，5つ，6つからなる環状アルカンが，それぞれシクロプロパン，シクロブタン，シクロペンタン，シクロヘキサンである．シクロプロパンは全ての炭素原子が同一平面に位置しているが，sp^3 炭素の C–C–C 結合角は本来 109.5° であるはずなのに構造上 60° となっている（図 8.19）．これは，

8.3 立体配座に関する立体異性体

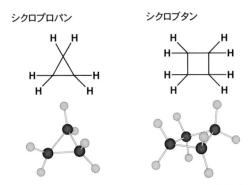

図 8.19 シクロプロパンとシクロブタンの立体構造

非常にストレスのかかった不安定な構造であり，通常のアルカンよりはるかに反応性が高いことを意味している．シクロブタンの場合は，平面形ではなく，少し折れ曲がった構造をしている．四員環では三員環に比べて多少融通が利き，分子ができるだけゆがみが生じないような形をとるためである．それでも，通常のアルカンに比べたら不安定である．

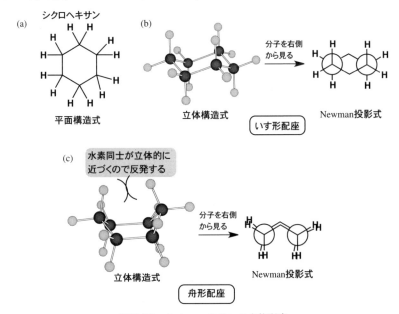

図 8.20 シクロヘキサンの立体配座

ここで炭素を1つとばして，シクロヘキサンの構造をみてみよう（図8.20）．平面上に記せば8.20aのようになるが，実際にはシクロヘキサンも平面ではなく折れ曲がった構造をとっている．8.20bに示した立体構造は，ちょうどイスの形に似ているということから「いす形配座（chair conformation）」とよばれている．この場合どのC–C–C結合も本来sp^3炭素がとるべき109.5°に近くなっており，結合角のひずみを有していない．また，シクロヘキサンをニューマン投影式で書き表すとわかるように，隣の水素どうしの重なりも有していない．これらの理由から，シクロヘキサンのいす形配座は極めて安定な構造であり，自然界に6員環状化合物が多く存在していることも理解できよう．

シクロヘキサンには6つの単結合があるので，結合の回転または分子全体の反転が起こる．つまり，シクロヘキサンには単結合の回転がもたらす配座異性体が複数存在するのである．代表的な配座異性体は，8.20cに示した舟形配座（boat conformation）である．立体構造でわかるように，空間的には離れた位置にある水素どうしが近づき，立体反発が生じる．また，ニューマン投影式からはどのC–H結合でも重なりを生じていることがわかるであろう．いす形配座と舟形配座はシクロヘキサンにおける配座異性体であるが，圧倒的にいす形が安定なのである．

最後に，シクロペンタンの立体構造をお見せしよう（図8.21）．シクロ

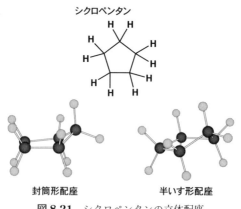

図8.21　シクロペンタンの立体配座

ペンタンにも配座異性体が存在しており、封筒形配座（envelope conformation），半いす形配座（half-chair conformation）のように、少し折れ曲がった構造をしている．

シクロヘキサンの2種類の水素

シクロヘキサンがいす形配座をとる際に、向いている方向の異なる2種類のC—H結合が存在する．分子の主軸に対してほぼ平行な結合（アキシアル axial bond）と、主軸に対してほぼ垂直な結合（エクアトリアル equatrial bond）である（図8.22）．それぞれに結合している水素をアキシアル水素（axial hydrogen atoms），エクアトリアル水素（equatorial hydrogen atoms）という．同じ方向を向くアキシアル水素は空間的には近い位置にあり、立体反発しやすい．

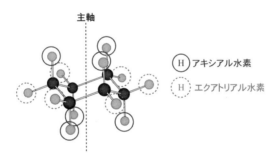

図8.22 シクロヘキサンの2種類の水素

シクロヘキサンは常に一定のいす形配座を保っておらず環の反転が起こり、逆向きのいす形配座と行ったり来たりしている（1秒間におよそ100,000回！）．舟形配座はその途中の過程ということができる．おもしろいのは、反転によってもともとのアキシアル水素はエクアトリアル水素に、エクアトリアル水素はアキシアル水素になってしまうことである（図8.23）．興味のある人は自分で分子模型を組み立てて確認してみよう．また、シクロヘキサンには様々な書き方がある．それを図8.24にまとめてみた．8.24bの場合、水素の方向はわかりやすいが、実際にはシクロヘキサン環は平面ではない．最もよく用いられるのが、8.24cのような書き方であることを覚えておこう．

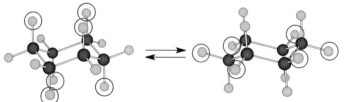

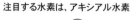

図 8.23 シクロヘキサンの立体配座の反転

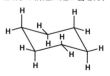

図 8.24 シクロヘキサンの構造式のかき方

第9章　有機化合物の反応

9.1　ベンゼンと共鳴構造

ベンゼンの正しい構造

　ベンゼンは19世紀初頭から知られていた化合物であり，分子式がC_6H_6であることはわかっていたが，その構造は長い間謎のままだった．1865年，ケクレはベンゼンが六角形構造を有していることをはじめて提唱した．ヘビが自分で自分の尾を咬んでいる夢を見て，構造を考えついたという．しかし当初は，ベンゼンは少し長い単結合3つと少し短い二重結合3つを有するシクロヘキサトリエンの平衡混合物であるとしていた（図9.1）．この提唱は画期的ではあったが，ベンゼンは一般的な二重結合とは異なる性質を有しているので，構造の完全解明とは言えなかった．その後の化学の発達によりようやく正しい正六角形のベンゼンの構造が明らかとなった．

シクロヘキサトリエンの平衡混合物？
図9.1　ケクレが提唱したベンゼン環

　二重結合を有する化合物の安定性を比較する方法として，二重結合を水素化（二重結合に水素を付加）するときの熱量を比較するというものがある．水素化における発熱量が大きいほど，二重結合のないものに比べて，その分，化合物が不安定といえる．これを利用して，ベンゼンの安定性を考えてみよう（図9.2）．環式炭化水素のシクロヘキサンを基準物質としたとき，二重結合が1つのシクロヘキセンを水素化する反応の発熱量は120 kJ mol^{-1}（28.6 kcal mol^{-1}，1 cal=4.184 J）であり，その分シクロヘキセンが不安定ということになる．ベンゼンが3つの二重結合を有するシクロヘキサトリエンであると仮定した場合，単純に考えると二重結合が3つなので水素化において，120×3=360 kJ mol^{-1}の発熱があると予想される．しかし，実際のベン

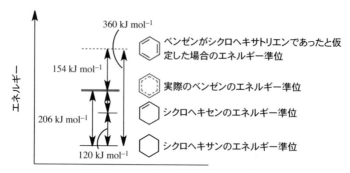

図 9.2 ベンゼンの非局在化エネルギー

ゼンの水素化熱は 206 kJ mol^{-1} にすぎず，予想されるよりもベンゼンは 154 kJ mol^{-1} だけ安定なのである．この違いをどう解釈したらよいだろうか．先に述べたように，真のベンゼン環は正六角形で，すべての C–C 結合の長さが等しくなっている．それは，平均的な単結合（約 0.154 nm）と二重結合（約 0.133 nm）の中間くらい（1.5 重結合）に相当するもの（0.139 nm）である（表 4.6）．つまり，ベンゼン環の C–C 結合には，明確な二重結合というのは存在しないのである（図 9.3）．6 つの炭素 sp^2 軌道はすべて σ 結合でつながっており，環の平面と垂直に 6 つの p 軌道が存在している．各 p 軌道には電子が 1 つずつ含まれているが，実際は隣同士すべての p 軌道が重なり合って分子軌道である π 軌道が広がっている．含まれる π 電子は局所的に存在するのではなく，π 電子が存在しうる場所（π 電子雲）が環全体に等しくドーナツ状に広がっている．このような現象を「共鳴（resonance）」といい，これがベンゼン環の真の姿なのである．また，π 電子が局所的に存在しないことを「π 電子の非局在化（delocalization of electrons）」という．予想よりもベンゼンが安定な構造を有しているのは，π 電子の非局在化により互いの

図 9.3 正しいベンゼンの構造

結合が強くなるからで,この安定化分のエネルギーを「共鳴安定化エネルギー (resonance energy)」または「非局在化エネルギー (delocalization energy)」という.

共鳴構造式とはなにか

ベンゼンの構造をかくときに,正六角形内に二重結合を3本かくのが普通である(図9.4a).しかし,ここで二重結合にした結合は,あくまで便宜上そうしただけであり,隣の単結合を二重結合にかき直しても何ら問題ない(図9.4b).そもそも,これらは本来のベンゼンの構造を正確に記せているわけではなく,電子をあえて局在化させてかいた架空で極端な構造式なのである.これらは共鳴寄与体 (resonance contributor) あるいは共鳴構造式 (resonance form,極限構造式でもよい) という.化合物の真の構造に近づく表現方法として,可能性のある共鳴寄与体を全てかき,両頭矢印(⟷)で結ぶ方法がよく用いられる.単に「共鳴構造式」というと,この両頭矢印を含む一連の共鳴寄与体全部を指すことが多い.また,もう1つの表現方法として,共鳴寄与体すべての複合形として,図9.4cのように電子の非局在化を点線で表す方法があり,これを共鳴混成体 (resonance hybrid) という[*9-1].厳密に言えば共鳴混成体の方が,より実際の化合物の電子状態を示していることになるが,これだと分子内に何個のπ電子が関わっているかあいまいになってしまう.実際に学術論文などでベンゼン環の構造式をかく場合,電子を局在化させた共鳴寄与体をあえて使うことが多い.それは,共鳴寄与体が真の構造の部分的な面を示していることには違いなく,π電子の数・二重結合の位置を明確にしておいた方が,反応を考える上で有意義な場合が多いからである.なお,この共鳴構造式を表す両頭矢印

ベンゼンの2つの共鳴寄与体(構造式)

ベンゼンの共鳴混成体の表し方
(点線はπ電子の非局在化を示す)

図 9.4 様々な共鳴構造式

[*9-1] 本によっては,「共鳴混成体」という言葉は,あくまで共鳴寄与体の複合的なものに対して使う場合もある.つまり,本書で言う「共鳴混成体」は,その表現方法の一種ということができる.

（⟷）は，両方向矢印 ⇌ で構造式を結ぶ「平衡反応 (equilibrium reaction)」とは意味が全く異なることに注意しよう[*9-2]．

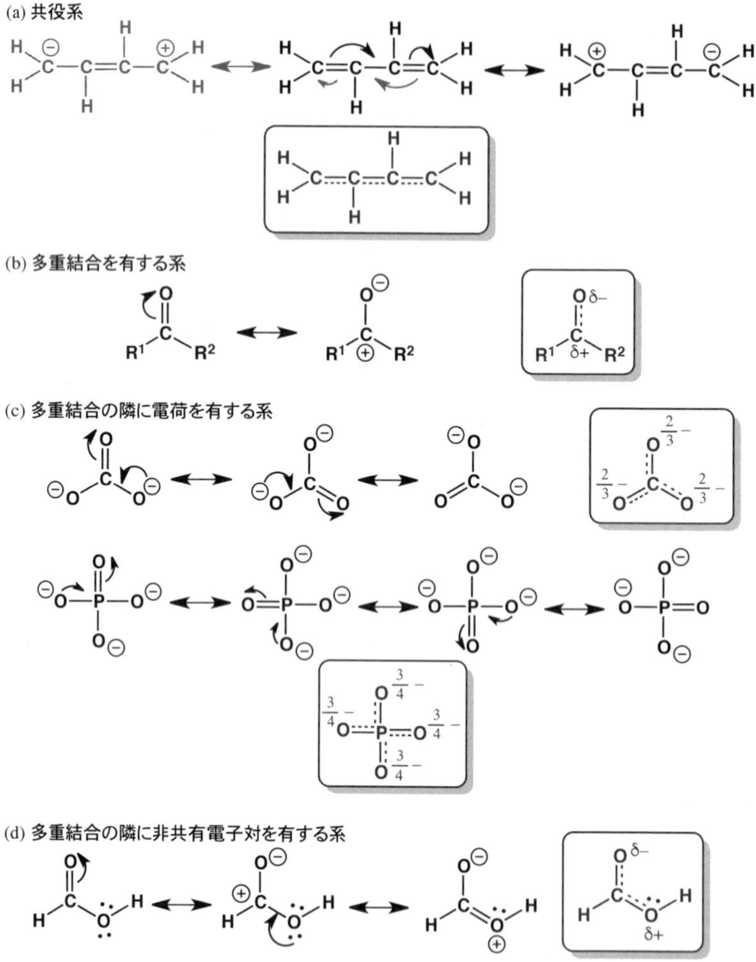

図 9.5　共鳴構造式が書ける分子・イオン
　　　　枠で囲んだ構造は，共鳴混成体

[*9-2] 一般的な反応は，矢印のどちらの側にも進行することができる．このような反応を平衡反応という．平衡反応については，13.1 節を参照のこと．

これまでベンゼンを例にして共鳴構造について説明してきたが，有機化合物に限らず，様々な分子・イオンでもπ電子の共鳴は起こっている．共鳴構造をかける分子・イオンは，4種類に大別することができる（図9.5）．

まず，ベンゼンに代表されるように，2つ以上の多重結合が単結合を挟んだ構造を「共役系（conjugated system）」とよび，共役系でπ電子が非局在化していることを「共役（conjugate）する」という．共役系の化合物・イオンは共鳴構造がかける代表的なものである（図9.5a）．ブタ-1,3-ジエン（buta-1,3-diene）という物質は，C=C二重結合どうしを単結合で結んだ構造をしているが，これはあくまで共鳴寄与体の1つを記したものであり，実際には4つの炭素原子全てに渡りπ電子が非局在化しているのである．

C=OやC=Nなど，炭素と炭素以外の原子が多重結合している化合物またはイオンでも，共鳴構造がかける（図9.5b）．この場合は，電子の非局在化というよりも分極によるものということができる．また，これらとC-C多重結合との共役系も存在する．電子対の流れは，必ず電気陰性度の大きい原子の方向に向かい，決して逆は起こらないことに注意しよう．

多重結合の隣に電荷を有する原子がある場合，電子の非局在化が起こる．マイナス電荷を有する原子は必ず電子対の動き出すところであり，プラス電荷を有する原子は必ず電子対が流れてくる終点となる（図9.5c）．炭酸イオン CO_3^{2-}（carbonate）やリン酸イオン PO_4^{3-}（phosphate）がその例である．

非共有電子対を有する酸素原子や窒素原子のとなりに多重結合がある場合，酸素や窒素の非共有電子対から電子が流れて，非局在化が起こる（図9.5d）．この場合，酸素や窒素がプラスの形式電荷を有する共鳴寄与体になることに注意したい．

共鳴構造式をかく

これらの共鳴構造式をかく際に，可能性のある共鳴寄与体をすべてかき，両頭矢印でつなげる必要がある．共鳴構造式を完成させるには，いくつか注意する点がある．

① まず，その化合物の構造式を正しく1つかく．これが共鳴寄与体の1つとなる．電子の流れを理解するために，価電子を全て記してあるルイス構

② 非共有電子対あるいはπ結合に使われている共有電子対を動かして電子の流れをつくる．電子対の移動を示す屈曲矢印（⤴ curly arrow，巻矢印ともいわれる）のかき方は図9.5に示してある[*9-3]．一組の電子対を動かせば，その動いた先の原子の原子価に矛盾がないように別の電子対を動かす必要が出てくる．環状の場合はそれが一周するだけだが，鎖状のものは鎖の端まで電子の移動が連鎖して，最終的に動いた先は電子過剰（またはプラス荷電が打ち消される）になる．鎖状化合物の場合，電子対の動きだしの場所は，電子不足（またはマイナス荷電が解消されている）の状態になっていなければならない．

③ 電子対を移動させる際には，決して原子を動かしてはならない．また，σ結合を切ってはならない．そして，元の化合物の総価電子数（つまり分子全体の電荷）を変えてはならない．もともと中性分子だったら，必ず中性の共鳴寄与体になるし，+1であれば必ず+1の電荷を持つことになる．

以上を守れば，共鳴構造式をかくことができる．

官能基が及ぼす共鳴効果

σ結合における官能基の誘起効果（電子求引性・電子供与性）については，7.2節で既に述べた．π結合に官能基や電荷を有する置換基などが隣接した場合，π電子の分布の偏りが起こって非局在化し，分子が安定化されたり不安定化されたりする．このような現象を共鳴効果（resonance effect，R効果

表9.1　官能基による共鳴効果の違い

電子求引性基	電子供与性基
$-C^+$, $-NO_2$, $-SO_3H$, $-C≡N$, $-C=O$, $-COOH$	$-C^-$, $-NH_2$, $-OH$, $-OCH_3$, $-X$ (Cl, Br, I)

[*9-3] 化学反応は，基本的には電子または電子対の動きであると考えて間違いない．どのように物質が反応するかの過程を示すのに，電子または電子対の移動を示す屈曲矢印は非常に有用である．なお，電子1個の移動を示す際には片矢じり屈曲矢印（⤴）を用いて区別する．

ということもある)といい,置換基の電子軌道と隣接 p 軌道との重なりによって起こる効果である*9-4.表 9.1 に主な官能基と共鳴効果の性質を示した.

例えば,ニトロ基の共鳴寄与体をみればわかるように窒素原子がプラス電荷を有しており,この影響により,π 電子を強く求引する性質を持つ (図 9.6a).隣接するのがカチオンの $-C^+$ を除いて,電子求引性基となる官能基は,それ自身共鳴構造式を有する置換基である.一方,ヒドロキシ基やアミノ基などは原子の非共有電子対により,隣接する p 軌道に電子が流れ,電子供与性としての性質を持つ (図 9.6b).電子供与性基として作用する官能基には,結合に関与していない非共有電子対をもつ原子がある.σ 結合での誘起効果は官能基からの距離に比例するが,共鳴効果は距離に関係なく影響を及ぼすことが特徴である.しかし,実際には官能基は σ 結合でつながっているわけであり,電子の作用として σ 結合に関与する誘起効果と π 結合に関与する共

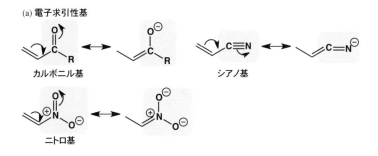

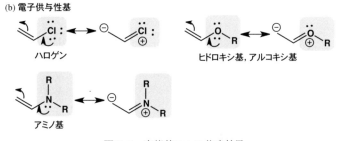

図 9.6 官能基による共鳴効果

*9-4 厳密には異なるが,以前は共鳴効果と同様なことをメソメリー効果 (M 効果,mesomeric effect) と呼んでいたが,現在では,共鳴効果という言葉で議論する方が一般的である.

鳴効果の両方を考えなければならないので,分子の性質を理解する際には注意が必要である.ベンゼン環に官能基が置換した場合,官能基の種類によりベンゼン環状の電子が不足するのか過剰になるのかが変わってくる.官能基の効果は,共鳴構造式をかくことで視覚的に理解できるようになる(図9.7).

ベンゼンのような化合物では,かける共鳴寄与体はすべて等価である.しかし,必ずしも共鳴寄与体が等価であるとは限らない.例えば図9.8aにお

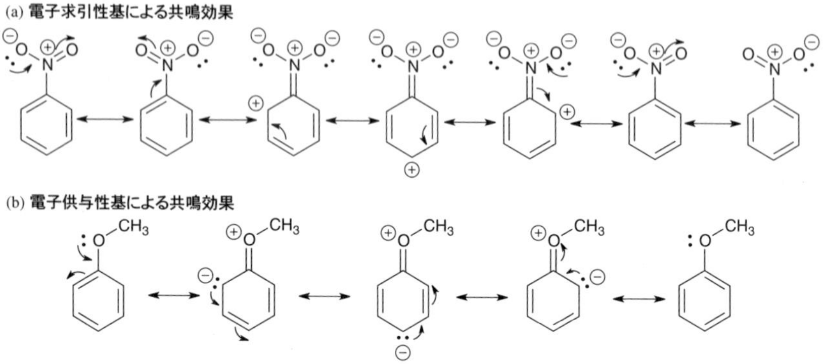

図 9.7 官能基が置換したベンゼンの共鳴構造式

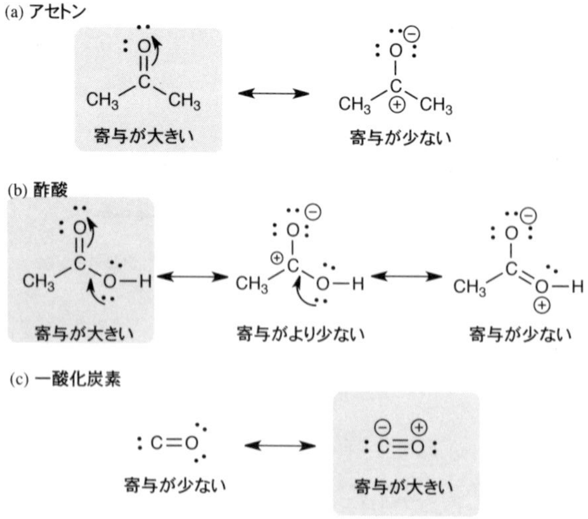

図 9.8 寄与の大きさが異なる共鳴構造式

いて，カルボニル基を有するアセトンの場合，左側の共鳴寄与体は炭素も酸素も8電子則を満たしているが，右側の共鳴寄与体は電荷の偏りがあり炭素原子は8電子則を満たしていない．この場合，左側の共鳴寄与体の方がより安定で無理のない構造ということができ，「寄与が大きい」共鳴寄与体である．「寄与が大きい」とは実際の分子の電子状態により近いということを意味しており，物質の性質を考える上で，共鳴寄与体の寄与の大小を比較するのには意味がある．寄与が大きい構造とは，(1) 8電子則を満たす原子の数がなるべく多い構造，(2) できるだけ電荷を持つ原子が少ない構造，そして (3) 電荷を持つ場合，マイナス電荷は電気陰性度の高い原子上に，プラス電荷は電気陰性度の低い原子上にある構造，である．(1) が最も優先され，(2)，(3) の順番で決まることに注意．図9.8にいくつかの物質の例を挙げた．

芳香族性とはなにか

ベンゼンのように，平面環状に電子が非局在化して安定状態を保つ性質を，芳香族性（aromaticity）という．1930年代にヒュッケル（ドイツ Erich Armand Arthur Joseph Hückel, 1896-1984）は，$(4n+2)$ 個のπ電子を持つ環状共役系が芳香族性である（n は0を含めた正の整数）ことを示した．この規則はヒュッケル則（Hückel's rule）として知られており，これが芳香族化合物の定義となっている．本来の「芳香」の意味とは全く異なる決まりである．かける共鳴寄与体において二重結合1つに付きπ電子2個なので，ベンゼンは6つのπ電子を持つ（$n=1$）芳香族化合物となる．環状に酸素や窒素を有するフランやピリジンも芳香族化合物の仲間である（図9.9）．フランの場合，酸素上の非共有電子対1組をπ電子系として使うことで6π電子となる（図9.9a）．ピリジンは，非共有電子対を持っているが，これは sp^2 混成軌道にあり，共鳴には関係ない．関与するのはp軌道の電子1個なので，基本的にはベンゼンと同じである（図9.8b）．窒素の電気陰性度は高いので，窒素上の電子密度が高くなっている．炭素に負電荷を有するシクロペンタジエニルアニオン（cyclopentadienyl anion）も同様に6π電子の芳香族化合物である（図9.9c）．一方，環状共役ポリエンでπ電子4個（$4n$ 系，$n=1$）のシクロブタ-1,3-ジエン（cyclobuta-1,3-diene）は，共役により逆に不安定化

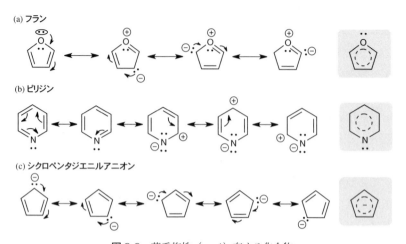

図 9.9 芳香族性（$n=1$）有する化合物

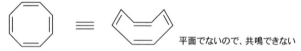

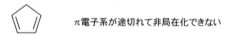

図 9.10 反芳香族性および非芳香族性の化合物

されて極めて反応性が高く，反芳香族（antiaromatic）といわれる（図 9.10a）．構造としては二重結合を2つ含む長方形をしており，二重結合の位置が異なる物質の平衡混合物である．共役している状態は，その平衡の途中の段階（遷移状態 transition state）[*9-5]といえる．また，シクロオクタ-1,3,5,7-テトラエン（cycloocta-1,3,5,7-tetraene）は，π電子が8個（$4n$系，$n=2$）あるが，実

[*9-5] 遷移状態については，13.1節を参照のこと．

際の構造が平面的でないのでp軌道どうしの重なりができず，共役できない（図9.10b）．このように，環状ではあるがπ電子系が共役していない場合を，非芳香族性（nonaromatic）という．π電子が4個（$4n$系，$n=1$）のシクロペンタ-1,3-ジエン（cyclopenta-1,3-diene）の場合も，環の途中でπ電子系が途切れて非局在化しておらず，非芳香族性を示す（図9.10c）．

9.2 有機化合物の反応

有機化学反応の種類

これまでに，有機化合物の構造を中心に学んできた．本節では，有機化合物の反応をみてみよう．実際には，非常に多くの反応が知られているが，反応する物質の種類別に有機化学反応を大きく分けると概ね3つのカテゴリーに分類できる（図9.11）．

(1) イオン性反応（ionic reaction）[*9-6]……マイナス電荷を有する物質（あるいは非共有電子対を有する物質）が，プラス電荷を有するもの（あるいは分極して部分電荷として$δ^+$を有する原子，電子を受け入れやすい原子）と反応する．

(2) ラジカル反応（free radical reaction）……対を作らない電子を有するラジカル種（または原子）が作用する反応．反応性に乏しいアルカンが熱や光で分解したり，重合反応によってポリマー（プラスチック製品）を作る際などにみられる．

(3) ペリ環状反応（pericyclic reaction）……π電子およびσ電子を含む軌道どうしが直接関与して，環状の遷移状態（反応途中の状態）をとって，一度に複数の結合が開裂したり生成したりする反応（協奏反応 concerted reaction）である．反応様式により，様々な種類がある．

有機化学反応のほとんどは(1)「イオン性反応」であるといってよい．極

[*9-6] プラスとマイナスの反応とはいっても，完全に電荷を有している物質どうしの反応だけではなく，攻撃する電子対として非共有電子対を使って反応する場合や，部分電荷を有する物質の反応がある．本書では，全てをひっくるめて「イオン性反応」とした．

論すれば，有機化学反応は「プラスとマイナス」「電子対の動き」で説明できることがほとんどなのである．本書では，「イオン性の反応」に重点をおいて有機化学反応を紹介したい．

イオン性反応で重要なのは，反応は必ず「電子2つ（電子対）」で動くことによって，新しい結合ができたり，結合が切れたりするところである．反応は試薬（reagent）であるマイナス（電子）が，反応の母体である基質（substrate）のプラス（核）を"求めて"「攻撃」すると考えた方がわかりやすく，イオン性の反応は「求核反応（nucleophilic reaction）」ということができる．だから，図 9.11 において屈曲矢印がマイナス（電子対）からプラスへ向かって（攻撃の方向）書かれているのである．この際，マイナス性の試薬のことを求核剤（nucleophile）とよぶ．反応の種類として「求電子反応（electrophilic reaction）」とよばれるものもあるが，これは，試薬がプラス性のもの，基質がマイナス性のものという風に立場が逆転しているだけであり，本質に違いはない．求電子反応における試薬は，求電子剤（electrophile）ということになる．図 9.12 に求核剤，求電子剤にどのようなものがあるかをまとめた．ここに示したのはあくまで例であるが，これらの物質どうしが

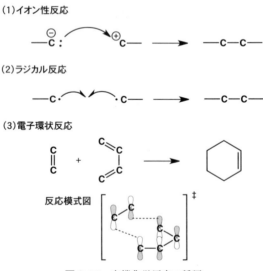

図 9.11 有機化学反応の種類

9.2 有機化合物の反応

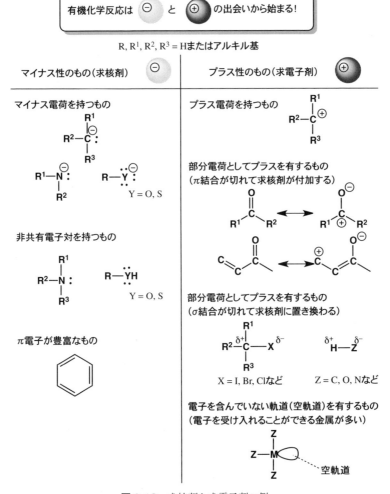

図 9.12 求核剤と求電子剤の例

出会うことで初めて有機化学反応が進むのである．また，分子内のどの原子と直接結合するかは，分子内の分極でどこが（雰囲気として）プラスを帯びているのか，どこがマイナスを帯びているのかを考えれば自ずとわかることである．

求核反応の例……加水分解反応を探る

いわゆる求核反応の一種に，エステルの加水分解（hydrolysis）がある．これは高校化学の教科書にも掲載されているほど基本的な反応であり，図 9.13 のようにカルボン酸とアルコールの脱水縮合との平衡反応として紹介されている．ただし，あくまでこういう反応があるよ，と紹介されているだけで，反応の基質は何で，試薬は何で，生成物（product）は何かを覚えなければならなかったであろう．ある程度覚えることも必要だし，どんな反応生成物ができるかを考えることはもちろん大事だが，実際にどのような過程を経て反応が進み生成物ができているかを理解することは，同じくらい重要なことである．反応における反応過程のことを反応機構（reaction mechanism）という．もし反応機構をわかってしまえば，様々な他の物質を用いた場合にも応用することができ，いちいち全ての基質・試薬・生成物を覚える必要がなくなる．また，1 つの反応の反応機構が，他の反応の反応機構を知る手がかりになることもあり，応用が広がるのである．ここでは，酢酸エチル $CH_3CO_2C_2H_5$（ethyl acetate）の加水分解を例にして，加水分解の反応機構を深く考えていこう．

エステルとカルボン酸の間では，確かに図 9.13 のような平衡反応は起こるのではあるが，酢酸エチルと水を混ぜただけでは加水分解はほとんど進まない．酢酸エチルのカルボニル基は分極しており，炭素は $δ^+$ に帯電している．しかし，図 9.14 のような共鳴構造式が書けるように，隣接する酸素原子の非共有電子対から電子の流れ込みがあり，それほど大きな正電荷にはなって

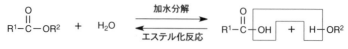

図 9.13　「エステルの加水分解」と「カルボン酸とアルコールの脱水縮合」

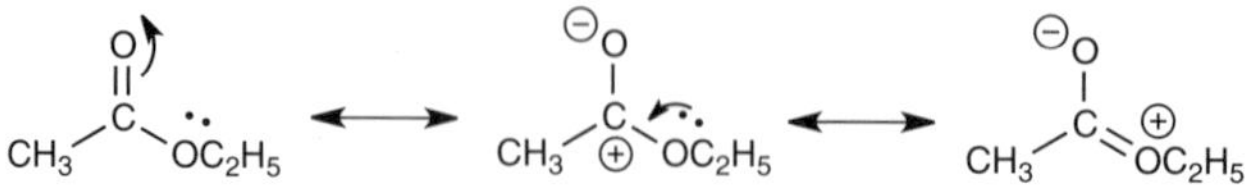

図 9.14　酢酸エチルの共鳴構造式

いない．このエステルのカルボニル炭素に対して水 H_2O が求核剤として反応すれば加水分解が起こることになるが，水は中性分子であり，酸素原子上の非共有電子対のみが求核の元となる．酸素は価電子として 8 電子有しているから，水は安定な分子であり，求核剤としては極めて力が弱いといえる．弱いプラスと弱いマイナスでは，そう簡単に反応が進まないのは当然だ．それでは，加水分解を進めるためにはどうしたらよいだろうか．そこで登場するのが，反応を促進させるための別の試薬である．1 つは，水酸化ナトリウム NaOH のような強塩基，そしてもう 1 つは，硫酸 H_2SO_4 や塩酸 HCl といった強い酸触媒である[*9-7]．

塩基条件下でのエステルの加水分解

まず，強塩基を作用させた反応についてみてみよう（図 9.15）．この場合，エステルの方は変わらないが，水酸化物イオン OH^- は負電荷を持ち，強く正電荷に引き寄せられる強い求核剤となる．したがって，反応はほとんど不可逆的に，早く進行する．水酸化物イオンがカルボニル基を攻撃したのち，エトキシドイオン（ethoxide）が脱離する．生成した酢酸の水素はエトキシドイオンにより簡単に抜けてしまい，最終的に酢酸イオンとエタノールとなる．最初に用いる塩基が水酸化ナトリウムであれば，酢酸イオン（acetate）の対イオン（counter ion）はナトリウムイオン Na^+ となる．この反応機構か

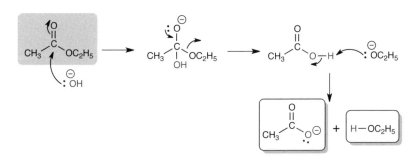

図 9.15 塩基性条件下でのエステル加水分解の反応機構

[*9-7] 酸塩基の詳細は，14.1 ～ 14.3 節で述べる．ここでは一種の試薬と考えておこう．「触媒」についても同様である．

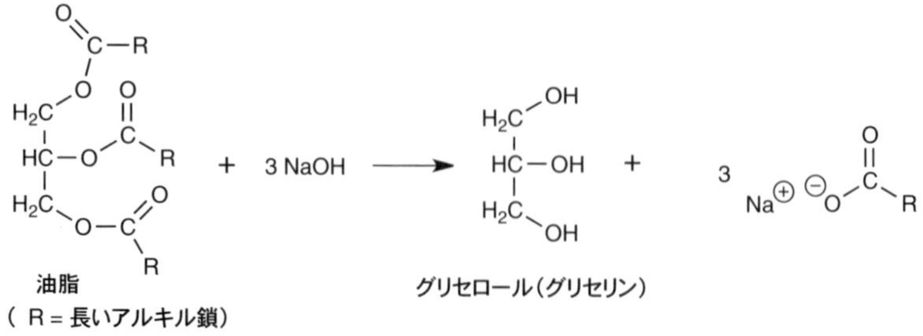

油脂
(R = 長いアルキル鎖)

グリセロール（グリセリン）

図 9.16 油脂のケン化

ら，実は「加水」ではなく，「加水酸化物イオン」であることがわかる．油脂（triglyceride, 脂肪酸エステル）と強塩基の反応で，グリセロール（glycerol）と高級脂肪酸塩（salt of fatty acid, セッケン）になることが元となり（図9.16），一般エステルの強塩基による加水分解についてもケン化（saponification）とよんでいるのである．

酸触媒条件下でのエステルの加水分解

次に，酸性試薬を触媒として用いる反応を考えてみよう（図9.17）．触媒とは，反応を促進させる物質である．酸を加えているということは，プロトン H^+ が存在することになる．正電荷を有するプロトンと反応する可能性のある電子密度の高い場所（マイナス性のところ）はどこだろうか．可能性は2つあり，カルボニル基酸素の非共有電子対かアルコキシ基酸素の非共有電

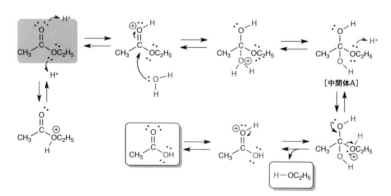

図 9.17 酸触媒によるエステル加水分解の反応機構

子対である．ここで，アルコキシ基酸素の非共有電子対にプロトンがついたとしても，その後何も起きないので元に戻るだけである．一方，カルボニル酸素の非共有電子対にプロトンがつくとカルボニル酸素が電子不足となり正の形式電荷をもつ．すると，カルボニルの分極がより起こりやすくなり，カルボニル炭素が正電荷を持ちやすくなる．したがって，求核性の弱い水に対しても攻撃を受けやすくなり，次の段階に進むことができる．あらたに出来た C–O 結合の酸素は正の形式電荷を持っているが，簡単にプロトンは外れてしまうので，中間体 A となる．復活したプロトンは，再びマイナス性のところから攻撃をうける．可能性があるのは，2 つの –OH と 1 つの –OC$_2$H$_5$ に含まれる酸素原子の非共有電子対である．中間体 A に対して，–OH の酸素にプロトンが付加したときは，平衡反応が単に戻っただけである．それに対し，–OC$_2$H$_5$ の酸素原子の非共有電子対にプロトンが付加すると，その酸素は電子不足となる．それを補うために C–O 結合が切れ，エタノールが抜けていく．結合が切れた後の C の電子不足を補うために，ちょうどよく隣の酸素の非共有電子対から電子が流れ込んでくる．このように，結合が切れるためには（電子の引っ張り，pull）それを補うための電子の供給（電子の押し，push）がうまくなされなければならない．有機化学反応が進むには，かならず push-pull（プッシュープル）の機構が働いているのである．プロトンの付加脱離は容易に起こるので，出来た化合物の –C=O$^+$–H のプロトンは簡単に外れて，最終的に酢酸が生成するのである．

高校の教科書のように単に「加水分解」という言葉で表すと単純だが，実は酸と塩基が関与する反応は反応機構が全く別のものであることがわかる．反応機構の理解がいかに重要かを示す例である．

9.3　ベンゼン環の反応

ベンゼン環に対する求電子置換反応

本節では，ベンゼン環の反応性について学ぼう．ベンゼン環は先に示したように π 電子雲がドーナツ状に広がっているので，電子が豊富な分子であり，「マイナス性」のものとして機能する．

最も代表的な反応は，ベンゼン環の水素が他のものに置き換わる置換反応（substitution reaction）であり，様々な芳香族化合物を作ることができる（図 9.18）．この反応では，基質となるベンゼン環の π 電子が，様々な「プラス」の試薬と反応することになるので，求電子置換反応（electrophilic substitution）と言われることが多い（図 9.19）．通常の二重結合とは異なり，ベンゼン環の場合は π 電子が共役して安定であるため，反応の際には反応剤だけではなく，触媒の作用が必要になる．その代表的な臭素化について説明しよう（図 9.20）．この反応では，ベンゼン・臭素の他に触媒として臭化鉄(Ⅲ) $FeBr_3$ （iron (III) bromide）が用いられる．まず第一段階で，触媒 $FeBr_3$ の Fe の空軌道（電子が入っていない軌道．金属に多い）に，臭素の非共有電子対が攻撃する．これにより，非常に反応性に優れる錯体 $[Fe^-Br_3Br^+-Br]$ になる．この錯体で Br^+-Br は分極しており，端の Br が直接の求電子剤となる．第二段階として，「マイナス性」のベンゼンと「プラス性」の末端 Br が反応するとともに Br_4Fe^- が脱離して，3 つの共鳴構造式で表されるプラス電荷の反応中間体（カルボカチオン）を生成する．物質は中途半端な状態で存在するよりも，常に安定な状態で存在するように変形する．最後に第三

図 9.18　ベンゼン環の置換反応

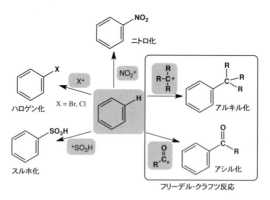

図 9.19　求電子置換反応による種々の置換ベンゼン化合物の合成

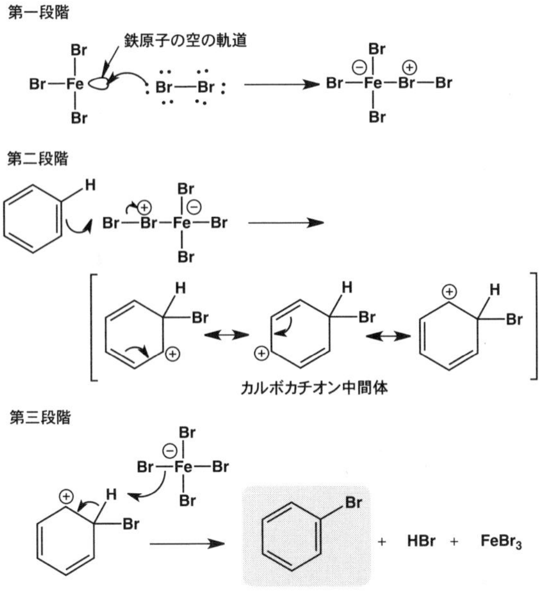

9.3 ベンゼン環の反応

第一段階

鉄原子の空の軌道

第二段階

カルボカチオン中間体

第三段階

図9.20 ベンゼンの臭素化反応

段階として，Br_4Fe^-からBr^-の攻撃を受けてH^+が容易に抜け，再び共鳴して安定なベンゼン環を形成し，結果として水素が臭素に置換された臭化ベンゼン（bromobenzene）ができることになる．$FeBr_3$も再生し，これがまた新たな触媒として機能するのである．

ベンゼンに対する求電子置換反応は基本的にほとんど同じパターンで起こっており，求電子剤であるE^+のでき方，種類が異なるだけである．種々

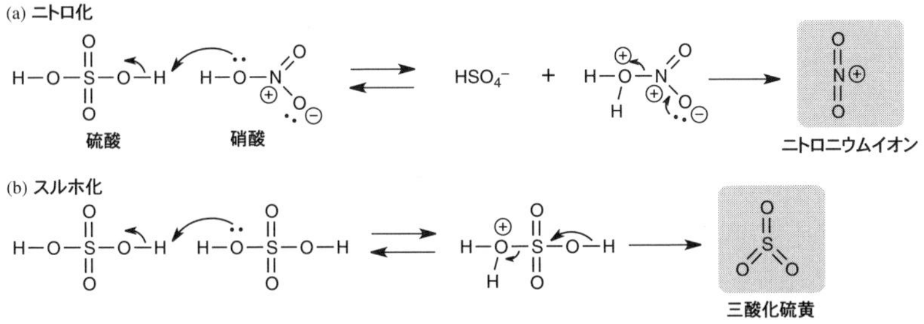

(a) ニトロ化

硫酸 硝酸 ニトロニウムイオン

(b) スルホ化

三酸化硫黄

図9.21 ニトロ化およびスルホ化の反応化学種

の反応生成物に関して図 9.21 および図 9.22 にまとめた．

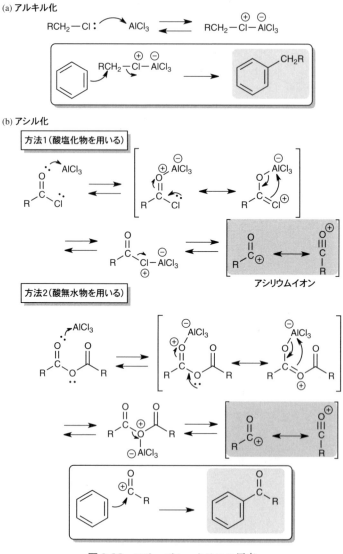

図 9.22　フリーデル・クラフツ反応

一置換ベンゼンの反応性

　もともとベンゼンに置換基を1つ有している化合物が，さらに求電子置換反応するときの置換基の影響について考えてみよう．すでにAという置換基がついているベンゼン環があったとき，B^+ という求電子剤が反応すると，二置換ベンゼン環ができる（図9.23）．この際，置換基の位置関係により，o-, m-, p-体の3つの位置異性体ができることになるが，問題は，どれがより多くできるかということである．これは，官能基の誘起効果（7.2節）と共鳴効果（9.1節）と深い関係がある．まず，ニトロベンゼン（nitrobenzene, $A=NO_2$）の場合を考えてみよう．ニトロ基は誘起効果・共鳴効果とも電子求引性の性質を持ち，両方の効果が相まってベンゼン環の電子密度を下げる（図9.7）．求電子剤 E^+ がベンゼン環と反応する場合，ベンゼン環の電子密度が低い状態は芳しくなく，ベンゼン環が不活性化されていることを意味しており，ニトロベンゼンはベンゼンよりも反応性が低い．次に，どの場所に求電子剤が付加するかを考えてみる．ニトロベンゼンが，求電子剤 E^+ の攻撃を受けると，中間体としてカチオンが生成する．オルト位攻撃，メタ位攻撃，パラ位攻撃が起こった際の中間体の共鳴構造式を図9.24に示した[*9-8]．メタ位攻撃を受けた中間体では，特に不安定な共鳴寄与体カチオンは存在しないが，オルト位攻撃およびパラ位攻撃された場合は，ニトロ基の窒素上のプラ

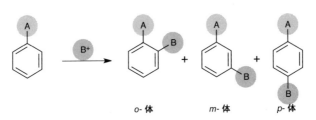

図9.23　一置換ベンゼンから二置換ベンゼンへの変換

[*9-8] 図9.7から，ニトロベンゼンの o-位，p-位がプラス電荷になっている共鳴寄与体があり，そこの電子密度が低くなっているために，不活性化を受けていない m-位に消極的に反応することは説明できる．また，同様な理由により，メトキシベンゼンでは，o-位，p-位の電子密度が高まり，積極的に o-位，p-位に反応しやすいことが示せる．しかし，最近の有機化学の教科書では，E^+ を付加した後のカチオン中間体で配向性を議論することがほとんどであり，本書もそれに倣った．

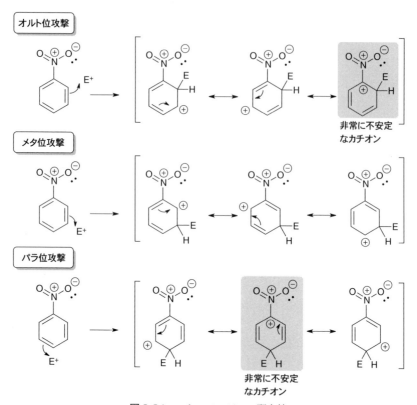

図 9.24 ニトロベンゼンの配向性

ス電荷と環上のカチオンとが隣り合って不安定となる共鳴寄与体が存在する．つまり，ニトロ基の影響により，オルト位およびパラ位への攻撃が，単なるベンゼンよりも起きにくいことを意味しており，「消極的な理由」でメタ位攻撃が優位になる．これを，メタ配向性（meta directing）という．他の電子求引性基も同じ理由により，メタ配向性である．

一方，メトキシベンゼン（methoxybenzene，A=OCH$_3$）の場合はどうだろうか．この置換基では，酸素の電気陰性度が高いことから誘起効果としては電子求引性であるが，酸素の非共有電子対の影響により，隣接するπ結合に対して電子供与性の共鳴効果をもたらす（図 9.7）．両者は相反する効果をもたらすことになるが，ベンゼン環においては誘起効果よりも共鳴効果の

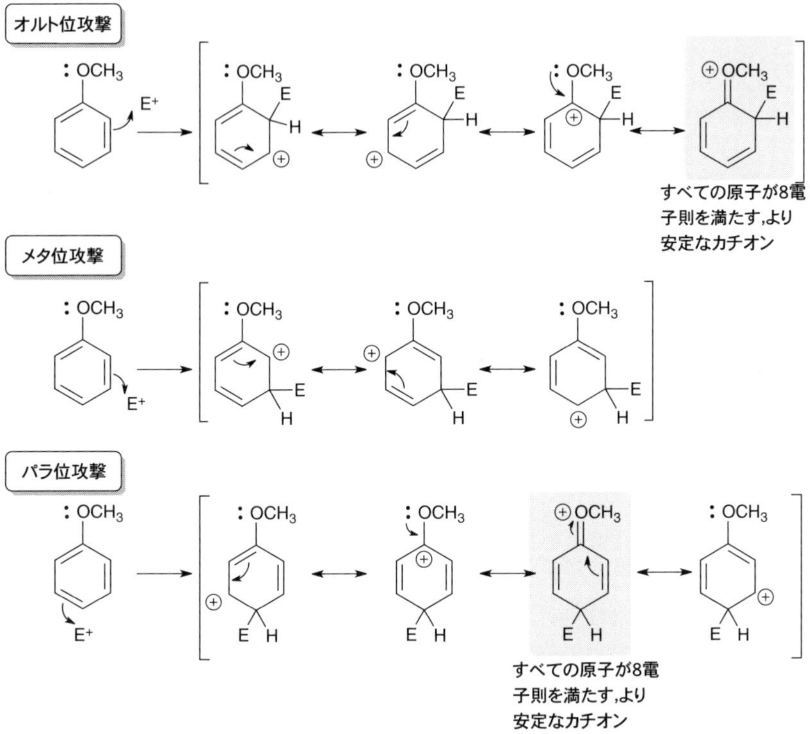

図 9.25　メトキシベンゼンの配向性

方が常に勝り，ベンゼン環上の電子密度は増加していることになる．これは，ベンゼン環の活性化を意味している．また，E^+ がオルト位攻撃，メタ位攻撃，パラ位攻撃した際の中間体の共鳴構造式において（図 9.25），オルト位攻撃およびパラ位攻撃された場合は，メトキシ基の共鳴効果により，すべての原子が 8 電子則を満たす安定な共鳴寄与体カチオンが存在する．すなわち，単なるベンゼン環に比べて求電子剤のオルト位攻撃・パラ位攻撃が「積極的な理由」で起こりやすくなる．これをオルト・パラ配向性（ortho and para directing）という．一般的に主な官能基におけるメタ配向性およびオルト・メタ配向性の違いを表 9.2 にまとめた．

共鳴効果に関しては既に説明したが，誘起効果が関与するメチル基 CH_3，トリフルオロメチル（trifluoromethyl）基 CF_3，そしてハロゲン X について

表 9.2 官能基による反応性と配向性の違い

強い影響	メタ配向性	オルト-パラ配向性
共鳴効果による不活性化	$-^+NR_3 < -NO_2 < -SO_3H$ $< -C \equiv N < -C=O < -COOH$	
誘起効果による不活性化	$-CF_3$ (反応性は$-C \equiv N$と $-C=O$の間)	
共鳴効果による活性化と誘起効果による不活性化		$-X$ (I < Br < Cl < F)
ベンゼン($-H$)の反応性(基準)		
誘起効果による活性化		$-CH_3$ (反応性は$OCOCH_3$と $-C_6H_5$の間)
共鳴効果による活性化		$-C_6H_5 < OCOCH_3 < -OR <$ $-OH < -NHCOCH_3 < -NR_2$ $< -NH_2$

＊「ベンゼンの反応性」の位置より，表の上に行くほど（不等号＜の左に行くほど），ベンゼンに対して反応性が低下する．また，表の下に行くほど（不等号＜の右に行くほど），ベンゼンに対して反応性が上がる．

はどうだろうか．まず，アルキル基の代表であるメチル基について考えてみる．水素と炭素の電気陰性度の差から，誘起効果によりメチル基全体で電子供与性を示す．さらに，メチル基がC^+（カチオン）に隣接したとき，別の寄与が働く．C^+はsp^2混成軌道を形成しており，sp^2混成軌道の面と垂直に，電子を含まない p 軌道が存在している（図 9.26）．C^+のsp^2混成軌道とメチル基のsp^3混成軌道はσ結合しているのであるが，これは自由に回転でき，メチル基の C–H 結合の 1 つがC^+の p 軌道と同一平面上に向くことができる．すると，軌道同士の重なり合いが起こり，C–H 結合に使われている共有電子対が，空の p 軌道に多少流れ込んでいくようにして電子の非局在化

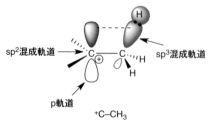

図 9.26 超共役によるカチオンの安定化

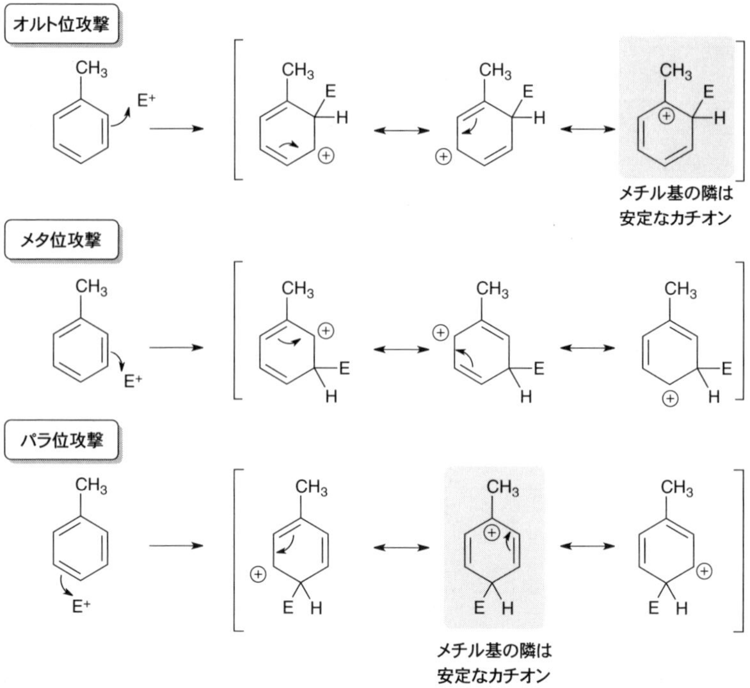

9.3 ベンゼン環の反応

図 9.27 トルエンの配向性

が可能となる．このような現象を超共役（hyperconjugation）といい，通常は不安定な化学種であるC^+の安定化に寄与することになる．メチルベンゼン（トルエン toluene）に対してE^+が反応するとき（図9.27），オルト位攻撃およびパラ位攻撃では，メチル基がC^+に隣接して安定化される共鳴寄与体カチオンがあり，ベンゼンより反応性が高くなるとともに，オルト・パラ配向性が優位となる．メチル基だけではなく，一般的なアルキル基も同様に，オルト・パラ配向性となる．

トリフルオロメチル基の場合は，フッ素の電気陰性度が大きいことによる，強い電子求引性の誘起効果が影響している（図9.28）．すなわち，E^+が置換した中間体において，オルト位攻撃およびパラ位攻撃された場合にC^+にトリフルオロメチル基が隣接する共鳴寄与体が書ける．電子が不足しているカチオンと，さらに電子を奪っていく性質のトリフルオロメチル基は極め

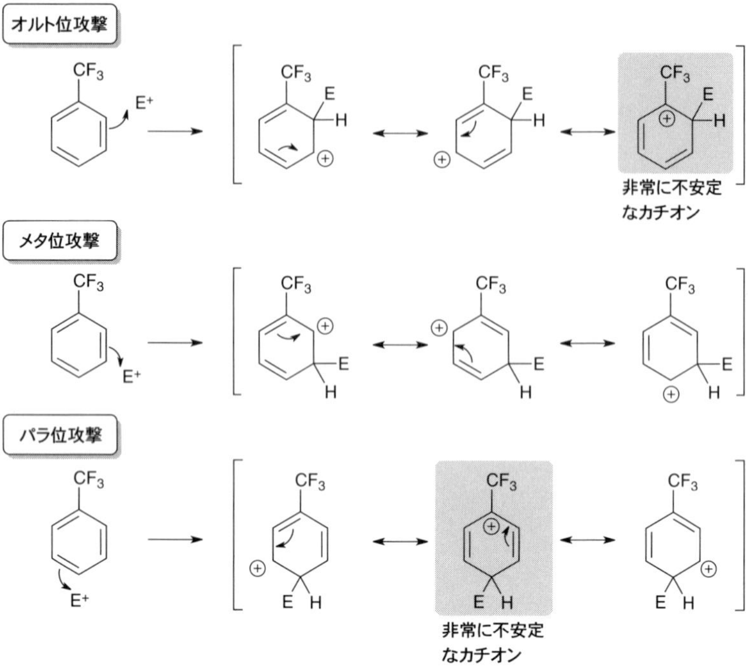

図 9.28 トリフルオロメチルベンゼンの配向性

て相性が悪く，不安定化を招く．つまり，オルト位攻撃およびパラ位攻撃された場合が不利であり，ベンゼンより反応性が低下するとともに，消極的にメタ配向性ということになる．

　考え方がちょっと厄介なのがハロゲンである．ハロゲンは誘起効果で考えると電子求引性をもつが，共鳴効果で考えると電子供与性であり，メトキシ基やヒドロキシ基と同様に考える必要がある．ただし，酸素や窒素に比べると誘起効果が大きいのが異なる点である．ここでも，E^+がオルト位攻撃，メタ位攻撃，パラ位攻撃した場合を考えると（図 9.29），オルト置換体とパラ置換体では，ハロゲンに隣接したC^+が存在する共鳴寄与体がかける．トリフルオロメチル基と同様，ハロゲンの強い誘起効果により，ハロゲンに隣接したC^+の共鳴寄与体は不安定な構造であることは間違いない．したがって，これは不利な寄与をする共鳴寄与体ということになる．一方，ハロゲンの共鳴効果により，全ての原子が8電子則を満たす安定な共鳴寄与体もでき

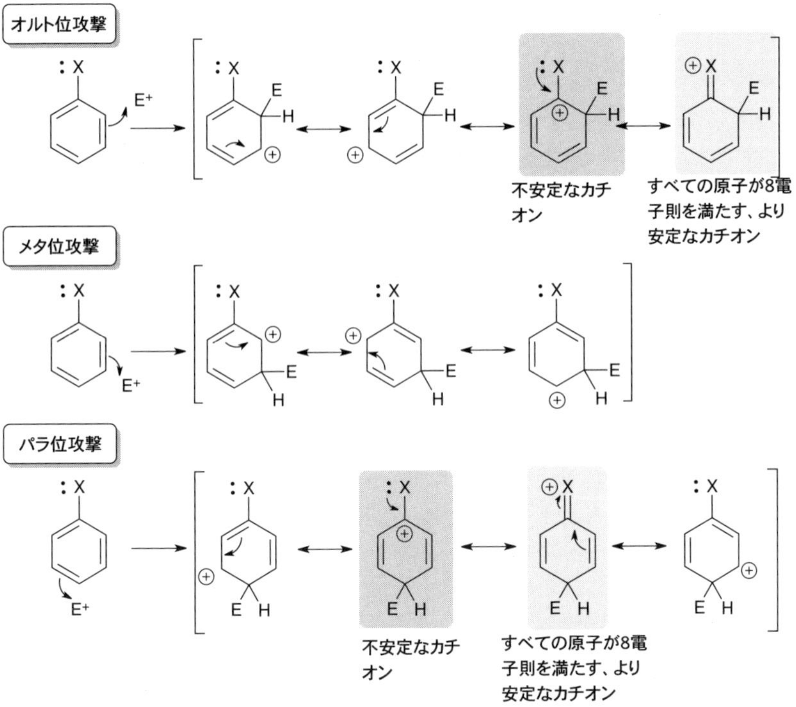

図 9.29 ハロゲン置換ベンゼンの配向性

ることになり，こちらは有利な寄与をする共鳴寄与体である．異なる作用の共鳴寄与体が存在することになるが，π軌道が関与する場合には，共鳴効果の方が大きく作用するので，結局ハロゲンは，オルト・パラ配向性となる．つまりハロゲンは，他のオルト・パラ配向性の置換基がベンゼン環の反応性を活性化するのとは異なり，例外的に不活性化する置換基であり，ハロゲン置換ベンゼンは，単なるベンゼン環と比べると反応性が低いという結果を導くのである．ハロゲンとして，共鳴効果も誘起効果も高い順でF＞Cl＞Br＞Iとなるが，共鳴効果の方が優先されるので，F置換体が最も高い反応性をもつ．

オルト・パラ配向性において，オルト位が2ヶ所あるにもかかわらず一般的にはオルト置換体とパラ置換体の生成の割合に大きな差はない．これは，元の置換体の立体的な影響により，なるべく相互作用のないパラ置換体が優

爆薬として用いられるニトロ化合物

フェノールを充分にニトロ化した場合，ニトロ基はすべてのオルト位・パラ位に置換し，2,4,6-トリニトロフェノールができるが，これは一般にピクリン酸（picric acid）と呼ばれる（図9.30a）．また，トルエンをニトロ化した場合には，2,4,6-トリニトロトルエン（trinitrotluene，略してTNT）が生成する（図9.30b）．この両化合物に共通するのは，極めて強力な爆薬であるということだ．特に，TNT火薬は軍事用に最も利用されてきた爆薬であり，様々な爆発などの破壊力を示すのに，TNTの質量に換算する方法がよく用いられている．ノーベル賞設立で有名なノーベル（スウェーデン Alfred Bernhard Nobel, 1833-1896）によって発明されたダイナマイトの原料はニトログリセリン（nitroglycerin）であり，まったく構造は異なっているが（図9.30c），ニトロ化合物であるという共通点がある．

(a) 2,4,6-トリニトロフェノール (b) 2,4,6-トリニトロトルエン (c) ニトログリセリン

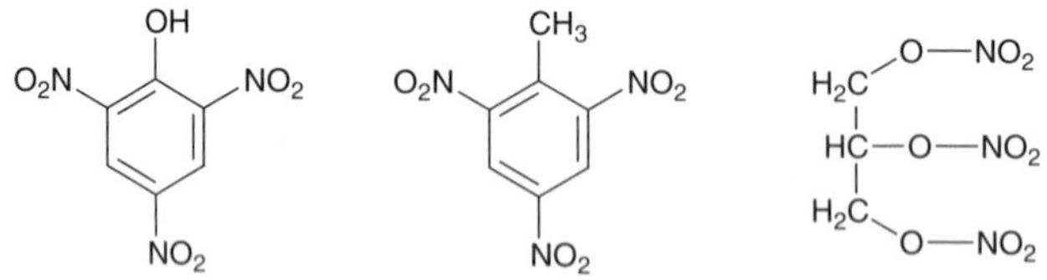

図9.30 様々なニトロ化合物

先されるからであるが，その効果は元の置換基や求電子剤によって若干異なる．アセトアミド（acetoamide）基 $NHCOCH_3$ のように比較的大きい置換基では，その立体的な影響によりパラ置換体が優先される．誘起効果として強い電子求引性をもつFやClでは，パラ置換体が多く生成するのに対して，電子供与性のメチル基では比較的オルト置換体も多くとれる傾向にある．

アルキル置換基はプラスやラジカルを安定化させる

　本文中で，アルキル置換基が隣接するカチオン C^+ を安定化させるという話をかいた．アルキル置換基の数が増えたらその安定性はどうなるだろうか．単純に考えて，アルキル置換基が増えるに従い，誘起効果および超共役の効果が増していくとしてよい．したがって，メチルカチオン＜第一級カチオン＜第二級カチオン＜第三級カチオンという順番で安定である．カチオンと同様な sp^2 混成軌道を形成している炭素ラジカル種の場合も，アルキル置換基の超共役の効果が働き，メチルラジカル＜第一級ラジカル＜第二級ラジカル＜第三級ラジカルという順番で安定である．

　それでは，完全に極性が逆で，sp^3 混成軌道を形成するマイナス炭素（アニオン）はどうであろうか．この場合，アルキル置換基の誘起効果は，電子過剰なところに更に電子を増やすような働きを示すことになり，アルキル基が多く置換していれば，いっそうの大きな効果となる．つまり，カチオンやラジカル種とは逆に，メチルアニオン＞第一級アニオン＞第二級アニオン＞第三級アニオンという順番で不安定になるのである．これらの安定性は，化合物の安定性や反応性の違いを予想したり比較したりする際に大変重要な事柄である．

人 名 反 応

　化学反応の中には，ちゃんとした名前をもっているものが多い．例えば，図 9.22 で示したベンゼン環のアルキル化・アシル化反応には特定の名前があり，フリーデル・クラフツ（Friedel-Crafts）反応とよばれている．どういう名前が付くかは，場合によって異なるが，慣例的に最も多いのが，反応を発見・開発した人の名前がそのまま反応名として定着したものであろう．これがいわゆる「人名反応（Name Reaction）」である．フリーデル・

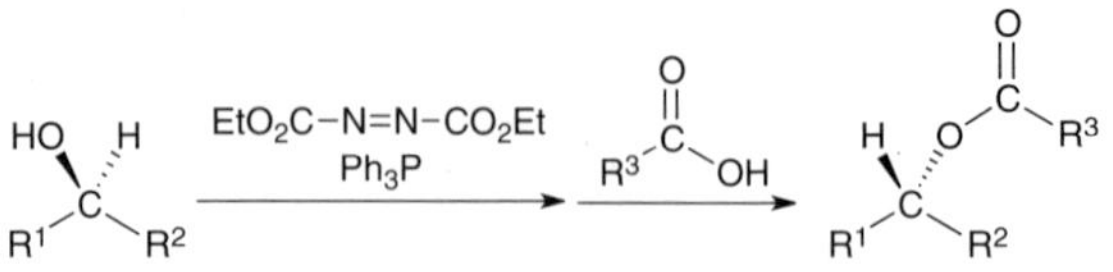

図9.31 人名反応の例（光延反応）

クラフツ反応は，1800年代後半のフリーデル（フランス Charles Friedel, 1832-1899）とクラフツ（アメリカ James Mason Crafts, 1839-1917）により開発されたもので，最も有名な人名反応の1つである．人名反応には，それだけで本ができてしまうほどたくさんの種類があり，ここですべてを紹介することはできないが，こればかりは反応と名前を覚えないことには両者は結びつかない．ただ有機化学の勉強をしていれば，重要なものほど繰り返し目にするので，自然に覚えてしまうことが多い．もちろん日本人の名前が付いている反応もたくさんある．古くから最も知られている反応の1つが，「光延反応（Mitsunobu Reaction）」であることに異論はないであろう（図9.31）．1981年の学術誌に発表された光延旺洋博士（1934-2003）らの研究によるもので，温和にヒドロキシ基をアシル（acyl）基に換えるだけではなく，第二級水酸基の立体化学を逆転させることができるという，きわめて画期的なものであった．実際には，かなり複雑な反応であるが，今でも様々な場面で用いられる反応である．また，パラジウム触媒を利用して，有機ホウ素化合物と有機ハロゲン化合物を穏和な条件下でクロスカップリング（違うものどうしを繋げる）する手法は，鈴木章博士（1930-）らによって開発されたもので，「鈴木・宮浦クロスカップリング（Suzuki-Miyaura Cross Coupling）」とよばれている（図9.32）．この反応によって芳香環どうしを簡単に繋げてビアリール化合物（biaryl compounds）を合成でき，液晶材料や医薬品の製造などに実用化されている．パラジウム触媒を用いた合成反応は非常に多く，かつ有益で，鈴木博士が，根岸英一博士（1935-）とヘック（アメリカ Richard Fred Heck, 1931-2015）とともに2010年ノーベル化学賞を受賞したのは比較的記憶に新しい．

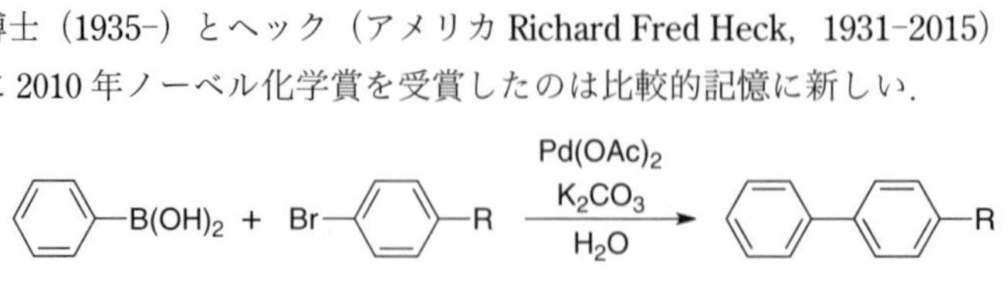

図9.32 人名反応の例（鈴木・宮浦クロスカップリング）

第 10 章　物質の状態と気体・溶液の化学

10.1　物質の状態

固体・液体・気体

1.3 節で，既に物質の三態（固体・液体・気体）については一度述べているが，本節で改めて詳細を述べることにする．

物質のそれぞれの状態は，温度や圧力によって変化し，純物質の状態変化は，圧力一定ならばある決まった温度で起こる．固体が融解して液体となる温度が融点（melting point）である．融解するのに吸収される熱量が融解熱（heat of fusion）とよばれる．液体が凝固して固体になる温度を凝固点（freezing point）といい，融点と同じであることは既に述べた．また，液体が固体になるときに放出される熱エネルギーは凝固熱（heat of crystallization）とよばれるが，これは融解熱と同じである．

一定温度においても液体分子は常に運動しており，なかには液体表面から外に飛び出すほど激しく運動する分子もいる．この現象が蒸発（evaporation）で，このとき吸収する熱量が蒸発熱（heat of evaporation，気化熱ともいう）である．水が蒸発する際に周囲から蒸発熱を奪うから，ひんやりする．これは，まき水のように昔から利用されるエコな涼気とりである．

密閉した容器に液体を入れて温度を一定に保ったと考えよう（図 10.1）．蒸発によって液体の量は減少するものの，ある程度で減少はおさまる．これは液体の蒸発がなくなったのではなく，蒸発する分子と凝縮（気体から液体への変化）する分子が等しく平衡状態になっているのである．これが気液平衡であ

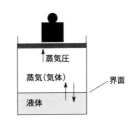

図 10.1　一定温度での密閉容器における蒸気圧

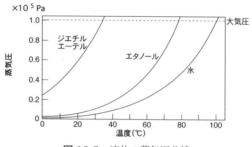

図 10.2　液体の蒸気圧曲線

り，このときの蒸気（気体）の圧力をその温度における飽和蒸気圧（saturated vapor pressure，単に蒸気圧ともいう）という．蒸気圧は液体の種類により異なり，一般に，液体の蒸気圧は温度上昇に伴い大きくなる．温度による蒸気圧の変化を示したのが蒸気圧曲線（vapor pressure curve）で，例えば図 10.2 のようになる．温度が上昇すると，分子の運動が激しくなり，蒸発する分子が増える．そして，液体の温度が上がり蒸気圧が大気の圧力（常圧 1.013×10^5 Pa＝1 atm＝760 mmHg）に達すると，沸騰（液体内部から激しく起こる蒸発，boiling）が起こる．このときの温度が沸点（boiling point）である．水の蒸気圧曲線が大気圧で約 100 ℃ であることがわかるであろう．先に示したように，液体の蒸気圧が大気圧未満の場合でも，常に蒸発は起こっており，常温で蒸発していくことを「揮発する（volatile）」といい，その性質を揮発性（volatility）という．特に蒸気圧が高い物質は，沸点より低い常温でも，表面からどんどん蒸発していく．このような物質は，「揮発性が高い」と表現する（例 ジエチルエーテル）．

ある温度・圧力における物質の状態を示す状態図

物質が温度や圧力によってどのような状態（固体・液体・気体）をとるかを示したのが，物質の状態図（phase diagram）である．例えば，二酸化炭素 CO_2 の場合，状態図は図 10.3a のようなものになる．常圧（1.01×10^5 Pa）において極めて低い温度では，CO_2 は固体（ドライアイス）である．常圧で温度が上昇して，-78.5 ℃ 以上になると気体に変化する．固体と気体の境界線を昇華圧曲線（sublimation curve）といい，CO_2 では，5.2×10^5 Pa 以下

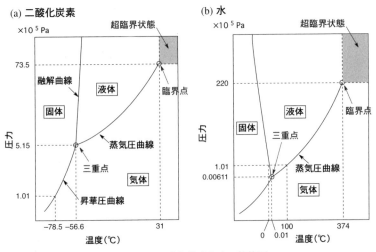

図 10.3　二酸化炭素と水の状態図

の圧力では液体にならずに昇華することを示している．すると $5.2×10^5$ Pa，−56.6 ℃は，固体・液体・気体の分岐点であり，昇華圧曲線・蒸気圧曲線・融解曲線（fusion curve）が交わるこの点を，三重点（triple point）という．図 10.3b は水 H_2O の場合であり，三重点は，$0.00611×10^5$ Pa，0.01 ℃となる．常圧を示す点線と融解曲線と交わる点が常圧における融点（0 ℃）であり，蒸気圧曲線と交わる点が常圧における沸点（100 ℃）であることがわかるであろう．先に示した水の蒸気圧曲線は，状態図におけるものと同じである．蒸気圧曲線の変化をみてやると，圧力が低ければ気体と液体の境目の温度（沸点）は低くなる．例えば 3,776 m の富士山頂は空気が薄く大気圧は $0.63×10^5$ Pa と小さい．つまり，ここでは水はわずか 87 ℃で沸騰してしまうのである．圧力による沸点の低下は，化学実験において液体を蒸留により除去する手法として用いられている．減圧状態下でエバポレーターという装置を用いると，液体の沸点以下で液体を除去することができ，非常に効率的である（図 1.13）．

液体でも気体でもない？……超臨界流体

状態図において，ある一定の温度・圧力を超えると（CO_2 の場合，

$73.5×10^5$ Pa, 31 ℃ ; H_2O の場合, $220×10^5$ Pa, 374 ℃), 物質は, 液体と気体の区別がつかない状態になる (図 10.3). この点を臨界点 (critical point) といい, これを越えた状態が, 超臨界流体 (supercritical fluid) である. 超臨界流体は, 液体の優れた溶解性と気体の拡散性を併せもっている. そして, 臨界点付近では, 圧力を変えるだけで物質の溶解度を変化させることができる. 二酸化炭素の超臨界流体の性質を利用して, コーヒーからカフェインだけを溶解・除去させることで, ノンカフェインコーヒーが作られたりしている. 激しい条件にさらされないので, もとのコーヒーには, ほとんど影響がないというのがミソだ. そのほかにも, 特定の物質だけ抽出する方法として応用例は多い. また, CO_2 超臨界流体は, 布や革に色を染める技術としても利用されている. 染色では, 色素である染料を布や皮の内部に均一に拡散・吸着させる必要があり, 従来は多量の水を必要とした. 水に代わって CO_2 超臨界流体を用いると, 染色が容易になり, なにより廃液が出ない. なぜならば, 常圧に戻せば CO_2 はガスになってしまうからであり, 環境面でのメリットが大きい.

10.2 気体の物理化学

気体の状態方程式

気体がある容器の中に入っているとする (図 10.4). この容器の上部はフタになっており, 上下できる. 今, フタの上におもり 1 個分をのせると, 気体の体積が V となり, この時の気体の圧力は P だとする. フタの上にさら

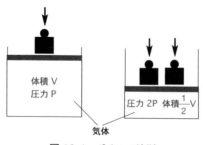

図 10.4 ボイルの法則

におもりを載せることで気体の体積を縮めると，単位体積当たりの気体の分子数が多くなり，容器の壁に当たる分子の数も多くなる．これは，気体の圧力の増加を意味している．ボイルは，温度が一定のとき，気体の体積は圧力に反比例することを発見した．これがボイルの法則（Boyle's law）であり，次式が成立する．

$$PV = 一定 \qquad (式 10\text{-}1)$$

　身近にも，ボイルの法則を実感することがある．密閉した袋に入ったお菓子を持参して飛行機に搭乗したとき，高所で袋がパンパンになっていて驚くことがある．これは，低い圧力の高所では，もともと袋に入っていた気体の体積が増加したからに外ならない．

　一方，シャルル（フランス Jacques Alexandre César Charles, 1746-1823）およびゲイリュサックは圧力が一定のとき，気体の体積は絶対温度に比例することを発見した．

$$\frac{V}{T} = 一定 \qquad (式 10\text{-}2)$$

　つまり，温度が上がると，分子運動エネルギーが大きくなり，容器の壁に当たる分子数が増える．圧力が一定ならば，その分ピストンを押し上げて，体積を大きくするしかないのである（図10.5）．これが，シャルルの法則（Charles' law）である．絶対温度ケルビン（kelvin，記号 K）とセルシウ

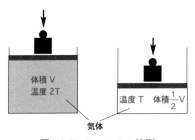

図 10.5　シャルルの法則

ス温度 (degree Celsius, 摂氏, 記号 ℃) の関係は, 次式のようになる[*10-1].

$$T(\mathrm{K}) = t(\mathrm{℃}) + 273.15 \qquad (式10\text{-}3)$$

ボイルの法則とシャルルの法則を組み合わせると,「圧力・温度がともに変化するとき, 一定量の気体の体積 V は, 圧力 P に反比例し, 絶対温度 T に比例する」といえる. これがボイル・シャルルの法則 (combined gas law) である (式10-4).

$$\frac{PV}{T} = 一定 \qquad (式10\text{-}4)$$

ここで, 1 mol のある気体を体積 v・圧力 p としたとき, ボイル・シャルルの法則による式 10-4 に, 定数 R をおいたとき, 式 10-5 に変換される.

$$\frac{pv}{T} = R \qquad (式10\text{-}5)$$

アボガドロの法則によれば,「同温・同圧では同体積中に同数の分子を含む」ので, n mol のときの体積 V は, 1 mol のときの体積 v から, $V = nv$ で表される. よって, これらから次式が成り立つことになる.

$$pV = nRT \qquad (式10\text{-}6)$$

実在の気体では, 気体分子自身の体積がゼロでなかったり, 分子間力が働いたりするので, 厳密には式 10-6 には当てはまらない. 式 10-6 に完全に従う仮想の気体が理想気体 (ideal gas) であり, 圧力・体積・温度・物質量の一般的な関係式を理想気体の状態方程式 (equation of state of an ideal gas) という. 定数 R は, 気体の種類によらず, 温度・圧力などにも影響を受けないもので, 気体定数 (gas constant) という. 標準状態 (0 ℃, 1.013×10^5 Pa) における 1 mol の気体の体積は 22.4 L なので, R は次式で計算される.

[*10-1] アメリカやイギリスでよく使われているのが, ファーレンハイト温度 (degree Fahrenheit, 華氏, 記号℉) で, 水の融点を 32 ℉, 沸点を 212 ℉ としてこれを 180 等分する目盛がもうけられる. $t(℉) = (9/5) \times t(℃) + 32$ である. この表示だと, 常温 (25 ℃) が 77 ℉ ということになり, 全く感覚がつかめない！ レイ・ブラッドベリの有名な SF 小説「華氏 451 度」は, 紙が燃え始める温度の 233 ℃ を意味している.

$$R = \frac{pV}{nT} = (1.013 \times 10^5) \times \frac{22.4}{273.15} \fallingdotseq 8.31 \times 10^3 (\text{Pa L K}^{-1} \text{mol}^{-1}) \quad (\text{式 10-7})$$

1 L=1×10^{-3} m^3, 1 Pa=1 N (m^2)$^{-1}$ なので，R=8.31 N m K^{-1} mol^{-1} となる．単位 N m は熱量ジュール J と同じであり，R=8.31 J K^{-1} mol^{-1} ともかける．一方，気体の圧力単位を atm，体積単位を L すると，R=0.0821 atm L K^{-1} mol^{-1} になるので注意したい．実在の気体でも，低圧・高温のときにはこの方程式に従うようになる．また，気体の質量を m g，分子量を M g mol^{-1} とした場合，式 10-8 となり，気体の物理的な測定結果から分子量を求めることができる．

$$pV = \frac{m}{M} RT \quad (\text{式 10-8})$$

混合気体の場合

体積 V の容器中にある気体が，いくつかの種類の気体の混合物であったとしよう（図 10.6）．このとき，各々の気体が単独でいた場合に示すであろう圧力を，気体の分圧（partial pressure）といい，混合されている気体の圧力を全圧（total pressure）という．気体 A が単独であった場合の分圧 p_A，物質量 n_A，気体 B が単独であった場合の分圧 p_B，物質量 n_B とする．もし気体 A と気体 B が混ざっていたとき，物質量が $n=n_A+n_B$ になるのと同様に，混合気体の全圧は式 10-9 となり，各気体の分圧の和になる．

$$p = p_A + p_B \quad (\text{式 10-9})$$

そして，混合状態における各々の気体の分圧は，モル分率と全圧の積であり，それぞれ次式で示される．

$$p_A = \frac{n_A}{n_A + n_B} p \quad (\text{式 10-10})$$

$$p_B = \frac{n_B}{n_A + n_B} p \quad (\text{式 10-11})$$

これが，ドルトンの分圧の法則（Dalton's law of partial pressure）である．気体 A だけの状態として式 10-12, 気体 B だけの状態として式 10-13，そして，

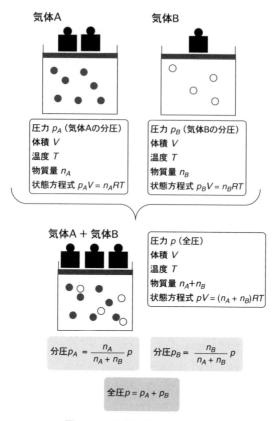

図 10.6　混合気体の分圧の法則

混合状態では式 10-14 といった状態方程式がそれぞれ成立する．

$$p_A V = n_A RT \quad (式\ 10\text{-}12)$$

$$p_B V = n_B RT \quad (式\ 10\text{-}13)$$

$$pV = (n_A + n_B)RT \quad (式\ 10\text{-}14)$$

更に複数の気体の混合物においても同じことが言える．混合気体の場合の分子量は，各気体の分子量にモル分率を掛け合わせた平均分子量を用いることになる．空気を窒素80%，酸素20%の混合気体とした場合，$28.0 \times 0.8 +$

32.0×0.2＝28.8 となり，空気は平均分子量 28.8 の気体として扱えることになる．

気体分子運動論から状態方程式を導く

これまで示したように，理想気体の状態方程式は，様々な測定結果から導かれたものである．ここで，気体は気体分子の集まりであり，一種の粒子である気体分子が一定の容器の中を運動していると考えてみよう．運動力学的な理論から，同じ方程式が導き出せるのである！

気体分子の運動を理論的に扱う上で，次のような決めごとをしておく．

1) 分子の体積は無視できるほど小さい．

2) 分子は絶えず無秩序な方向に直線運動をしており，壁に当たったときには速度の向きが変わるのみで，エネルギー変化はない（完全弾性衝突）．分子相互の衝突があっても，エネルギーは失われない．

ある質量 m の気体分子が，x 軸方向の長さ l_x，y 軸方向の長さ l_y，z 軸方向の長さ l_z の容器（体積 $V = l_x \times l_y \times l_z$）の中に N 個入っているとする（図10.7）．話を簡単にするために，まず x 軸方向だけの 1 次元での分子の動きを考えてみる．

x 軸方向の壁の長さが l_x なので，速度 u_x の分子が x 軸方向の壁に衝突する回数は，毎秒 u_x/l_x である．一つの気体分子が壁に向かって衝突するとき，分子の運動エネルギー E は $E = (1/2)mu_x^2$ となり，これは衝突によって変化しない．一方，運動量は mu_x で表されるが，衝突する前と後で方向が変わるので，運動量変化は $mu_x-(-mu_x) = 2mu_x$ となる．この分子が起こしている 1 秒間当たりの運動量変化は，式 10-15 で示される．

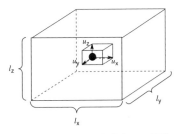

図10.7 容器中の気体分子の運動

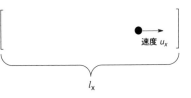

図10.8 x 軸方向の分子の運動

$$2mu_x \times \frac{u_x}{l_x} = \frac{2mu_x^2}{l_x} \quad \text{(式 10-15)}$$

この毎秒当たりの運動量変化は，1つの分子が x 軸方向の両側の壁に及ぼす力を意味するので，片方の壁に限って言えば，半分の力 mu_x^2/l_x がかかることになる．この力を単位面積当たりに加わる力＝圧力で考えてみる．分子があたる壁の面積は $l_y \times l_z$ なので，壁にかかる圧力 p_{yz} は次式となる．

$$p_{yz} = \frac{mu_x^2}{l_x} \div (l_y \times l_z) = \frac{mu_x^2}{V} \quad \text{(式 10-16)}$$

N 個の分子がいた場合，それぞれの速度は異なるので，平均的速度として $\bar{u}_x$ を考えると，N 個の分子による壁にかかる圧力は式 10-17 である．

$$p_{yz} = N\frac{m\bar{u}_x^2}{V} \quad \text{(式 10-17)}$$

今までは1次元で考えてきたが，実際には3次元方向の運動を考慮しなければならない．分子の速度の自乗は，各速度成分の自乗の和になる．

$$\bar{u}^2 = \bar{u}_x^2 + \bar{u}_y^2 + \bar{u}_z^2 \quad \text{(式 10-18)}$$

統計的には，特定の方向だけ速度が異なるということはありえないので，次式が成り立つ．

$$\bar{u}_x^2 = \bar{u}_y^2 = \bar{u}_z^2 = \frac{\bar{u}^2}{3} \quad \text{(式 10-19)}$$

式 10-17 は3次元方向すべてで成り立つので，これに式 10-19 を代入する．

$$pV = \frac{1}{3}Nm\bar{u}^2 \quad \text{(式 10-20)}$$

アボガドロ定数を N_A としたとき，N 個の分子の物質量は $N/N_A = n$ mol なので，これを式 10-20 に代入する．

$$pV = \frac{1}{3}Nm\bar{u}^2 = \frac{2}{3}nN_A\left(\frac{1}{2}m\bar{u}^2\right) \quad \text{(式 10-21)}$$

$(1/2)m\bar{u}^2$ は，気体1分子の平均運動エネルギーなので，圧力は分子の運動エネルギーに比例することがわかる．理想気体では，分子の平均運動エネルギーは絶対温度 T に比例する．

$$\frac{1}{2}m\bar{u}^2 = kT \quad (k\text{ は定数}) \qquad (式10\text{-}22)$$

式 10-22 を式 10-21 に代入すると，式 10-23 とすることができる．

$$pV = \frac{2}{3}nN_A kT = n\frac{2}{3}N_A kT \qquad (式10\text{-}23)$$

ここで，$(2/3)N_A k = R$ とすると，$pV = nRT$ となり，理想気体の状態方程式が導かれることになる．すなわち，気体の性質は，気体分子の運動の結果に外ならないのである．

理想気体と実在気体の違いは？

これまで，理想気体について考えてきたが，実在気体（real gas）は状態方程式 $pV = nRT$ には厳密には従わない．例えば，低圧の場合には比較的理想気体に近いが，圧力が高くなるほど，理想気体からずれていく（図 10.9）．理想気体では無視しているが，実在気体分子は固有の体積をもっており，分子が運動できる空間は，その分，容器よりも少し小さい．また，実在気体分子どうしでは分子間力が働いており，分子が容器の壁に及ぼす圧力はわずかに小さくなっている．これらの要因により，条件によって実在気体は理想気体の挙動からずれるのである．そこで，これらの事柄について補正をかけることで，実在気体の挙動を式で示すことができるようになる．

まず，分子の体積について考えてみよう．1 mol の分子が占める体積を

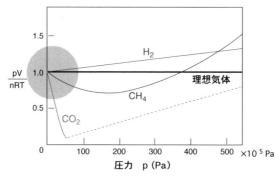

図 10.9 圧力による理想気体からのずれ
0 ℃のときの変化．定圧ほど理想気体に近づく

b L であるとすると，n mol あれば体積は nb L になる．つまり，実際に分子が動ける体積は，容器の体積 V から nb を引いた値となり，$(V-nb)$ L となる．したがって，圧力 p は，次式で表される．

$$p = \frac{nRT}{V-nb} \qquad (式 10\text{-}24)$$

一方，分子間力は，近くに分子が多いほど大きくなるので，分子の濃度，すなわち単位体積中の分子数 nN_A/V に比例することになる．壁から離れている分子については，あまり関係がないが，壁近くにいる分子は分子間力により内部に引っ張られ，壁への圧力は低下する．壁への圧力の低下は壁付近に存在する分子数，すなわち濃度 nN_A/V に比例すると考えられる．結局，圧力の減少量は $(nN_A/V) \times (nN_A/V) = (nN_A/V)^2$ に比例することになる．N_A も含めてあらためて比例定数を a とおくと，(an^2/V^2) がこれにあたる．実在分子ではこの分だけ圧力の減少が起こることになるので，圧力 p は式 10-25 で示される．

$$p = \frac{nRT}{V-nb} - \frac{an^2}{V^2} \qquad (式 10\text{-}25)$$

式 10-25 を変形すると，次式となる．

$$\left(p + \frac{an^2}{V^2}\right)(V-nb) = nRT \qquad (式 10\text{-}26)$$

ファンデルワールスによって提案された，補正によって得られる式 10-26 を，ファンデルワールスの状態方程式（van der Waals equation）という．また，分子間力に相当する (an^2/V^2) をファンデルワールス力という．これは，5.3 節で述べたファンデルワールス力，そのものを意味している．

第 11 章　反応速度と活性化エネルギー

11.1　化学反応速度論

化学反応式の量的関係

　化学反応においては，原子の結合が切れたりつながったりはするが，反応の前後で原子が無くなったり増えたりはしない．例えば，水素 H_2 と酸素 O_2 の反応を考えてみよう．

$$2H_2 + O_2 \rightarrow 2H_2O \qquad (式\ 11\text{-}1)$$

　H_2 や H_2O の前についている数字「2」は係数であり，水素分子および水分子が2つあることを示している．O_2 の前には係数がついていないが，「1」の場合は表記しないことになっている．一般に化学反応式では，反応材料となっている「出発物質（原料，反応物）」（H_2 と O_2）を矢印の左側に書き，反応の結果できたもの「生成物」（H_2O）を右側に書くことになっている．反応に用いる試薬や触媒を矢印の上，溶媒を矢印の下に書くことがある．式 11-1 では，原料である水素分子 H_2 2個（水素原子 H 4個）と酸素分子 O_2 1個（酸素原子 O 2個）が再構成され，水素原子2個と酸素原子1個とからなる水分子 H_2O が2個できたことになる．反応前後で水素原子と酸素原子の数は一致しているので，化学反応式のバランスはとれている．つまり，化学反応式の係数がわからない場合には，左右でバランスがとれるように係数を決めてやればよいのである．

　エタン C_2H_6 が完全燃焼して，二酸化炭素 CO_2 と水 H_2O に変換されるときの化学反応式は，式 11-2 で示される．

$$xC_2H_6 + yO_2 \rightarrow zCO_2 + wH_2O \qquad (式\ 11\text{-}2)$$

化学反応式を完成させるには，まず，どこか1つの係数の数値を1にして考えるのがよい．$x=1$ と考えると，左辺の炭素原子は2個となる．つまり，右辺においても炭素原子は2個分になるように係数をおく必要がある．右辺の炭素原子は CO_2 にしか含まれていないので，$z=2$ となる．一方，$x=1$ から左辺の水素原子は6個になり，右辺の H_2O からできる水素原子は同じ6個のはずなので，$w=3$ となる．これら $z=2, w=3$ より，右辺の酸素原子の数は，CO_2 に含まれる4個と H_2O に含まれる3個を足した7個と決まる．左辺の酸素原子の数をこれと一致させるためには，係数 $y=7/2$ とするしかない．普通係数は正の整数にするので，すべての係数に2をかけてやるとよい．すなわち，式11-3となり，バランスのとれた化学反応式がかけた．

$$2C_2H_6 + 7O_2 \rightarrow 4CO_2 + 6H_2O \qquad (式11\text{-}3)$$

これら係数の意味するところは，単純に原子・分子の数と考えても良いが，我々はすでに物質量（モルの概念）を学んでいる．つまり，化学反応式における係数は，反応する際の原料・生成物の物質量の相対比を表していると考えればよいのである．先の例で考えれば，2 mol のエタン分子に対して 7 mol の酸素分子が反応し，二酸化炭素 4 mol と水 6 mol が生成することになるが，もし反応物のエタンが 4 mol であれば，水は倍の 12 mol 生成すると考えればよいのである．このように，出発物質と生成物の定量的な関係を考えることを「化学量論（stoichiometry）」という．

ある反応において出発物質の量が決まると，完全に反応が完結した場合に理論的に生成するであろう生成物の量「理論収量（theoretical yield）」が決まることになる．しかし，実際の反応は可逆的な場合もあり，反応が完結するとは限らず，また，様々な実験的な要因，反応の副生成物の影響などが重なり，必ずしも理論収量に達するとは限らない．むしろ，そうでない方が普通である．この時，得られた生成物の収量と理論収量の割合の百分率が収率（yield）である．

$$収率(\%) = \frac{実際の収量}{理論収量} \times 100 \qquad (式11\text{-}4)$$

収率は，出発物質の物質量と反応生成物の物質量の割合の百分率からも直

接計算できる．

$$収率(\%) = \frac{反応生成物の物質量}{出発物質の物質量} \times 100 \qquad (式11\text{-}5)$$

　もちろん収率が100％であることが理想であり，収率が100％に近くなるように，化学者は様々な工夫をこらして日夜研究を続けているのである．

化学における「速度」の意味

　我々が日常生活で，「速度」というと，単位時間当たり進んだ距離，を意味することがほとんどであろう．しかし，化学の世界で「速度」といえば，化学反応の速度を意味する．化学反応は，ある物質が分解したり他の物質と結合したりするもので，それが単位時間当たりどれだけ進むか，ということである．これが，「反応速度（reaction rate）」である．

　それでは，反応速度はどうやって表現されれば良いのだろうか．例えば，ある反応によって物質Aが物質Bに変わるとする（A→B）．このとき，時間とともにA分子は減少し，B分子は増加することになる（図11.1）．つまり，ある時間変化 Δt におけるA分子数の減少およびB分子の増加が反応速度を意味することになり，Aの減少量とBの増加量は等しい．単位体積当たりの分子数を議論する場合には，より現実的な数値となる物質量（mol）を取り扱う方が容易なので，単位体積当たりの物質量変化，すなわちモル濃度変化を考えると都合がよい．したがって，反応速度 v は式11-6で表される．

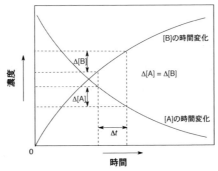

図11.1　反応物［A］と生成物［B］の反応 A→B における時間変化

$$v = -\frac{\Delta[A]}{\Delta t} = \frac{\Delta[B]}{\Delta t} \qquad (\text{式 11-6})$$

このとき，[A] および [B] は，それぞれ A 分子，B 分子のモル濃度（mol L^{-1}, M, 12.1 を参照）であり，Δ[A] およびΔ[B] は単位時間当たりのモル濃度変化量である．$\Delta t \to 0$ であるとき，反応速度は次式となる．

$$v = -\frac{d[A]}{dt} = \frac{d[B]}{dt} \qquad (\text{式 11-7})$$

ちょっと複雑な具体例として，メタン CH_4 を酸素 O_2 によって燃焼させて，水 H_2O と二酸化炭素 CO_2 にする反応を考えてみる．

$$CH_4 + 2O_2 \to CO_2 + 2H_2O \qquad (\text{式 11-8})$$

このとき，1 mol のメタンが消失する際には，同時に 2 mol の酸素が消費されることになり，1 mol の二酸化炭素と 2 mol の水が生成する．つまり，反応速度 v は，次式で表される．

$$-\frac{\Delta[CH_4]}{\Delta t} = -\frac{1}{2}\frac{\Delta[O_2]}{\Delta t} = +\frac{\Delta[CO_2]}{\Delta t} = +\frac{1}{2}\frac{\Delta[H_2O]}{\Delta t} \qquad (\text{式 11-9})$$

一般式として，$aA+bB \to cC+dD$ が成り立つとき，反応速度 v は式 11-10 となる．

$$v = -\frac{1}{a}\frac{\Delta[A]}{\Delta t} = -\frac{1}{b}\frac{\Delta[B]}{\Delta t} = +\frac{1}{c}\frac{\Delta[C]}{\Delta t} = +\frac{1}{d}\frac{\Delta[D]}{\Delta t} \qquad (\text{式 11-10})$$

反応の活性化エネルギー

メタンは，燃料用のガスとして利用されており，都市ガスの主成分となっている．メタンの燃焼を日常的にガスコンロとして使用している人も多いと思う．しかし，常温常圧でメタンガスと酸素を混ぜるだけで，自然に燃える（反応が進む）というわけではない．この反応の変化の過程を図 11.2 に示した[*11-1]．物質系が内含する全エネルギーをポテンシャルエネルギー（potential energy）という．横軸に反応の進行を示す反応座標（reaction coordinate），

[*11-1] 実際の反応では，複数の結合の切断や再結合が起こっているので，より複雑であり，単純な山にはならない．ここに示したのは，あくまでモデルである．

縦軸にポテンシャルエネルギーを配するこのような図が，ポテンシャルエネルギー図（potential energy diagram）である．出発物質である CH_4 と O_2 が反応するには，元の結合が切断されると同時に，新しい結合が部分的にできている状態をつくらなければならず，そのためには，それなりのエネルギーが必要である．反応の進行は山登りに例えられる．出発物質から生成物に至るためには，反応の途中の段階で，最もエネルギー的に高くて不安定な山の頂点を越えなければならない．山の頂点のことを遷移状態（transition state, TS と略す．活性化状態ともいう）という．図 11.2 の中の $[CH_4 \cdots O_2]^‡$ は，遷移状態を意味している．記号 ‡（ダブルダガー）は，遷移状態を示すものである．反応の山を登るには，出発物質のエネルギーを遷移状態のエネルギーまで持ち上げなければならない．このエネルギー差を活性化エネルギー（activation energy）といい，E_a で略される．活性化エネルギー E_a とは，反応を進行させるために必要最低限のエネルギー量を意味しているのである．

活性化エネルギーの大きさは，反応の速度にも関係している．活性化エネルギーが大きいということは，それだけ山を越えるのが大変であり，反応が遅いということになる．逆に，活性化エネルギーが小さい反応の反応速度は速い．遷移状態に達した物質は，今度は山を下ってエネルギーを放出しながら生成物に向かうことになる．ここでは，生成物のエネルギー（CO_2, H_2O すべての結合エネルギーの総和）は，出発物質のエネルギー（CH_4, O_2 すべての結合エネルギーの総和）よりも低い状態にある．この差がエンタルピー変化（enthalpy change）ΔH° で，一定の圧力の元で物質 1 mol 当たりの放出熱量を示している．この反応の場合，$\Delta H^\circ = -891$ kJ mol^{-1}（-213 kcal mol^{-1}）と大きな負の値を持ち，発熱反応（exothermic reaction）であることを意味する．1 cal は水 1 g の温度を 1 K 上げるのに必要な

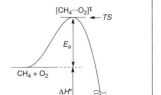

図 11.2　メタンの燃焼におけるポテンシャルエネルギー図（発熱反応）

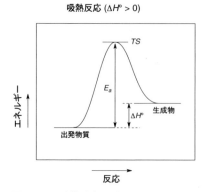

図 11.3 吸熱反応のポテンシャルエネルギー図

熱量であり，213 kcal とは 25℃の水 2.84 kg を 100℃に変えられるくらいの熱量を意味するので，いかに大きいかがわかると思う．メタンが燃料として用いられるのは，CH_4，O_2 に比べて，CO_2，H_2O が圧倒的に安定であり，燃焼によって大きなエネルギーが放出されるからなのである．一方，図 11.3 のように，生成物のエネルギーの方が出発物質のエネルギーよりも高いときには，ΔH^o は正の値になる．これは，先の例とは逆に，吸熱反応（endothermic reaction）であることを意味している．

反応速度を式で示すとどうなる？

実際には，反応速度は様々なものの影響によって変化する．温度の違いは，反応速度に大きく影響するし，反応させる容器や撹拌効率なども影響してくる．ここでは，それらの影響は考慮せず，単純に物質の濃度についてのみ考えてみよう．物質Aと物質Bが反応することで，物質Cと物質Dができるという反応を考えてみる（A+B→C+D）．

物質Aと物質Bが直接作用して反応が進むと考えると，それぞれの分子が自由に動き回っているとき，物質Aと物質Bの接触確率が高ければ，反応が速いと考えるのは容易であろう．接触確率は単位体積当たりの分子数が多いほど高まるので，結局，物質Aと物質Bのどちらの濃度が高くても，反応速度が高まることになる．反応開始時の物質A，物質Bそれぞれの濃度を [A] および [B] とすると，反応速度 v は，[A] と [B] の積に比例することになる[*11-2]．式 11-7 を応用することで，式 11-11 が導かれる．

$$v = -\frac{d[A]}{dt} = -\frac{d[B]}{dt} = k[A][B] \qquad (式 11\text{-}11)$$

[*11-2] 一般的な化学反応は，反応開始時の初速度が最も速く，だんだんと遅くなり，ある程度で頭打ちとなる．ここでいう反応速度とは，初速度のことを指す．

これが反応速度式（rate equation）である．なお，k は反応によって異なる比例定数で，速度定数（rate constant）とよばれる．後述するが，k は濃度以外で反応速度に影響を与える因子だと考えよう．$aA+bB \rightarrow cC+dD$ で示される一般的な反応の場合，反応速度 v は次式となる．

$$v = k[A]^x[B]^y \quad (式 11\text{-}12)$$

このとき x や y の値は，反応式の係数 a や b とは無関係であり，あくまで実験の結果で求められるものだ．実際の反応は複数の原子間結合が切れたりつながったりを繰り返す複雑な過程だからである．x や y の値は，反応がどのような経路で進行するかによって独自に決まる．同じ生成物を与える場合でも，反応速度を示す式が異なる例を次の項で示すことにする．また，あくまで反応速度は出発物質 A や B の濃度によって決まるものであり，生成物 C や D の濃度を考える必要はない．

二次反応の具体例

反応の具体例として，ハロアルカンに対する求核置換反応（nucleophilic substitution）を挙げる．不斉炭素原子を有する化合物 2-ヨードブタン

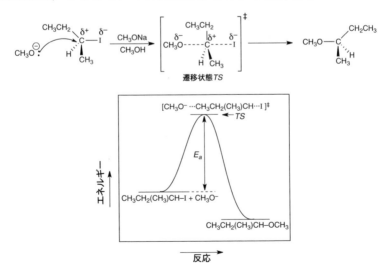

図 11.4 二分子求核置換反応の反応機構とポテンシャルエネルギー図

CH$_3$CH$_2$(CH$_3$)CH–I（2-iodobutane）に対して，メタノール中ナトリウムメトキシド CH$_3$O$^-$Na$^+$（sodium methoxide）を作用させる．化学反応は，マイナス性のもの（電子対）がプラス性のものを攻撃するのがほとんどで，この場合も同じである（図 11.4）．まず，負電荷を持っているメトキシドイオン CH$_3$O$^-$ がマイナス性のものであるのは明らかだ．これがプラス（核）を攻撃するので，この試薬を求核剤（nucleophile）という．メタノール CH$_3$OH も，酸素原子に非共有電子対が余っており，求核剤となりうる．しかし，メタノールは中性で安定であり，より電子密度が高くて不安定なメトキシドイオンより求核性が低いので，ここでは求核剤として考える必要はない．一方，2-ヨードブタンの C–I 結合において，ヨウ素の電気陰性度が炭素よりも大きいためヨウ素の方に電子密度が偏っており，炭素が δ$^+$，ヨウ素が δ$^-$ に分極している．もともと C–I 結合距離は長いこともあり，C–I 結合はかなり切れやすい結合である．電子過剰な求核剤メトキシドイオンは強くプラス（核）を求めており，部分電荷ではあるもののプラス性の炭素原子核を攻撃する能力を充分有していることになる．化合物の C–I 結合を切断しつつ δ$^+$ 炭素を攻撃するのに最も適した方向は，C–I 結合軸を伸ばした背面側からである．ここは，炭素の置換基の立体的な邪魔がない方向でもある．すると，炭素を中心にして，I と CH$_3$O とが，結合が切れるか切れないかの綱引きを行う遷移状態 [I$\cdots$CH$_3$CH$_2$(CH$_3$)CH$\cdots$OCH$_3$]‡ となり，最終的にはヨウ素が CH$_3$O に置き換わった化合物 CH$_3$CH$_2$(CH$_3$)CH–OCH$_3$ が生成する．このように，求核剤によって置換基が置き換わる反応を，求核置換反応という．単純に反応式を記すと，次式となる．

$$CH_3CH_2(CH_3)CH\text{–}I + CH_3O^- \rightarrow [I\cdots CH_3CH_2(CH_3)CH\cdots OCH_3]^\ddagger$$

$$\rightarrow CH_3CH_2(CH_3)CH\text{–}OCH_3 \quad (\text{式 11-13})$$

反応速度はハロアルカンとメトキシドイオンが衝突する回数に比例することになり，反応速度 v は次の様に表すことができる．

$$v = k[CH_3CH_2(CH_3)CH\text{–}I][CH_3O^-] \quad (\text{式 11-14})$$

このとき，各物質の濃度に付されている指数の総和を反応次数（reaction order）という．この例では，1+1=2なので，二次反応（second-order reaction）である．そのため，二分子求核置換反応（bimolecular nucleophilic reaction）であるといい，S_N2反応（Sはsubstitution，Nはnucleophilic，2は二次反応を意味する）と略される．このS_N2反応では，反応途中でワルデン反転（Walden inversion）とよばれる立体化学の反転が起こっており，原料と生成物が鏡像の関係になるのが特徴である（図11.4）．S_N2反応による反転は，ワルデン（ラトビア生まれ・ドイツ Paul Walden, 1863-1957）により発見されている．

一次反応の具体例

次に，同じ2-ヨードブタンとメタノールの反応を考えてみる（図11.5）．この場合，メタノールしか求核剤となりうるものが存在しないので，メタノールが求核剤ということになるが，もともと安定な物質であるメタノールの反応性は極めて低い．したがって，メトキシドイオンのように$δ^+$の炭素核を直接攻撃することができない．それではどうするかというと，2-ヨードブタンのC–I結合が自然に切断され[*11-3]，カチオンC^+になるのをじっと待つことになる．この分解反応は極めて遅い．電子密度が低いC^+はsp^2炭素なので，3つの置換基すべてが同一平面上に存在することになる．これが第一段階の反応である（式11-15）．

第一段階　$CH_3CH_2(CH_3)CH-I \rightarrow CH_3CH_2(CH_3)C^+H + I^-$

(式11-15)

反応のポテンシャルエネルギー図を図11.6に示す．大きな山TS_1を越えた後にできる$[CH_3CH_2(CH_3)C^+H+I^-]$は，取り出せるほど安定ではないものの，いったんできた生成物である．これらのような遷移状態の山と山の谷間の物質を中間体（intermediate）という．物質によっては，中間体を取り出すことが可能な場合もある．

中間体1に対して，メタノールが求核剤として攻撃し，IがCH_3Oに置き

[*11-3] 自然に起こる反応を自発的反応（spontaneous reaction）という．

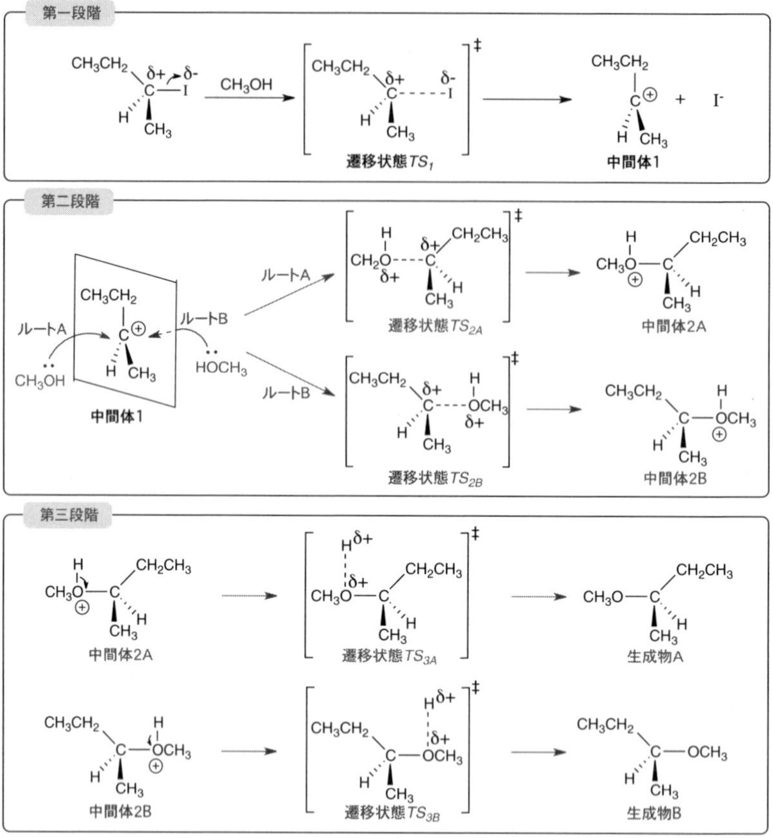

図 11.5 一分子求核置換反応の反応機構

換わった化合物が生成する．この場合は，sp^2 平面のどちら側からもメタノールの攻撃が起こりうるので（ルート A およびルート B），生成物は両エナンチオマーの 1：1 混合物（ラセミ体 racemic compound）となるのが特徴である．2 つ目の遷移状態 TS_2 を経たものが，第二段階の反応である．

第二段階　$CH_3CH_2(CH_3)CH^+ + CH_3OH \rightarrow CH_3CH_2(CH_3)CH-O^+(CH_3)H$

(式 11-16)

酸素原子についている水素原子が H^+ として簡単にはずれ，最終生成物ができるのが第三段階の反応である．

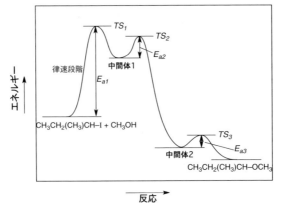

図 11.6　一分子求核置換反応のポテンシャルエネルギー図

第三段階　$CH_3CH_2(CH_3)CH-O^+(CH_3)H + CH_3OH$
　　　　　　$\rightarrow CH_3CH_2(CH_3)CH-OCH_3$　　　　　　（式 11-17）

最終的にできる生成物 A および B は，先に示した 1 段階の S_N2 反応で得られる物質と同じであるが，ここで示した反応は 3 段階を経ており，ポテンシャルエネルギー図は 3 つの山になる．複数段階に分かれている複合反応の際，個々の段階の反応を素反応（elementary reaction）という．式 11-15 から式 11-17 に至る 3 つの素反応を比較した場合，第一段階目の反応の活性化エネルギー E_{a1} が最も高く，極めて遅い反応であると考えられる．例え第二段階・第三段階が速く進んでも，極めて遅い第一段階の速度は，反応全体の速さを決定づける．複合反応の全体の反応速度を決定づける，最も遅い素反応のことを律速段階（rate-determining step）という．律速段階の存在は，我々の日常でも結構見受けられる．追い越しができない片側一車線の道路を乗用車で走っているとき，極めてゆっくり走っている車が 1 台いるために，車の大行列になることが時々ある．これも，遅い車が律速段階を形づくっているのである．求核置換反応の場合，出発物質である 2-ヨードブタンが分解する過程（第一段階の反応）が律速段階であり，反応速度は 2-ヨードブタンの濃度だけに依存することになる．したがって，反応速度 v は次式で表される．

$$v = k[\text{CH}_3\text{CH}_2(\text{CH}_3)\text{CH–I}] \qquad (式11\text{-}18)$$

これは一次反応（first-order reaction）ということになり，代表的な一分子求核置換反応（unimolecular nucleophilic reaction，$\text{S}_\text{N}1$ 反応〈エスエヌワン〉）である．

11.2　反応に影響する様々な要因

平衡反応と速度論支配・熱力学支配

11.1 節で示したポテンシャルエネルギー図において，生成物の側で考えてみると，容易さは別にして，生成物のポテンシャルエネルギーと遷移状態のポテンシャルエネルギーの差に相当する活性化エネルギーが与えられれば，生成物から逆に出発物質に到達することは可能であろう．実は全ての化学反応は，出発物質から生成物に一方向に進むのではなく，生成物から出発物質に向けても進んでいる可逆反応（reversible reaction）なのである．つまり，次のような反応式になる．

$$\text{A} + \text{B} \rightleftarrows \text{C} + \text{D} \qquad (式11\text{-}19)$$

このように行ったり来たりする反応は，平衡反応（equilibrium reaction）とよばれる．そして，どちらの反応も進行しているものの，反応速度が同じとなり出発物質と生成物の割合が変わらなくなる状態が，化学平衡（chemical equilibrium）である[*11-4]．ただし，多くの反応においては，平衡の位置は生成物側に偏っており，その場合，不可逆反応（irreversible reaction）となる．

　出発物質からできる生成物は必ず決まったものになるように書いているが，世の中にはいろいろな反応があり，生成物が必ずしも 1 種類であると決まってはいない．例えば，物質 A と物質 B の反応で，条件によって物質 C ができる場合と物質 D ができる場合の 2 種類の生成物の可能性があるとする．この時のポテンシャルエネルギー図を，図 11.7 に記した．複数の生成物のうち，どの物質が多く生成するかということを，選択性（selectivity）

[*11-4] 反応の平衡は化学平衡であるが，物質の気相や液相などの相間での平衡は，物理平衡（physical equilibrium）である．

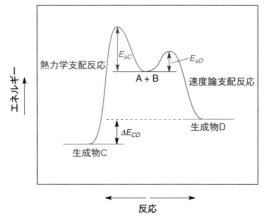

図 11.7 速度論支配反応と熱力学支配反応のポテンシャルエネルギー図

といい,特定の物質を優先的に得る反応を,選択的反応（selective reaction）という.図 11.7 で,生成物 C と生成物 D のポテンシャルエネルギーを比較すると,生成物 C の方が ΔE_{CD} だけ低く,C の方が安定な物質であることがわかる.しかし,反応の活性化エネルギー E_{aC} と E_{aD} を比較すると,E_{aC}＞E_{aD} であり,反応速度で考えると,A＋B→C よりも A＋B→D の方が速いと考えられる.もし,生成物 D を多く得たいときはどうするか.この場合,E_{aD} の山は越えられるが,E_{aC} の山は越えられない程度の最低限のエネルギーだけ与えることで反応を進ませればよい.そうすれば,反応速度の速い A＋B→D が優先されて,生成物の安定性にかかわらず,生成物 D が多くできることが予想される.このように,反応速度の差によって反応生成物が決まることを,速度論支配（または動力学支配 kinetic control）という.具体的には,反応温度をなるべく低くして反応した方が,生成物 D を得られる割合が高くなる.低温下での反応ならば,D→A＋B の逆反応も起こらない.一方,生成物 C を選択的に得るにはどうしたらよいだろう.この場合,なるべく高いエネルギーを反応系に与えると,高い E_{aC} の山も越えられるようになる.「高いエネルギーを与える」とは,「高い温度で反応させる」ということである.エネルギーが充分高ければ,生成物から出発物質への逆反応も可能となり,C⇌A＋B⇌D の平衡状態となる.平衡状態では,最も安定な物質が存

在する割合が多くなるので,結果的に生成物 C が多くとれると予想される.生成物の安定性によって生成物が決まる場合を,熱力学支配(thermodynamic control) という.

触媒の作用

　反応における活性化エネルギーが高く,どうしても反応しない場合,化学反応には奥の手がある.それは,触媒(catalysis) を使用することである.触媒とは,自身は消費されないけれども,化学反応の速度を上げる効果を有する物質のことをいう.触媒の効果をポテンシャルエネルギー図で示すと,元の反応の活性化エネルギーを下げることで,より少ないエネルギーで遷移状態の山を越えられるようにすることである(図 11.8).効果を直接的に表現すると,山を切り崩して小さくしていることになるが,現実的には通りやすい近道のトンネルを作ると考えたほうが分かりやすいかもしれない.

　触媒を利用した反応の例を紹介しよう.過酸化水素 H_2O_2 (hydrogen peroxide) に二酸化マンガン(IV) MnO_2 (manganese dioxide) を加えると,激しく反応して水と酸素に分解する(式 11-20).

$$2H_2O_2 \xrightarrow{MnO_2} 2H_2O + O_2 \quad\quad (式 11\text{-}20)$$

　過酸化水素は不安定なので,自発的にも分解するけれども,この場合,二

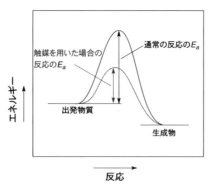

図 11.8　触媒作用を示すポテンシャルエネルギー図

酸化マンガンが触媒となって反応が促進されているのである．中学校や高校の化学の本には，「触媒は，反応前後で変わらない」と書いてある．この表現では，触媒がどのように反応に関与しているのか，ちょっとわかりにくい．実は，反応物と触媒とは直接反応し，一度は触媒の構造は変わっているのである．過酸化水素の分解反応は，実際には反応フラスコ中では様々な複雑なことが起こっていると思われるが，反応を単純化して説明する（図11.9）．まず，過酸化水素と二酸化マンガン(IV)が反応して，HOO-Mn(=O)-OHのようなものができる．これは，過酸化水素の状態より，はるかに不安定な活性中間体であり，これから水と酸素が発生し，O=Mn(II)が生成される．つまり，Mn(IV)が過酸化水素を酸化して，自らは還元されて，Mn(II)になったことになる．これが，今度は過酸化水素によって酸化され，元の二酸化マンガンMn(IV)にもどり，再び触媒としての機能が回復するわけである．いずれにせよ，決して「触媒は，反応前後で変わらない」わけではなく，「触媒は反応して一度かたちを変えるが，何らかの作用を受けて再び元のかたちに戻る」というのが正しい．すると，図11.8のポテンシャルエネルギー図はあくまで模式的に書かれたものであり，実際にはこれほど単純なものではないということがわかるであろう．途中経過はともかく，活性化エネルギーが低くなることは確かである．逆に考えると，生成物から出発物質へ向かう逆反応の活性化エネルギーも低くなることを意味する．触媒は，決して出発物質，生成物それぞれのポテンシャルエネルギーを変えることはないので，平衡反応としてのバランスを変えるわけではない．平衡状態に達するまでの速度を高めるだけである．この点は触媒の作用に関する理解として大変重要

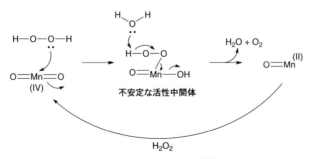

図11.9　二酸化マンガンの触媒作用

なことで，誤解のないようにしたい．

反応速度と温度の関係

　反応を行うとき，高温になると反応速度が増す．アレニウス（スウェーデン Svante August Arrhenius, 1859-1927）は，たくさんの反応において検討し，反応速度式における速度定数 k の自然対数（$\ln k$）と絶対温度 T の逆数（$1/T$）をグラフで表すと直線関係にあることを示した．

$$\ln k = \ln A - \frac{E_a}{RT} \qquad (式 11\text{-}21)$$

　これをアレニウスプロット（Arrhenius plot）という．R が気体定数，E_a は反応の活性化エネルギーを示す．また，A は温度に無関係な反応固有の定数（pre-exponential factor）で，分子間の衝突頻度を示すので，頻度因子（frequency factor）ともよばれる．式 11-21 を変形すると，次式にすることができる．

$$k = Ae^{-\frac{E_a}{RT}} \qquad (式 11\text{-}22)$$

　式 11-22 をアレニウスの式（Arrhenius equation）という．式 11-22 から，活性化エネルギー E_a が大きいと k が小さくなり，反応が遅くなることがわかる．一方，反応温度 T が高いと k は大きくなるので，反応速度は上昇する．

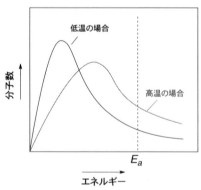

図 11.10　高温・低温における分子のエネルギー分布

概ね，10℃の上昇でkは2〜3倍になる．

　温度が高くても低くても，ほとんどの分子は平均的なエネルギーをもつに過ぎないが，なかには非常に大きなエネルギーを持ち，激しく運動している分子もある．反応は，活性化エネルギーE_a以上のエネルギーを有する一部の分子どうしの衝突により進むと考えられる．図11.10は，高温・低温における分子のエネルギー分布を示しており，ボルツマン（オーストリア Ludwig Eduard Boltzmann, 1844-1906）の名を冠したボルツマン分布曲線（Boltzman distribution curve）とよばれる．ボルツマン分布は1つの分子がエネルギー状態Eにある確率を示したもので，活性化エネルギーE_a以上のエネルギーを有する分子数が多ければ，反応速度が高いことを意味する．低温の場合，高いエネルギーを持っていて激しく運動している分子数は少なく，あまり運動していない低いエネルギーの分子が多い．それで，低温では反応できる分子数が少ないことになる．一方，高温の場合，低エネルギーの分子が減り，山が低くなり高エネルギー側にシフトしている．この分だけ活性化エネルギーE_a以上のエネルギーを持つ分子数が増大し，反応速度が上昇するのである．ボルツマン分布は式11-23で示される．

$$P(E) = Ae^{-\frac{E}{k_B T}} \qquad （式11\text{-}23）$$

　このとき，Aは定数，k_Bはボルツマン定数（Boltzmann constant, 1.38×10^{-23} J K^{-1}）である．見方は異なるものの，アレニウスの式とボルツマン分布は，基本的には同じことを示しているといえる．

天然の触媒……酵素

　酵素（enzyme）は，自然界に存在する天然の触媒であり，アミノ酸が複数結合したタンパク質が主成分である．人のみならず，動植物，微生物に至るまで，生物を形作る細胞内にはたくさんの酵素が含まれており，生体機能を維持するために日夜働いているのである．生物が生きていくためには，エサを分解して栄養分として取り込んだり，構成成分を作り出したりと，様々な化学反応が進まなければならない．そして，それらの反応のほとんどは酵素触媒によって活性化エネルギーが下げられ，体温（人の場合は36～37℃近辺）で充分進行するように仕組まれている．例えば，9.2節で示したエステルの加水分解を触媒する酵素も存在しており，図11.11のような機構で反応を触媒している．図9.15および図9.17と比べてみよう．この場合，強い酸も塩基も熱も必要でなく，常温，中性付近という穏和な反応条件で加水分解が進行する．有名な加水分解酵素（hydrolase）としてリパーゼ（lipase）がある．リパーゼは，もともと脂肪を分解する役割があり，動物ではすい臓に多く含まれるが，微生物もリパーゼを産生する．微生物由来リパーゼは大量にとれるので，最近では医薬品成分としても使われている．家に胃薬があったら，その成分表をみてみよう．リパーゼの名前を見つけることができるかもしれない．

　酵素が関わる反応を酵素反応（enzymatic reaction）というが，昔から酵素と反応物質（基質 substrate という）の関係を，鍵と鍵穴に例えることがある．ある酵素には特定の形をした基質だけが取り込まれ，触媒作用を受けることができるが，適合しない物質は反応しない．これは酵素反応の特徴の1つであり，基質特異性（substrate specificity）とよばれるものである．先に，酵素の構成成分はアミノ酸であると述べた．アミノ酸には不斉炭素原子が存在しており，酵素のもとはL-アミノ酸とよばれるエナンチオマーだけなのである（逆の異性体をD-アミノ酸という）．したがって，酵素自体がエナンチオマーということができる．このことから，酵素は基質の立体化学を識別して触媒することが得意である．酵素反応によって比較的簡単にエナンチオマーを区別した反応をさせたり，エナンチオマーをつくり分けたりすることが可能で，これを有機化合物の合成に利用する研究も盛ん

に行われている．生体物質に含まれる触媒を有機合成の立場で利用する学問は生体触媒化学（biocatalysis chemistry）とよばれている．

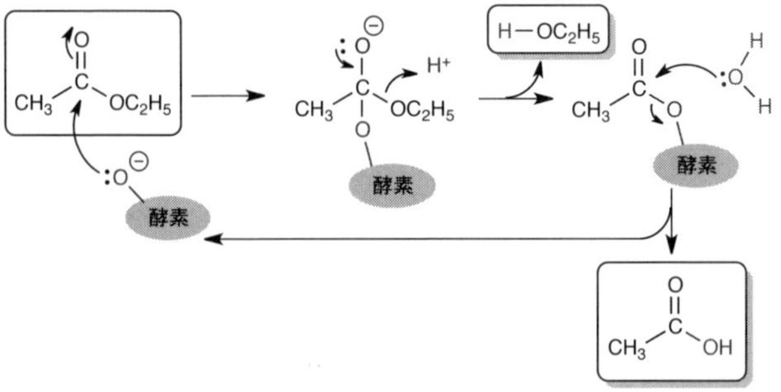

図 11.11 酵素触媒によるエステルの加水分解

第12章 溶液の化学

12.1 溶液のいろいろ

溶液とは

　世の中には，なんらかの物質（溶質 solute）が液体である溶媒（solvent）に溶けている状態で存在しているものが多い．我々がよく飲む清涼飲料水にも様々な物質が溶けていることが，成分表示から明らかだ．このように，他の物質が溶けて均一な状態になっている液体が，溶液（solution）である．化学では溶液状態で物質を取り扱うことが多く，典型的なのは水を溶媒とした水溶液（aqueous solution）である．

　水は，様々な物質を溶かす．塩化ナトリウム NaCl や炭酸カリウム K_2CO_3 といったイオン性無機物質だけでなく，ヒドロキシ基を持つアルコールやアミノ基を持つアミン，ショ糖やブドウ糖などの糖類，アミノ酸類などの極性のある有機化合物も容易に溶かすことができる．図5.21で示したように，水の水素は $δ^+$ に，酸素が $δ^-$ に分極しており，水素結合によって極性分子やイオンに水が結合する水和の現象が起こるために，極性分子が溶解しやすいのである．一方で，無極性物質であるヨウ素 I_2 や極性の低いヘキサン C_6H_{14} などの有機化合物は極めて水に溶けにくい．

溶液の濃度の計算

　一定量の溶液に含まれている溶質の量のことを濃度（concentration）という．ある濃度の溶液を調整して，化学反応に用いたり分析に用いたりすることが日常的に行われている．溶液の濃度を示す方法はいくつもあり，何を目的にするかで変わってくる．

　最も単純な方法は，質量パーセント濃度（mass percentage）である．これは，

溶媒の質量 W (g) と溶質の質量 w (g) を足した溶液の質量中で，溶質の質量 w がどのくらいの割合であるかを示したものであり，次式で計算される．

$$質量パーセント濃度（\%） = \frac{w}{W+w} \times 100 \quad （式 12\text{-}1）$$

別の表示方法として溶媒 1 kg 当たりの溶質の物質量 n (mol) を示す質量モル濃度（molarity）というものもある．

$$質量モル濃度（\mathrm{mol\ kg^{-1}}） = \frac{n}{W} \quad （式 12\text{-}2）$$

質量モル濃度は，温度によって変動することがないので，後述の凝固点降下や沸点上昇など，温度変化を伴う現象に関してふさわしい表記法である．

現在の化学実験の現場において「濃度」といえば，通常，モル濃度（molar concentration）を指す場合がほとんどである．これは，溶液 1 L 当たりの溶質の物質量 n(mol) を示したものであり，$\mathrm{mol\ L^{-1}}$ または略して M (molar, モーラー) で示す．つまり，溶液の体積を V (L) とすると式 12-3 で計算できる．

$$モル濃度（\mathrm{M}） = \frac{n}{V} \quad （式 12\text{-}3）$$

決まったモル濃度の溶液を調整するためには，ある一定量の正確な体積が標線としてかかれてあるメスフラスコを用いる．例えば，正確に測った溶質をビーカーに入れ，ある程度の量の溶媒で溶かした後（図 12.1a），メスフラスコに入れる（図 12.1b）．もちろん，使う溶媒量はメスフラスコの容量よりも少なめにしなければならない．ビーカーにはある程度の溶質が残され

図 12.1 メスフラスコによるモル濃度の決まった溶液の調整法

ているので，溶媒で何回か共洗いをしてメスフラスコに移す．完全に洗い流した後，溶媒を少しずつ加えて最終的に溶液面がフラスコの標線に達すれば，一定濃度の溶液を調整したことになる（図12.1c）．溶液の体積は温度によって変化するので，モル濃度も温度の影響を受ける．しかし，モル濃度は一定容積での物質量を示すので，化学反応を考える上では大変有用なのである．

　一定のモル濃度の溶液を作る際，あらかじめ必要な溶質の量を計算しなければならないが，注意しなければならないのは，結晶水（bound water）を含む化合物を溶質とする場合である．一般に，分子またはイオンに水分子が結合したものを水和物（hydrate）というが，特に，水を取り込んで塩のかたちをとったものを水化物（hydrate）といい，結晶中に取り込まれて一定の割合で存在する水が結晶水である．例えば，硫酸ナトリウム Na_2SO_4（sodium sulfate）に10分子の水が水和している場合，$Na_2SO_4 \cdot 10H_2O$ と書き，十水和物または十水塩とよばれる．各原子の原子量を各々 Na＝23, S＝32, O＝16, H＝1.0とした場合，硫酸ナトリウムの式量（142）に水10分子の分子量（180）を足して，硫酸ナトリウム十水和物の式量は322となる．

固体の溶解度

　固体の溶質を溶媒に溶かしていくと，はじめは簡単に溶解していくが，だんだんと溶けるのが遅くなり，ついにはそれ以上溶けなくなって，固体として残る．このときの溶液を，飽和溶液（saturated solution）という．これは，完全に固体が溶けなくなったのではなく，一部は溶けているもののそれと同じ量の固体が析出してきているため，見かけ上，溶けなくなっているのだ．これを溶解平衡（solubility equilibrium）という．固体の溶質が溶媒にどれだけ溶けるかを表したものが溶解度（solubility）で，通常，溶媒100 gに溶けることができる溶質の質量（g）で表示する．溶解度は温度によって変化し，溶解度の温度変化を示したグラフが溶解度曲線（solubility curve）である（図12.2）．ほとんどの場合，温度が高くなると溶解度は大きくなる．溶解度の温度による違いが大きい場合，その差を利用して固体を精製する手法が再結晶である．例えば，60 gの硝酸カリウム KNO_3（potassium nitrate）は，60 ℃の水に全て溶ける．この溶液を冷却していくと，約38 ℃で飽和溶液と

なり，それ以下の温度で結晶が析出してくる．0℃での溶解度は 13 g なので，0℃に達すると理論的には 60 － 13 ＝ 47 g の結晶が析出することになる．

液体と液体が混ざるとき

液体と液体を混ぜると，溶ける場合と溶けない場合がある．水に対してエタノールやアセトンのような極性溶媒を混ぜると，完全に溶け合って均一

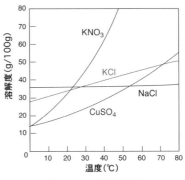

図 12.2　溶解度曲線

な相を形成する．しかし，水に対してジエチルエーテルやトルエンのような有機溶媒を加えると，水の層と有機層とが分離して 2 層に分離する．ただし，有機溶媒の水への溶解度には違いがあり，例えばジエチルエーテルにおける 20 ℃での水への溶解度は 69 g L^{-1} なのに対し，トルエンは 0.47 g L^{-1} とほとんど溶けない．酢酸エチルは 83 g L^{-1}，ジクロロメタン 13 g L^{-1} とかなり異なっている．だから，同じ 2 層を形成しても，溶媒によって多少様子は異なっている．2 層系になっているところに，ある別の物質 A を入れてよく混ぜると，一定温度では両液層中における物質 A 濃度の比（有機層中の A の濃度/水層中の A の濃度）は一定となる．この時の濃度比を，物質 A の分配係数（partition coefficient）という．一般的に有機化合物は，有機溶媒にはよく溶け，水にはあまり溶けない．物質 A が有機化合物の場合，当然，有機層中の濃

表 12.1　代表的な有機化合物の Log P_{ow} の値

有機化合物	Log P_{ow}
ドデカン dodecane	6.80
オクタン octane	5.18
ヘキサン hexane	4.11
トルエン toluene	2.69
ジクロロメタン dichloromethane	1.25
ジエチルエーテル diethylether	0.89
酢酸エチル ethyl acetate	0.73
アセトン acetone	－0.24
エタノール ethanol	－0.31

度の方がかなり多くなる．これを利用して水溶液から有機化合物を有機溶媒に溶かし込むのが液-液抽出なのである．分配係数として最もよく用いられているのが 1-オクタノールと水を用いたオクタノール/水分配係数で，Log P_{ow} で表記される（表 12.1）．有機物質によって Log P_{ow} の値は異なっており，親水性・疎水性の目安の数値として利用されることが多い．

気体の液体への溶解度

　気体が液体に溶ける際の溶解度は，一般に温度が低いほど大きく，高いほど小さくなる．いくつかの気体の水に対する溶解度を表 12.2 に示した．例えば，常圧で二酸化炭素 CO_2 が 60 ℃ の水 1 mL に溶ける量は 0.36 mL であるが，0 ℃ では 1.71 mL に上昇する．水に二酸化炭素を吹き込んで炭酸水をつくる場合，冷やした水の方がより発泡性の高いものをつくることができるのである．一方，温度が一定の場合，一定量の溶媒に溶ける気体の質量は，溶媒に接している気体の圧力に比例する．これはヘンリー（イギリス William Hennry, 1775–1836）によって発表され，ヘンリーの法則（Henry's law）とよばれる．「質量」は「物質量」に変えても同じことだ．市販の炭酸水は二酸化炭素を含む気体が高い圧力のままで封入されており，二酸化炭素は大気圧よりも高い溶解度で水に溶けている．もちろん，この時点では発泡していない．このフタをとって，大気圧に戻すと，過剰の二酸化炭素が急激に放出され，発泡するのはご存じの通りである．一定温度において，ある気体が一定量の液体に，1 気圧で n mol 溶けるとすると，2 気圧では $2n$ mol，3 気圧では $3n$ mol 溶けることになる．1 気圧で n mol の体積を v L として，溶けている体積で表すと，$2n$ mol で $2v$ L，$3n$ mol で $3v$ L になってしまうよ

表 12.2 気体の水に対する溶解度
1 atm のとき，水 1 cm^3 中に溶解する容積（cm^3）

	0 ℃	20 ℃	40 ℃	60 ℃	80 ℃	100 ℃
塩化水素 HCl	507	442	386	339		
酸素 O_2	0.049	0.031	0.023	0.019	0.018	0.017
水素 H_2	0.022	0.018	0.016	0.016	0.016	0.015
二酸化炭素 CO_2	1.71	0.88	0.53	0.36		
窒素 N_2	0.024	0.016	0.012	0.010	0.0096	0.0095

うに考えられるが，ボイルの法則により，圧力と体積は反比例しているはず．つまり，2気圧では $2v/2=v$ L，3気圧では $3v/3=v$ L となる．すなわち，「温度一定の場合，一定量の液体に溶ける気体の体積は，圧力に関係なく常に一定である」ということもできる．ただし，ヘンリーの法則が成立するには，気体の溶解度や圧力があまり大きくない場合に限られる．

12.2 希薄溶液とコロイド

希薄溶液の重要な性質……束一的性質

蒸気圧が低くてほとんど蒸発しない不揮発性溶質を溶かした希薄溶液の場合，溶媒や溶質の種類に関係なく，単に溶媒中の溶質の分子数（物質量）に依存する性質がある．これを束一的性質（colligative properties）といい，蒸気圧降下・沸点上昇・凝固点降下・浸透圧がそれにあたる．それでは，1つ1つ現象をみていこう．

不揮発性の溶質の場合，ほとんど蒸気圧をもたないことになるが，その物質が溶けている溶液の蒸気圧は，溶質が溶けていない溶媒の蒸気圧よりも低くなる．これは，溶液全体の粒子数に対する溶媒分子の割合が減り，液体表面から蒸発する溶媒分子数が，溶媒だけの場合より減るからである．この現象を蒸気圧降下（vapor pressure lowering）という（図12.3）．溶媒の蒸気

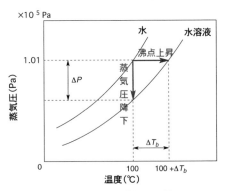

図 12.3 水の蒸気圧曲線
蒸気圧降下と沸点上昇を示している．

圧に対する溶液の蒸気圧の降下する割合は，溶液中の溶質の濃度によって決まってくる．一定の温度における，ある溶媒の蒸気圧を P_0, ある溶質を溶かした溶液の蒸気圧を P とする．このとき，溶質を溶かしたことによる蒸気圧降下度（degree of vapor pressure lowring）は $P_0 - P = \Delta P$ であり，降下率は $\Delta P/P_0$ で表されることになる．一方，溶液 1 kg 中の溶媒の分子数を N, 溶質の分子数を n とすると，全体の分子数における溶質の分子数の割合は，$n/(n+N)$ になる．この式を溶質のモル分率（mole fraction）という．溶媒のモル分率は $N/(n+N)$ となり，当然，両方足すと 1 になる．もちろん，分子数は物質量と同義である．そして希薄溶液では，式 12-4 および式 12-5 の関係式が成り立つのである．

$$\frac{\Delta P}{P_0} = \frac{n}{n+N} \quad \text{(式 12-4)}$$

$$\Delta P = P_0 \times \frac{n}{n+N} \quad \text{(式 12-5)}$$

これをもう一度言葉で置き換えると，溶質や溶媒に関係なく，「希薄溶液では，溶媒の蒸気圧降下度 ΔP は，溶媒の蒸気圧とモル分率の積で表される」のである．これがラウール（フランス François-Marie Raoult, 1830-1901）にちなんだ，ラウールの法則（Raoult's law）である．非常に薄い溶液では $N \gg n$ となり，$N + n = N$ とみなせるので，関係式はより簡単な次式となる．

$$\Delta P = P_0 \times \frac{n}{N} \quad (N \gg n) \quad \text{(式 12-6)}$$

つまり，蒸気圧降下度は，溶かしている溶質の分子数すなわち物質量に比例するのである．

状態図に示されるように，蒸気圧の降下は沸点や凝固点に影響を与える．沸点は，蒸気圧が大気圧（1 atm）と等しくなったときの温度なので，蒸気圧曲線が下がれば沸点は上昇することになる（図 12.3）．これが沸点上昇（boiling point elevation）である．沸点上昇度（degree of boiling point elevation）ΔT_b は，蒸気圧降下度と比例する．つまり，溶けている溶質の物質量 m に比例する．溶媒 1 kg に溶質を 1 mol 溶かした溶液の沸点上昇度は，溶媒の種類によって決まっており，式 12-7 で示される．

$$\Delta T_b = K_b \times m \qquad (式12\text{-}7)$$

比例定数 K_b をモル沸点上昇（molar elevation of boiling point, K kg mol^{-1}）という．同様に，溶液の凝固点は，元の溶媒の凝固点よりも低くなる．これが凝固点降下（freezing point depression）である．その凝固点降下度（degree of freezing point depression）ΔT_f は，溶けている溶質の物質量 m に比例する（図12.4）．そして，式12-8が成り立つ．

$$\Delta T_f = K_f \times m \qquad (式12\text{-}8)$$

比例定数 K_f がモル凝固点降下（molar depression of freezing point, K kg mol^{-1}）であり，これも溶媒によって異なる値である．主な溶媒の K_b と K_f を表12.3に示した．溶媒の K_b や K_f，溶かした溶質の質量がわかっており，沸点上昇度や凝固点降下度を測定することができれば，溶かした溶質の分子量を計算することができる．冬に道路が凍結して困ることがあるが，凍らないように凍結防止剤（塩化カルシウム CaCl$_2$, calcium chloride）をまく場合がある．CaCl$_2$ が完全に電離すると Ca^{2+} +2Cl$^-$ となり，粒子数が元の3倍になる．その分，水の凝固点降下への効果が大きいのである．

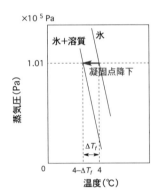

図 12.4 水の融解曲線
凝固点降下を示している．

表 12.3 溶媒のモル沸点上昇およびモル凝固点降下

溶媒	沸点（℃）	K_b (K kg mol^{-1})	凝固点（℃）	K_f (K kg mol^{-1})
水	100	0.52	0	1.86
エタノール	78.4	1.22	−117.3	1.99
酢酸	117.9	2.93	16.6	3.90

浸透圧とは

化学や生物において，多孔性（小さい穴がたくさん空いている）膜を通

した現象が多くみられる．このような膜は，水を代表とする溶媒のような小さい分子を通過させることができるが，溶媒よりも大きい溶質分子を通過させることができない．このように，一定の大きさ以下の分子やイオンのみ透過させる膜を半透膜（semipermeable membrane）という．例えば，生物を構成している細胞を包んでいる細胞膜は半透膜の一種であり，卵の卵白をつつむ膜も半透膜である．人工的なものではセロハン（cellophane，セルロースを加工して得られる膜状の物質）が有名だ．図12.5の装置で，左の部屋には純粋な溶媒を，右の部屋にはある溶質を溶かした溶液を入れており，その間を半透膜で仕切っている．上にはそれぞれ細い管がでており，最初は管内の液の高さは同じである．普通，濃度の異なる液どうしが単に接した場合，全体が均一になるように溶質が薄い方に移動するはずである．ところが，半透膜は溶媒分子を通すが，溶質分子を通さないので，右の部屋から左の部屋への溶質の移動は起こらない．だから，全体が同じ濃度になるためには，左の部屋から右の部屋に溶媒分子が全部移動しなければならない．しかし，実際にはそんなことは起きず，ある程度のところで平衡に達してしまう．このとき，溶媒が半透膜を通して濃い溶液の方に移動する現象が浸透（osmosis）で，この浸透を抑えるのに必要な圧力が浸透圧（osmotic pressure）である．平衡に達した後に，右側の部屋の細管の液面が上昇し，左側の部屋の細管の液面は下降している．この差が浸透圧である．ファントホッフ（オランダ Jacobus Henricus van't Hoff, 1852-1911）により，浸透圧 π は希薄溶液で理想気体の状態方程式と同じような関係が成り立つことを示した．溶質のモル

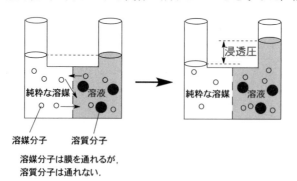

図 **12.5** 浸透圧を示す実験

濃度を m (mol L^{-1}), 絶対温度 T (K) とすると, 浸透圧はモル濃度と絶対温度に比例する.

$$\pi = kmT \quad (k \text{ は気体定数 } R \text{ と等しい比例定数}) \quad (式 12\text{-}9)$$

体積 V (L) の溶液に溶質が n (mol) だけ溶けていると, $m = n/V$ なので, k を R に置換した後, 式 12-10 および式 12-11 に変換できる.

$$\pi = R \frac{n}{V} T \quad (式 12\text{-}10)$$

$$\pi V = nRT \quad (式 12\text{-}11)$$

式 12-11 をファントホッフの式 (Van't Hoff equation) という. 浸透圧も束一的性質として知られる.

物質が溶けていない「コロイド」

通常の溶液は物質が完全に溶けている状態であるが, 身のまわりには, 溶けていない状態のものが結構ある. 例えば, 牛乳は乳白色をしているが, これは水中にタンパク質や脂肪が溶けないで分散しているからにほかならない. また, 墨汁は水の中に墨の細かい粒子が混ざっているので, 濁っているのである. これらのように, 直径 1 nm から 100 nm 位の粒子 (colloidal particle, コロイド粒子) が, 気体・液体・固体に分散して沈まない状態をコロイド (colloid, コロイド溶液) という. 分散しているコロイド粒子を分散質 (dispersoid), 分散している媒体を分散媒 (dispersion medium) という.

表 12.4 主なコロイド

		分 散 媒		
		気 体	液 体	固 体
分散質	気 体	なし	泡沫 (foam) [泡, 気泡]	[スポンジ, 発泡スチロール]
	液 体	エアロゾル (aerosol) [霧, 雲]	乳濁液 (emulsion) [牛乳, マヨネーズ]	[ゼリー]
	固 体	[粉塵, 煙]	懸濁液 (suspension) [墨汁, 絵の具]	[色ガラス, ビー玉]

主なコロイドを表12.4に挙げてある．分散質と分散媒の組み合わせ方によって，特有な名称をもつものもある．

通常の分子やイオンが0.1 nm程度の大きさであるのに対し，コロイド粒子は遥かに大きい．水との親和性によって，疎水コロイド（hydrophobic colloid）と親水コロイド（hydrophilic colloid）に分類される．疎水コロイドは水との親和性が低いもので，硫黄Sや水酸化鉄(III) $Fe(OH)_3$ などの無機物質が水中に分散したものである．疎水コロイドに少量の電解質を加えると沈殿を生じる．この現象を凝析（coagulation）という．もともと電荷を帯びているコロイド粒子は互いに反発してくっつきにくく，そのためコロイドを形成している．ここに電解質が加わることで電荷が失われ，反発力を失った粒子どうしがくっついて沈殿するのである．一方，親水コロイドは親和性が高く，多数の水分子が水和している．タンパク質やデンプン，セッケンなどの有機化合物が多い．親水コロイドに多量の電解質を加えると，水和していた水分子が奪われ，親水コロイド粒子どうしがくっつきあって沈殿する．これが塩析（salting out）である[*12-1]．タンパク質を含む水に対して多量の硫酸アンモニウム $(NH_4)_2SO_4$（ammonium sulfate）を加えると，タンパク質が沈殿する現象が塩析であり，タンパク質液の濃縮の一環として利用される操作である．疎水コロイドに一定量以上の親水コロイドを加えると，疎水コロイドが親水コロイドに取り囲まれ，凝析しにくく安定化する．このような働きをする親水コロイドを保護コロイド（protective colloid）という．保護コロイドの実用例として，墨汁が挙げられる．墨汁には，にかわ（タンパク質であるコラーゲンが主成分）が入っており，炭素微粒子が沈殿しにくくなっているのである．

流動性をもつコロイド液をゾル（sol）といい，ゾルを冷却することで流動性をなくしたものがゲル（gel）である．そしてゲルが水を失って乾燥している状態を，キセロゲル（xerogel）という．乾燥した「にかわ」はキセロゲルで，これを熱水に加えたもののゾル–ゲルの変化を利用すると，紙や木

[*12-1] 水に含まれている比較的親和性の高い有機化合物を，分液ロートを用いて液–液抽出をする際，塩が析出するくらいまで水層に塩化ナトリウムを溶かしてから行う．これは，塩化ナトリウムを加えることによって有機化合物の水和を妨げ，有機層への移行をスムーズにさせる行為である．これも，一種の塩析である．

などを瞬間的に接着することができる．乾燥した寒天も同様で，ゾル-ゲル変化により固化させたものである．

コロイドの独特な性質として，他に次のようなものがある．

チンダル現象……砂糖水のような溶液をガラス容器に入れて，横から光をあてても，光が通っている道はわからない．しかし，デンプンコロイド液や水酸化鉄(III)コロイド液に光を通過させると，光が分子に当たって乱反射するため，光の通路がわかる．ティンダル（アイルランド John Tyndall, 1820-1893）によって発見されたので，コロイド粒子が光を散乱させる現象をチンダル現象（Tyndall effect）という．部屋のカーテンの隙間から光が入ってくるとき，その光の進路が見えるのも，埃によるチンダル現象である．

ブラウン運動……コロイド粒子が，熱運動する水のような分散媒の分子に絶えず不規則に衝突しており，それが元でコロイド粒子自体が不規則な直線運動を繰り返している．植物の花粉由来の微粒子に関してブラウン（イギリス Robert Brown, 1773-1858）によって発見されたこの運動を，ブラウン運動（Brownian motion）という．限外顕微鏡を使うことで観察できる．これは，光のビームを試料中の微粒子に当てると光が散乱し，光る点が不規則にゆれる運動がみえるというものである．

透析……小分子やイオンを含んだコロイド溶液をセロハンでできたチューブに入れ，水中に浸しておくと，小分子やイオンはセロハンの細かい目を通過して水に移動していくが，コロイド粒子は移動できない．周囲の水を複数回替えてやれば，最終的にはほとんどの小分子やイオンがセロハンチューブ内のコロイド液から無くなる．これを応用することで，コロイド溶液を精製する操作を，透析（dialysis）という．生化学実験では，塩を多量に含んだタンパク質液の塩濃度を下げるのに有効である．また，腎臓機能が低下して血液中の老廃物をこすことができない患者に対して行う，人工透析も同じ原理である．

セッケンが汚れを落とす原理

　水の中に少量の油を加えてよく混ぜても，油は水の表面に浮いた状態になる．しかし，これにセッケンを加えてよく混ぜると，油は分散して濁った状態となる．これは，分散質と分散媒が液体であるコロイドの例で，乳濁液の一種である．セッケンの一種であるラウリル硫酸ナトリウム（ドデシル硫酸ナトリウム sodium dodecylsulfate）は分子内に親水性の OSO_2Na 部分と，親油性の長いアルキル鎖を有している（図 12.6）．水と油が混ざっているところにセッケンを加えると，親油性の側で油を包み込み，親水性部分を外側に向けた分子の塊になる．これをミセル（micelle）といい，この状態で水中に分散することになる．セッケンが汚れの成分である油を取り込んで衣服や体がきれいになるのはこのような理由である．セッケンのように，水（または親水性物質）と親油性物質を均一化する物質が界面活性剤（surfactant）である．最近の洗剤には，油脂を分解する酵素リパーゼが配合されていたり，抗菌力をうたったり，いまだに様々な開発がなされているのである．

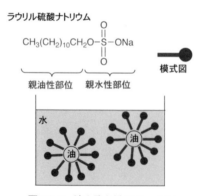

図 12.6　油を取り込むセッケン

冠の構造を持つクラウンエーテル

　イオン結晶をつくる塩は，通常ベンゼンのような有機溶媒には溶けない．例えば，強い酸化剤で紫色の固体である過マンガン酸カリウム $KMnO_4$ (potassium permanganate) は，そのままではほとんどベンゼンに溶かすことはできない．しかしここに，18-crown-6 とよばれるクラウンエーテル (crown ether) という物質を加えると，過マンガン酸カリウムが無色のベンゼンに溶け，紫色の溶液となる．これはパープルベンゼン (purple benzene) とよばれる．図 12.7 に示すようなクラウンエーテル類は，(OCH_2CH_2) の繰り返し構造でできている環状エーテルであり，ペダーセン（アメリカ Charles John Pedersen, 1904–1989）により発見された．そして，王冠に似た構造からクラウンエーテルと名づけられた．通称の 18-crown-6 という名前のうち，18 は環を構成している全部の原子数，6 は酸素の数を表している．クラウンエーテルの酸素原子の非共有電子対は環の内部を向いており，ちょうどここに金属イオンを取り込みやすい構造になっている．環の大きさによって内部の大きさが異なっており，それに伴って適合する金属イオンが変わってくる．アルカリ金属においては，12-crown-4 には最も小さい Li^+，15-crown-5 には Na^+，18-crown-6 には K^+ が特異的に取り込まれる．ベンゼンに溶けた 18-crown-6 が，過マンガン酸カリウムの K^+ イオンを取り込むことで，MnO_4^- が自由になり，結果としてイオン性の過マ

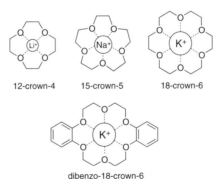

図 12.7　クラウンエーテルの構造

ンガン酸カリウムがベンゼンに溶解したのである．この溶液は，水に溶けにくい物質に対する酸化剤として用いることができる．クラウンエーテルのように，水あるいは水に親和性の高いものと，水と混じり合わない有機物質をつなぐ役割を果たすものを相間移動触媒（phase transfer catalyst）といい，クラウンエーテル以外にも様々なものが知られている．また，クラウンエーテルは，複数の分子が分子間の弱い相互作用によって会合し，高秩序の複雑な分子集合体を形成することでできる新しい機能を探る学問，超分子化学（supra molecular chemistry）の先達物質として知られている．超分子化学の発展により，ペダーセン，クラム（アメリカ Donald James Cram，1919-2001），レーン（フランス Jean-Marie Lehn，1939-）は1987年にノーベル賞を受賞している．

第13章　化学平衡とエネルギー

13.1　化 学 平 衡

平衡反応における平衡定数

　第11章において，反応はすべて平衡反応であると述べた．このとき，平衡の偏りはどのように考えたらいいだろうか．A+B⇄C+D という可逆反応が平衡に達した場合，右辺成分の濃度の積と，左辺成分の濃度の積を比較すれば，どちらの成分がより多く存在しているかがわかる．この平衡反応は式 13-1 で表される．

$$K = \frac{[C][D]}{[A][B]} \qquad (式13\text{-}1)$$

　K は反応によって異なる平衡定数（equilibrium constant）である．平衡定数 K が 1 よりも大きければ C＋D の方が多い，すなわち，反応は右に偏っていることになる．K が非常に大きい数値であれば，左辺から見た反応はほとんど不可逆的に進行するといえる．一方，K の値が 1 よりも小さければその逆で，反応は左に偏っていることになる．

質量作用の法則

　グルベル（ノルウェーCato Maximilian Guldberg, 1836-1902）とワーゲ（ノルウェーPeter Waage, 1833-1900）は，反応速度論を用いて平衡定数 K に関する式を導いた．話を単純化するために再び A+B⇄C+D の反応を考えてみる．このとき，左から右の反応（正反応）の反応速度 v_1 は式 13-2，右から左の反応（逆反応）の反応速度 v_2 は式 13-3 で示される．

$$v_1 = k_1[A][B] \qquad (式13\text{-}2)$$

$$v_2 = k_2[\text{C}][\text{D}] \qquad (\text{式 13-3})$$

k_1 および k_2 は，それぞれ正反応，逆反応の速度定数である．反応が平衡状態に達したときには $v_1=v_2$ になるので，式 13-4 そして式 13-5 が導ける．

$$k_1[\text{A}][\text{B}] = k_2[\text{C}][\text{D}] \qquad (\text{式 13-4})$$

$$\frac{[\text{C}][\text{D}]}{[\text{A}][\text{B}]} = \frac{k_1}{k_2} = K \qquad (\text{式 13-5})$$

一定の温度で k_1 および k_2 は一定なので，平衡定数 K も一定となる．平衡定数 K は反応に関わる化学種の濃度によらないが，温度によって依存する値である．

一般に，$a\text{A} + b\text{B} \rightleftarrows c\text{C} + d\text{D}$ という平衡反応では，平衡定数 K は次式で与えられる．

$$K = \frac{[\text{C}]^c[\text{D}]^d}{[\text{A}]^a[\text{B}]^b} \qquad (\text{式 13-6})$$

これが，質量作用の法則（law of mass action）である．もちろん，左右両辺とも，物質の数はいくつでも構わない．11.1 節（式 11-12）では，反応速度 v を決める濃度の「べき数」は，反応式の係数とは別であると述べた．これは，質量作用の法則と矛盾するのではなかろうか．確かに，複数の過程を経る複合反応においては，反応速度論の比較から K を示す式 13-6 を導き出すのは無理がある．なぜならば，複合反応の場合，反応速度を決定するのは素反応のうちの律速段階だけだからだ．ただし，全ての素反応を考慮して，それぞれの速度を考えると，トータルの反応の平衡は全ての濃度の積で表されるので，質量作用の法則自体に矛盾はないのである．

13.2 化学反応とエネルギー変化

エネルギー保存の法則（熱力学第一法則）

反応が完結して化学平衡が達成されると，エネルギー変化分のエネルギー放出または吸収がおこることは既に示した．ここで，反応前後のエネルギー

変化についてもう少し詳しい議論をしておこう．

ある物質系がもつエネルギーのことを内部エネルギー（internal energy, 記号 U, 分子の運動エネルギーや結合・相互作用によるポテンシャルエネルギー）という．系が変化して内部エネルギーの変化があった場合，そのエネルギー変化は ΔU で示される．さて，エネルギーに関して最も重要な法則がある．それは，「ある孤立した系において，物理的または化学的変化があっても，エネルギーの総和は変化しない」というエネルギー保存の法則（the law of the conservation of energy）である．これは，熱力学第一法則（first law of thermodynamics）としても知られている．もし，内部エネルギー変化があり，$\Delta U>0$ とすると，それは何らかの別のエネルギーに変換されたことを意味する．そこで，系のエネルギー変化は次式で表示される．

$$\Delta U = q - P\Delta V \qquad \text{(式 13-7)}$$

P は圧力，ΔV は体積変化を示す．つまり，内部エネルギー変化 ΔU は，系と外部との間で交換される熱量 q（反応熱 heat of reaction）と，外部になされた，または外部からなされた仕事量 $P\Delta V$ に置き換わったのである．仕事とは，一定の圧力に対して気体が膨張して体積を増やしたり（$-P\Delta V$ が負），外部から力が加わると縮小して体積を減らしたり（$-P\Delta V$ が正）することである．

もし，一定体積のもとでの反応を考える場合には，$P\Delta V=0$ となるので，一定体積における反応熱 q_v は，式 13-8 となる．

$$q_v = \Delta U \quad (\text{体積一定}) \qquad \text{(式 13-8)}$$

しかし，多くの化学反応は一定圧力（通常は大気圧）で行うことが多いので，ある物質系において一定圧力 P の条件下での反応を考えてみよう．一定圧力における反応熱 q_p は，式 13-9 となる．

$$q_p = \Delta U + P\Delta V \qquad \text{(式 13-9)}$$

反応は，内部エネルギー変化 ΔU をもたらすとともに，外部への仕事 $P\Delta V$ がなされたことになる．ここでいう反応熱 q_p は，既に出てきたエンタルピー

変化 ΔH と同じとみなされるので,次式が得られる.

$$\Delta H = \Delta U + P\Delta V \qquad (式 13\text{-}10)$$

一口に反応熱といっても,実際には様々な種類があり,酸素と結合して燃焼するときの燃焼熱,溶媒に溶けるときの溶解熱,酸と塩基が中和されるときの中和熱,結合が新たにできるときの生成熱などがある.

言い方を換えた熱力学第一法則……ヘスの法則

化学者ヘス(スイス生まれ・ロシア Germain Henri Hess, 1802-1850)は,化学反応において,「反応初めの物質の状態と終わりの物質の状態が同じであれば,途中の経路にかかわらず,反応熱(エンタルピー変化)の総量は同じ」であることを発見した.これはヘスの法則(Hess's law)とよばれるが,言い方を換えた熱力学第一法則ともいえる.

例えば,黒鉛 C が燃えて二酸化炭素 CO_2 が生成する反応を例として考えてみる(式 13-11,図 13.1).

$$C(s) + O_2(g) \rightarrow CO_2(g) \qquad \Delta H = -393.5 \text{ kJ mol}^{-1} \quad (式 13\text{-}11)$$

黒鉛 C が燃焼して一酸化炭素 CO が生成した後,一酸化炭素が酸化して二酸化炭素になるという,二段階経路は次のように示される.

$$C(s) + \frac{1}{2}O_2(g) \rightarrow CO(g) \qquad \Delta H = -110.5 \text{ kJ mol}^{-1} \qquad (式 13\text{-}12)$$

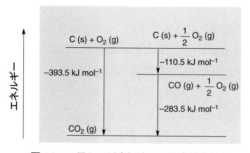

図 13.1　異なる反応経路での反応熱変化

$$CO(g) + \frac{1}{2}O_2(g) \to CO_2(g) \quad \Delta H = -283.5 \text{ kJ mol}^{-1} \quad (式\ 13\text{-}13)$$

式 13-12 および式 13-13 のエンタルピー変化の総量は，$\Delta H = -393.5$ kJ mol^{-1} なので，式 13-11 と同じになる．つまり，反応経路が異なってもエンタルピー変化の総量は同じなのである．

エントロピー増大の法則（熱力学第二法則）

化学変化の中には，エンタルピー変化だけでは説明することができないものがある．例えば，エンタルピーだけ考えると発熱反応が優先的であり，確かに多くの反応は発熱反応だが，吸熱反応も存在する．水酸化ナトリウム NaOH を水に溶かすときは発熱反応で，溶液の温度は高くなるが，塩化アンモニウム NH$_4$Cl を水に溶かすのは吸熱反応であり，溶液の温度がどんどん下がっていく．また，水などの液体が蒸発していくのは，エネルギー的には増大する方向にあるが，自発的に進むものである．これらの場合，もともと集まって秩序を保っていた分子が，溶けたり蒸発したりすることで，分散し，「無秩序」「乱雑」になっている（図 13.2）．また，2 つの過酸化水素 H$_2$O$_2$ 分子が 2 つの水 H$_2$O 分子と 1 つの酸素 O$_2$ 分子に分解するような反応（式 11-

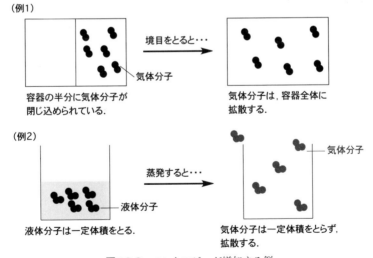

図 13.2 エントロピーが増加する例

20) では，もとの分子数よりも反応後の分子数が増えており，この場合も乱雑さが増していることになる．これらの「無秩序さ」「乱雑さ」をエントロピー (entropy) といい，エントロピー変化 (entropy change) を ΔS で表現する．先に示した過程では，どれもエントロピーが増大する方向にあり，ΔS が正に増大することになる（$\Delta S>0$）．熱力学第二法則 (second law of thermodynamics) では，「断熱された系で不可逆的に（自然に，自発的に）進行する過程では，エントロピーは増大する」とある[*13-1]．これは，「エントロピー増大の法則」ともよばれており，基本的にエントロピー変化 ΔS が正の値を持っている方が，熱力学的には有利なことを示しているのである．クラウジウス（ポーランド生まれ・ドイツ Rudolf Julius Emmanuel Clausius, 1822-1888) は，温度 T K の熱源から ΔQ J 分の熱エネルギーをもらった際，エントロピーの増加分 ΔS を，次式で表した．

$$\Delta S = \frac{\Delta Q}{T} \qquad \text{(式 13-14)}$$

$$\Delta Q = T \Delta S \qquad \text{(式 13-15)}$$

ギブズの自由エネルギー変化

これまで述べてきたように，ある状態の変化が自発的に進んで平衡状態になる場合，その進む方向を決める要因は2つある．1つ目は，「状態変化の前後で物質のもつエネルギー変化の違い（エンタルピー変化 ΔH）」であり，発熱反応の方が進みやすい（$\Delta H<0$）．2つ目は，「状態変化の前後での乱雑さの違い（エントロピー変化 ΔS）」であり，エントロピーが増大する方向に進みやすい（$\Delta S>0$）．状態変化について ΔH と ΔS の両方を考慮して状態変化量を表したのがギブズ（アメリカ Josiah Willard Gibbs, 1839-1903) である．温度と圧力が一定の下，物質の状態変化をギブズの自由エネルギー変化 ΔG (Gibbs free energy change) とし，これを次のように定義した．

[*13-1] 熱力学には3つの法則があり，第一法則，第二法則は本書で示した．熱力学第三法則は，「絶対零度（-273.15 ℃）より低い温度は存在しない」というものである．

$$\Delta G = \Delta H - T\Delta S \qquad (式13\text{-}16)$$

状態変化において自発的に進行するのは，ΔG が負になる方向である（$\Delta G < 0$）．例えば，化学反応 A+B $\rightleftarrows$ C+D において，ΔG が負ならば，反応は右に進み，正ならば左に進む，と理解すればよい．そして，平衡状態になれば $\Delta G = 0$ となる．標準状態（25 ℃，1 atm）において，物質を構成する元素単体から物質 1 mol を生成する反応の ΔG は，標準生成自由エネルギー変化 ΔG^0_f (Gibbs standard free energy of formation) で表される．表 13.1 に，25 ℃ におけるいくつかの物質の ΔG^0_f をあげた．単体である C (s), O_2 (g), H_2 (g) は，定義により 0 となる．

表 13.1 代表的な物質の標準生成自由エネルギー変化

	ΔG^0_f (kJ mol^{-1})
H_2O (l)	-237.1
H_2O (g)	-228.6
CH_4 (g)	-50.3
O_2 (g)	0
CO_2 (g)	-394.4
C (s)	0
CO (g)	-137.2
H_2 (g)	0

標準状態で，ある化学反応がおこったとき，1 mol 当たりのギブズ自由エネルギーの変化が標準自由エネルギー変化 ΔG^0 (Gibbs standard free energy change) であり，次式で表される．

$$\Delta G^0 = (生成物の \Delta G^0_f の合計) - (出発物質の \Delta G^0_f の合計) \qquad (式13\text{-}17)$$

例えば，次の反応を考える．

$$CH_4\ (g) + 2O_2\ (g) \rightarrow CO_2\ (g) + 2H_2O\ (g) \qquad (式13\text{-}18)$$

この反応の ΔG^0 を表 13.1 の値を元に計算することができる．生成物の ΔG^0_f の合計は $-394.4 + (-228.6 \times 2) = 851.6$ (kJ mol^{-1})，出発物質の ΔG^0_f の合計は -50.3 (kJ mol^{-1}) である．よって，ΔG^0 は -801.3 (kJ mol^{-1}) と負の値となり，反応は明らかに右側に進んでいくことになる．なお，ΔG^0 と反応の平衡定数 K の関係は，ボルツマン分布から次のように表される．

$$\Delta G^0 = -RT\ln K \qquad (式13\text{-}19)$$

平衡の移動を考える……ルシャトリエの原理

　ある反応が平衡状態に達しているとき，濃度・圧力・体積・温度などを変化させると，反応はその変化を打ち消すような方向に進み，新たな平衡状態に移行する．この現象を発表したのがルシャトリエ（フランス Henry Louis Le Châtelier, 1850-1936）で，これをルシャトリエの原理（Le Châtelier's principle）という．$aA+bB \rightleftarrows cC+dD$ という平衡反応では，平衡定数 K は式 13-6 で示される．K は温度が一定ならば変わらないので，物質 A を新たに反応系内に入れて濃度 [A] を増やしたら，A を減らす方向，つまり，C や D ができる方向に反応が進む．このとき，平衡は右に移動したといえる．また，反応系から物質 C を取り除いて [C] を減らしたら，反応は C が増える方向に進む．この場合も，平衡は右に移動したことになる．

　温度を変化させると，平衡定数 K が変化する．式 13-19 を変形すると，K と 1 mol 当たりのギブズの自由エネルギー変化 ΔG^0 は，次式で示される．

$$\ln K = -\frac{\Delta G^0}{RT} \qquad \text{（式 13-20）}$$

　ΔG^0 が負ならば，温度 T の上昇は K の減少を意味し，平衡は左に移動することになる．逆に，ΔG^0 が正ならば，温度の上昇は平衡を右に移動させる．

気体の反応は分圧で考える

　混合気体において，状態方程式より各物質のモル数（モル濃度）は分圧に比例することになるので，気体の平衡反応では分圧 p を用いて議論する方が容易である．$aA+bB \rightleftarrows cC+dD$ という気体の平衡反応の場合，各物質の分圧をそれぞれ p_a, p_b, p_c, p_d とすると，次式が成立する．

$$K_p = \frac{p_c^{\,c} p_d^{\,d}}{p_a^{\,a} p_b^{\,b}} \qquad \text{（式 13-21）}$$

　少しわかりにくいが，右肩についている a, b, c, d はそれぞれの分圧のべき乗を示している．K_p は圧平衡定数(pressure equilibrium constant)であり，一定温度で決まった値をとる．具体例があるとわかりやすいので，式 13-22 の反応を考えてみよう．

$$N_2 + 3H_2 \rightleftarrows 2NH_3 \qquad \text{(式 13-22)}$$

この場合の圧平衡定数 K_p の関係式は，次のようになる．

$$K_p = \frac{p_{NH_3}^2}{p_{N_2} \times p_{H_2}^3} \qquad \text{(式 13-23)}$$

もし，ある温度でこの混合気体に圧力をかけて全圧が n 倍になったとする．すると，それぞれの分圧も n 倍になるので，式 13-24 となる．

$$\frac{(np_{NH_3})^2}{(np_{N_2}) \times (np_{H_2})^3} = \frac{p_{NH_3}^2}{n^2 (p_{N_2} \times p_{H_2}^3)} = \frac{K_p}{n^2} \qquad \text{(式 13-24)}$$

加圧されるときは（$n>1$），$K_p/n^2 < K_p$ となる．圧平衡定数は常に一定なので，K_p/n^2 が K_p に近づくように平衡の移動が起こることになる．つまり，n^2 がある分だけ，式 13-23 における分母を減らして分子を増やす方向に反応が進むことになり，平衡は NH_3 ができる右側に移動することになる．この際，全体の分子数は減る方向に進んでいる（左辺 4 分子＞右辺 2 分子）．減圧されるとき（$n<1$）は，その逆で，平衡は NH_3 が分解する左側に移動することになる．

部屋が汚れるのは当然？

　熱力学の第二法則は，平衡についての経験を積み上げたものである．これには様々な表現方法があり，「ある量の仕事を熱に変えないで，低温の熱源から高温の熱源に熱を移すことは不可能である」（クラウジウスの表現）や「循環過程において，高温の熱源から低温の熱源へ熱を移動させないで，その熱を仕事に変えることは不可能である」（ケルビン（イギリス William Thomson，通称 Lord Kelvin，1824-1907）の表現）などがある．どちらも表現がわかりづらく，理解するのが難しいが，簡単に言ってしまうと，「熱は高温のものから低温のものに移動するのが普通で，逆は起こらない」という我々が日常当たり前に感じていることを表現しているに過ぎない．そして，同じことを別に表現したのが，エントロピー増大の法則なのである．

　自分の部屋を想像してみよう．始めきちんと整理されていた部屋を毎日利用していくと，知らず知らずに片付いていない物が増えていき，また，ゴミも増え，いわゆる「ちらかった」状態になる．この「ちらかり具合」を「乱雑さ」「エントロピー」と考えると，自然にまかせるとエントロピーは常に増加する，ということが実感できるだろう．ただ，部屋がちらかるといっても限界があり，ある程度のところで一部を片付けることになるだろう．これが平衡状態である．どの段階で平衡状態が来るかは当然，人の性格によって違うだろうが……．

　系が平衡状態になっていたらそれ以上もう変化はないが，平衡に達していない場合，平衡状態に向かって自発的にものごとが流れる．このときの変化の方向を決定する1つの要因がエントロピーなのである．

　ちなみに，ケルビンの本名はウィリアム・トムソンだが，後に男爵の爵位を叙せられたため，ケルビン卿ともいわれている．物理学者としてトムソンの名前でも多くの業績が残されているが，ケルビン卿の由来で絶対温度の単位 K（kelvin）が名づけられているのは有名である．

第 14 章　酸・塩基の考え方

14.1　アレニウスおよびブレンステッド・ローリーの定義

酸性と塩基性とは

　酸（acid）および塩基（base）とは何だろうか．身近な酸としては食酢の成分である酢酸 CH_3CO_2H（acetic acid）がある．また，レモンにはクエン酸が含まれている（図 14.1）．どちらも酸っぱいのが特徴で，酸と言われる物質は青色リトマス紙を赤に変色させる性質をもつ．これらの酸としての性質のことを，酸性（acidic property）という．

　それに対し，酸を打ち消すのが塩基である．セッケンは塩基であり，ぬるぬるした触感があり，苦い．ベーキングパウダーに含まれる重曹は炭酸水素ナトリウム $NaHCO_3$（sodium hydrogen carbonate）であり，これも塩基の一種である．赤色リトマス紙を青に変色させるなどの塩基としての性質のことを，塩基性（basic property）という．

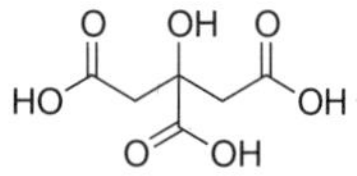

図 14.1　酸性を示す化合物の例：クエン酸

　これらは以前から知っていたかもしれないが，酸・塩基について深く理解するのは思っているほど簡単ではない．もう一度初心に返って酸・塩基について勉強してみよう．

アレニウスの定義

　どういう物質が酸で，どういう物質が塩基であるか．これを明確にするため，昔から様々な言葉で定義づけされている．最も古い考え方は，1884 年にアレニウスにより提案された次のようなものである．

　「酸……水溶液中で電離して，水素イオン（プロトン proton）H^+ を生じる

物質」

「塩基……水溶液中で電離して，水酸化物イオン OH⁻（hydroxide）を生じる物質」

これがアレニウスの定義（Arrhenius acid-base theory）である．例えば，塩化水素 HCl（hydrogen chloride）の水溶液である塩酸（hydrochloric acid）は，式 14-1 のように電離（解離）しており，H^+ を生じている．

$$HCl \rightarrow H^+ + Cl^- \qquad (式14\text{-}1)$$

したがって，塩化水素は「酸」である．生じた H^+ は水と反応してヒドロニウムイオン H_3O^+（hydronium ion）の状態で存在している．

$$H^+ + H_2O \rightarrow H_3O^+ \qquad (式14\text{-}2)$$

水酸化ナトリウム（sodium hydroxide）は水溶液中で，式 14-3 のように電離して，OH⁻ を生じており，「塩基」となる．

$$NaOH \rightarrow Na^+ + OH^- \qquad (式14\text{-}3)$$

アレニウスの定義では，酸塩基を水溶液中でのみ定義されるが，酸・塩基性は必ずしも水溶液中に限定されるものではない．また，水酸化物イオンを生じる物質が塩基だとしたら，分子中に必ず OH 基を有していなければならず，塩基性を示すアンモニア NH_3（ammonia）は塩基と定義できない．アレニウスの定義は，極めて狭い定義であるといえる．

ブレンステッド・ローリーの定義

ブレンステッド（デンマーク Johannes Nicolaus Brønsted, 1879-1947）とローリー（イギリス Thomas Martin Lowry, 1874-1936）は，1923 年にそれぞれ独立に，水溶液中に限らない酸塩基の定義を提案した．

「酸……プロトン H^+ を与える物質」

「塩基……プロトン H^+ を受け取る物質」

これを，ブレンステッド・ローリーの定義（Brønsted-Lowry acid-base theory）という．この定義においては，酸と塩基を必ず対として考えるのが

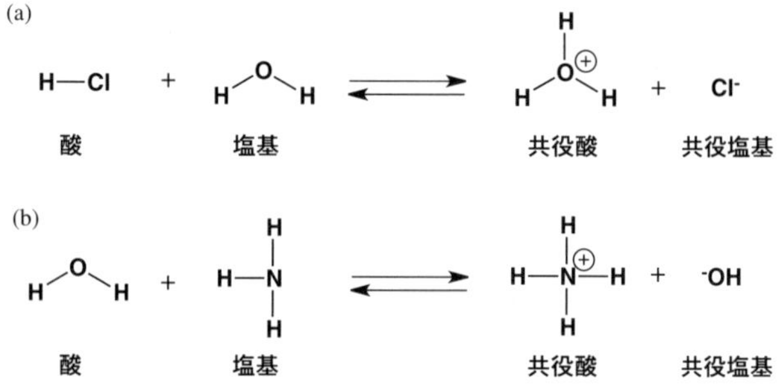

14.1 アレニウスおよびブレンステッド・ローリーの定義

(a)
H—Cl + H—O—H ⇌ H—O⁺(H)—H + Cl⁻
酸　　　塩基　　　　　　共役酸　　　　共役塩基

(b)
H—O—H + H—N(H)—H ⇌ H—N⁺(H)(H)—H + ⁻OH
酸　　　塩基　　　　　　共役酸　　　　共役塩基

図 14.2 ブレンステッド・ローリーの酸・塩基の定義

特徴である．図 14.2a では，塩化水素が水中でプロトンを放出し，水がプロトンを受け取っている．このとき，塩化水素は酸であり，水が塩基と定義できる．プロトンの受け渡しを平衡反応と考えると，矢印の右側から左側への反応では，ヒドロニウムイオンがプロトンを出し，塩化物イオン Cl^- がプロトンを受け取ることになる．この場合，水とヒドロニウムイオン，塩化水素と塩化物イオンは，それぞれ共役（conjugate）の関係にあり，ヒドロニウムイオンを水の共役酸（conjugate acid），塩化物イオンを塩化水素の共役塩基（conjugate base）という．逆の立場から，水はヒドロニウムイオンの共役塩基，塩化水素は塩化物イオンの共役酸でもある．ただし，塩化水素と水の作用の場合，塩化水素の酸としての能力が高いので，完全に電離して不可逆的に矢印は右側に向いていることになる．

$$HCl + H_2O \rightarrow H_3O^+ + Cl^- \qquad (式14\text{-}4)$$

アンモニア NH_3 に関しては，アレニウスの定義では酸とも塩基とも定義することができなかった．水中でのアンモニアの挙動を考えると，水からプロトンを奪ってアンモニウムイオン NH_4^+（ammonium）になって水酸化物イオン OH^- を生成する（図 14.2b）．すなわち，塩化水素との相互作用とは異なり，ここでは水が酸として働き，アンモニアが塩基として働いていることになる．そして，右辺におけるアンモニウムイオンはアンモニアの共役酸であり，水酸化物イオンは水の共役塩基となる．

これらを見ていくと，ブレンステッド・ローリーの定義では，2 つの物質

（分子またはイオン）がそれぞれ酸と塩基の役割を演じて作用し，お互いにプロトンのやりとりを介した一種の化学平衡反応ということになる．図 14.2 で水が相手によって酸にも塩基にもなっていることからわかるように，酸と塩基を絶対的に決定することはできず，酸としての能力の高さを相対的に比べたときに，強い方が酸，弱い方が塩基という決まり方になるのである[*14-1]．そして，矢印の左から右への反応と右から左への反応のどちらが優勢になるかは，左右辺における酸どうしの酸としての能力を比較することで決まってくることになる．

水も電離する

酸や塩基の強さを議論する前に，酸性・塩基性についてもう少し化学的に考えてみよう．水も常温でわずかながら電離しており，次のような電離平衡がおこっている．

$$H_2O \rightleftarrows H^+ + OH^- \qquad \text{(式 14-5)}$$

実際にはプロトンが遊離して存在しているわけではなく，ヒドロニウムイオン H_3O^+ を形成しているが，ここではわかりやすく H^+ として話をすすめていく．この時, 電離定数（電離における平衡定数, ionization constant）K は，次式で示される．

$$K = \frac{[H^+][OH^-]}{[H_2O]} \qquad \text{(式 14-6)}$$

水はごくわずかしか電離しておらず，$[H_2O]$ の値はほぼ水のモル濃度（55.6 M）に等しく，一定とみなせる（1 L の水は 1000 g の水なので，水 1 L 当たり 55.6 mol 含んでいることになる．これが変わることはない！）．したがって，式 14-6 の左辺に $[H_2O]$ をかけた $K[H_2O]$ も一定となり，式 14-8 に書き換えることができる．

[*14-1] 酸の強さ「酸性度（acid strength）」の比較は，塩基性の強さ「塩基性度（base strength）」を比較することと同じことなので，どちらで考えても同じである．詳細は 14.2 節を参照.

$$K_w = K\,[\text{H}_2\text{O}] = [\text{H}^+][\text{OH}^-] \qquad (\text{式 14-7})$$

K_wを水のイオン積（self-ionization constant of water または ionic product of water）という．K_wは一定温度で変わらない定数で，常温 25 ℃では $K_w = 1.0 \times 10^{-14}\,\text{M}^2$ である[*14-2]．水の電離は $\Delta H^0 = +56\,\text{kJ mol}^{-1}$ であり，吸熱反応である．したがって，ΔG^0 も正になり，温度が高いほど平衡は右に偏る（13.2節参照）．いくつかの温度における K_w の値を表 14.1 に示した．いずれにせよ，常温付近では $K_w = 1.0 \times 10^{-14}\,(\text{M}^2)$ と考えて良い．

塩基性？アルカリ性？

　中学校くらいでは赤色リトマス紙を青くするのが「アルカリ性（alkaline）」と習ったのに，高校の教科書では「塩基性」という言葉が多く見られるようになってくる．これらは何が違うのだろうか？

　もともと「アルカリ（alkali）」はアルカリ金属の水酸化物や炭酸塩を意味している．アラビア語で灰を意味する「kali」に由来しており，これは陸の植物の灰（主に K_2CO_3）や海の植物の灰（主に Na_2CO_3）の総称であった．これらの灰の浸出液が示す性質から，「アルカリ性」という言葉ができ，元来は水酸化カリウム KOH（potassium hydroxide）のような強塩基性物質を示す語であったようだ．

　一方，塩基性とは「酸を中和して塩（えん）と水だけをつくる性質」を意味する．結局由来は異なるものの，意味するところは同じで，「アルカリ性」「塩基性」の厳密な区別はないようである．ただし，言葉の由来にもなっているように，「アルカリ性」という言葉は水溶性のものに限定して使うことが多い．そして，ブレンステッド・ローリーの定義以降は，水溶液以外でも酸や塩基が定義できるようになった．つまり，「塩基性」は「アルカリ性」をより広く解釈したものであり，基本的に全ての場合で「塩基性」とした方が無難ということになる．本書ではすべて「塩基性」で統一してある．

[*14-2]　このように溶媒自らが電離することを自己解離（self-ionization）という．

表 14.1 温度による K_w の変化

温度（℃）	0	25	40	60
K_w （M²）	0.113×10^{-14}	1.01×10^{-14}	2.92×10^{-14}	9.55×10^{-14}

ここで，溶液中の水素イオン濃度（hydrogen ion concentration）[H⁺] に着目する．[H⁺] の値そのものは扱いにくいが，[H⁺] の逆数の常用対数を用いると扱いやすい値になる．これを水素イオン指数（measure of the hydrogen ion activity，pH）といい，次式で定義される[*14-3]．

$$\mathrm{pH} = \log\left(\frac{1}{[\mathrm{H}^+]}\right) = -\log[\mathrm{H}^+] \quad (\text{式 14-8})$$

pH は「ピー・エイチ」と読むのが正しい．[H⁺]＝[OH⁻] の場合，[H⁺]＝1×10^{-7} M ということになるので，pH＝7 になる．これが中性（neutrality）

酸になるか塩基になるかは相手次第

ブレンステッド・ローリーの酸塩基では，酸と塩基が作用することになる．その場合，どちらが酸でどちらが塩基になるのかは，相対的な酸の強さで決まってくるのである．したがって，反応する相手によって，あるときは酸になったり，あるときは塩基になったりすることがある．例えば本文で示したように，水は，塩化水素が相手の場合には塩基として働き，相手がアンモニアなら酸として働く．同じような例はたくさんあり，強酸として知られる硝酸 HNO₃（nitric acid）も，硫酸 H₂SO₄（sulfuric acid）が相手になれば逆にプロトンを受け取る役目にまわり，塩基であるといえる．この反応は，9.3 節でベンゼンのニトロ化の際に示した．酸性度や塩基性度はあくまで相対的な数値であり，自らが酸になるのか塩基になるのかは相手次第で決まってしまうのである．

[*14-3] 実際には [H⁺] ではなく，水素イオン活量（hydrogen ion activity）a_{H^+} というもので定義されるが，希薄水溶液中では，基本的に [H⁺] と同じと考えて良い．

を意味する．$[H^+]$ が 1×10^{-7} M よりも濃くなると，pH＜7 になり，これは酸性を示している．また，$[H^+]$ が 1×10^{-7} M よりも薄くなると，pH＞7 になり，塩基性である．実際に水溶液の pH を測定する場合は，pH 試験紙を使うのが簡単だが，pH メーターを用いて数値として計測することもできる．強酸 HA は水溶液中ですべて H^+ を解離しているので，元の酸の濃度が $[H^+]$ であり，これから pH が計算できる．一方，$[OH^-]$ がわかっている塩基性水溶液では，$[H^+][OH^-]=1.0\times10^{-14}$（常温）から $[H^+]$ が求められ，pH が計算できる．

14.2 酸と塩基の強さ

酸の強さの指標……酸解離定数

酸と塩基の平衡反応について，理論的に解析してみよう．一般の酸 (HA) が水中でプロトンを放出するとき，プロトンの放出する度合い（酸の強さ，酸性度）は，次のような式で示される．

$$HA + H_2O \xrightleftharpoons{\text{平衡定数 } K} A^- + H_3O^+ \qquad (式 14\text{-}9)$$

$$K = \frac{[H_3O^+][A^-]}{[HA][H_2O]} \qquad (式 14\text{-}10)$$

希薄な溶液中では，$[H_2O]$ は一定とみなせるので，新しい定数 K_a を式 14-11 および式 14-12 とかける．

$$K_a = K[H_2O] = \frac{[H_3O^+][A^-]}{[HA]} \qquad (式 14\text{-}11)$$

$$pK_a = -\log K_a \qquad (式 14\text{-}12)$$

K_a は，酸の強さを定量的に示す指標であり，酸解離定数（または酸性度定数, acid dissociation constant）という．K_a をそのまま用いると扱いにくいので，K_a の負の常用対数 pK_a の値で，酸性度を比較することになる．K_a の数値が大きいほど，つまり pK_a の数値が小さいほど，酸性度が高い（強い酸）ということになる．大体，pK_a 値が 1 より小さいものが強酸，4 より大きい

ものが弱酸である．硫酸 H_2SO_4 や炭酸 H_2CO_3 (carbonic acid) などの物質では，一段階，二段階と H^+ が順番に複数解離する物質がある．硫酸の例を，式14-13 および式14-14 に示す．

$$H_2SO_4 + H_2O \rightarrow H_3O^+ + HSO_4^- \quad (pK_a = -3.0, \text{ 推定}) \quad \text{(式 14-13)}$$

$$HSO_4^- + H_2O \rightleftarrows H_3O^+ + SO_4^{2-} \quad (pK_a = 2.0) \quad \text{(式 14-14)}$$

一段階目の K_a を第一解離定数，二段階目の K_a を第二解離定数という．当然，二段階目以降の解離定数は小さくなっていく．

硫酸の第一解離や塩化水素 HCl，硝酸 HNO_3，ヨウ化水素 HI (hydrogen iodide) などの強電解質 (electrolyte) は，水中で完全に電離しており，強酸性を示す．したがって，水中で強酸どうしの酸の強さを比較することはあまり意味をなさないし，正確には測れない．また，溶媒によっても pK_a 値は異なるので単純な酸性度の比較は難しいが，一般的には概ね，ヨウ化水素 HI＞硫酸 H_2SO_4 (第一解離平衡)＞臭化水素HBr(hydrogen bromide)＞塩化水素HCl＞硝酸HNO_3の順番になる．ただし，硫酸が塩酸よりも弱い場合もある．これらの強酸では，pK_a が 0 より小さい値を示す．

一般的な酸では，式14-11 より，ちょうど酸が50％解離したとき，[HA]＝[A^-] となるので，$K_a =$ [H_3O^+]＝[H^+] となり，酸解離定数と水素イオン濃度が等しくなる．よって，pH＝pK_a となる．

弱酸の電離

一方，酢酸 CH_3CO_2H のような弱電解質の場合，水中では一部が電離しているのみで，平衡状態となる．

$$CH_3CO_2H + H_2O \rightleftarrows H_3O^+ + CH_3CO_2^- \quad \text{(式 14-15)}$$

水を省略すると，次式となる．

$$CH_3CO_2H \rightleftarrows H^+ + CH_3CO_2^- \quad \text{(式 14-16)}$$

酢酸を水に溶かしたとき，初期の酢酸の濃度を c M，初期の酢酸分子のう

ち電離しているものの割合を示す電離度（degree of electrolytic dissotiation）を α とする。電離度 α は，式 14-17 で表される。

$$\alpha = \frac{電離した電解質の物質量}{溶解した電解質の物質量} \quad (0 < \alpha < 1) \quad （式 14\text{-}17）$$

すると，それぞれの分子・イオンの濃度は，次のようになる。

$[CH_3CO_2H] = c(1-\alpha)$ （$(1-\alpha)$ の割合の酢酸が残った） （式 14-18）

$[H^+] = c\alpha$ （α の割合で酢酸が解離して，H^+ ができた） （式 14-19）

$[CH_3CO_2^-] = c\alpha$ （H^+ と同時に酢酸イオンも同じ量できた）（式 14-20）

これらを，式 14-11 に代入すると式 14-21 となる。

$$K_a = \frac{[H^+][CH_3CO_3^-]}{[CH_3CO_2H]} = \frac{c\alpha \times c\alpha}{c(1-\alpha)} = \frac{c\alpha^2}{1-\alpha} \quad （式 14\text{-}21）$$

したがって，ある条件での酸の電離度 α がわかれば，酸解離定数は計算

表 14.2 代表的な酸の pK_a 値（水中，室温付近）

酸	K_a	pK_a
ヒドロニウムイオン H_3O^+	55.5	-1.74
トリフルオロ酢酸 CF_3CO_2H	0.56	-0.25
硫酸水素イオン HSO_4^-	1.02×10^{-2}	1.99
リン酸 H_3PO_4	7.1×10^{-3}	2.15（第一解離定数）
フッ化水素 HF	6.8×10^{-4}	3.17
安息香酸 $C_6H_5CO_2H$	6.5×10^{-5}	4.19
酢酸 CH_3CO_2H	1.74×10^{-5}	4.76
炭酸 H_2CO_3	4.4×10^{-7}	6.36（第一解離定数）
リン酸二水素イオン $H_2PO_4^-$	6.3×10^{-8}	7.20
シアン化水素 HCN	6.2×10^{-10}	9.21
アンモニウムイオン NH_4^+	5.8×10^{-10}	9.24
フェノール C_6H_5OH	1.12×10^{-10}	9.95
メタノール CH_3OH	3.2×10^{-16}	15.5
水 H_2O	1.8×10^{-16}	15.7
アセチレン $CH \equiv CH$	1.0×10^{-25}	25
アンモニア NH_3	1.0×10^{-38}	38
エチレン $CH_2 = CH_2$	1.0×10^{-44}	44
メタン CH_4	1.0×10^{-50}	50

できることになる．特に電離度が小さい場合には，$1-\alpha=1$ と見なすことができるので，次の式で近似される．

$$K_a = c\alpha^2 \qquad (式14\text{-}22)$$

$$\alpha = \sqrt{\frac{K_a}{c}} \qquad (式14\text{-}23)$$

また，式 14-19 から溶液の pH が計算できる．

$$[H^+] = c\alpha = c \times \sqrt{\frac{K_a}{c}} = \sqrt{cK_a} \qquad (式14\text{-}24)$$

一般的な酸の水中室温付近での強さを表 14.2 に示す．pK_a 2〜12 の値はほぼ正確な値であるが，強酸や非常に弱い酸の pK_a 値の精度は低い．

酸性度と塩基性度

酸の解離と同様に，塩基のプロトンのもらいやすさ（塩基性度）も次のように決めることができる．

$$A^- + H_2O \;\xrightleftharpoons[]{\text{平衡定数}K'}\; HA + OH^- \qquad (式14\text{-}25)$$

$$K' = \frac{[OH^-][HA]}{[A^-][H_2O]} \qquad (式14\text{-}26)$$

$$K_b = K'[H_2O] = \frac{[OH^-][HA]}{[A^-]} \qquad (式14\text{-}27)$$

$$pK_b = -\log K_b \qquad (式14\text{-}28)$$

K_b は，塩基解離定数（base dissociation constant）である．もうおわかりのように，K_b が大きいほど，そして pK_b が小さいほど強い塩基ということになる．一部の塩基の塩基性度について，表 14.3 に示そう．この表には，それぞれの塩基の共役酸の形も記して

表 14.3 代表的な塩基の pK_b 値（水中，室温付近）と共役酸

塩基	pK_b	共役酸
H_2O	15.7	H_3O^+
$CH_3CO_2^-$	9.3	CH_3CO_2H
$C_6H_5O^-$	4	C_6H_5OH
CH_3O^-	−1.5	CH_3OH
OH^-	−1.7	H_2O

おいた.

　各塩基の pK_b 値と，これらの共役酸の pK_a（表 14.2）を比較してほしい．お互いの値をよく見ると，おもしろい事実を知ることができる．例えば，酢酸イオンの pK_b とその共役酸である酢酸の pK_a の値をたすと概ね 14 になる．他のものもすべて同様である！これはどうしたことか．お互いに共役の関係にある酸 HA の K_a と，塩基 A$^-$ の K_b との関係は次のようになる．

$$K_a \times K_b = \frac{[H_3O^+][A^-]}{[HA]} \times \frac{[OH^-][HA]}{[A^-]} = [H_3O^+][OH^-] = 10^{-14} = K_w \quad (式 14\text{-}29)$$

$$pK_a + pK_b = 14 \quad (式 14\text{-}30)$$

　K_a と K_b の積は，水の自己解離定数 K_w に他ならず，酸 HA の pK_a 値がわかれば，その共役塩基 A$^-$ の pK_b 値も自ずとわかってしまうのである．見方を変えると，酸性度が高くて小さい pK_a 値を持つ強い酸の共役塩基の pK_b 値は，"必ず"大きく，塩基性が弱い．同様に強い塩基の共役酸は"必ず"弱い酸である．

　「酸 HA，塩基 B$^-$」と「塩基 A$^-$，酸 HB」との間で次式の平衡が成り立つとする．

$$HA + B^- \rightleftarrows A^- + HB \quad (式 14\text{-}31)$$

　このとき，反応の平衡がどちらに偏るかは，酸 HA と酸 HB の酸性度を比較することで決まる．HA がより強い酸（より小さい pK_a）で，HB がより弱い酸（より大きい pK_a）だとすると，右に進む反応が優先されて平衡は右に偏ることになる．

$$HA + B^- \xrightleftharpoons{} A^- + HB \quad (式 14\text{-}32)$$

14.3　酸塩基反応の応用

分子の形と酸の強さ

　酸の強さは，H$^+$ を放出する能力である．そして，この能力は分子の構造

によって，ある程度相対的な強さを比較することができる．ここで，一般式を HA→H$^+$+A$^-$ として，構造の違いによる酸性の違いを考えてみよう．

まず H-A という構造で，A が原子だとすると，A の電気陰性度が大きいほど H-A 結合は電子に偏りが生じ，H$^{\delta+}$-A$^{\delta-}$ のように分極する．すると，H-A 結合は開裂しやすくなる．すなわち，酸性が強くなる．これは周期表の同周期の原子を比較するときに有効で，例えば，メタン CH$_4$ ＜アンモニア NH$_3$ ＜水 H$_2$O ＜フッ化水素 HF (hydrogen fluoride) の順番で酸性度が高くなっている．

A が原子ではなく原子団または官能基であった場合も，A の電子を求引する誘起効果で H-A 結合の分極が進めば，酸性度が高まることになる．酢酸 CH$_3$CO$_2$H の CH$_3$ 部分の水素が塩素に置換されているモノクロロ酢酸 CH$_2$ClCO$_2$H (monochloroacetic acid)，ジクロロ酢酸 CHCl$_2$CO$_2$H (dichloroacetic acid)，トリクロロ酢酸 CCl$_3$CO$_2$H (trichloroacetic acid) の酸性度を比較すると，塩素の置換している数が多いほど酸性が強くなる（図 14.3）．電気陰性度が大きく電子を引きつけやすい塩素原子の置換により，間接的に O-H 結合の分極が起こりやすくなり，結果的に水素が放出されやすくなる．置換する塩素原子の数が多くなると当然その度合いが大きくなり，酸性度も増すのである．また，ハロゲンの種類としても，電気陰性度の大き

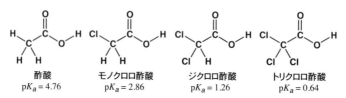

図 14.3 塩素置換による酢酸の酸性度の違い

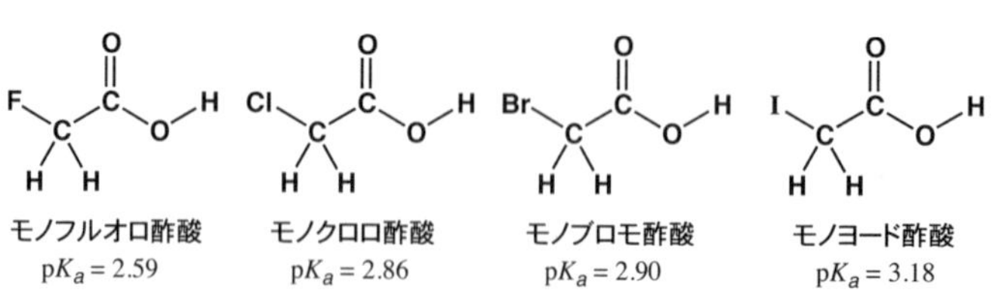

図 14.4 ハロゲン置換による酢酸の酸性度の違い

14.3 酸塩基反応の応用   267

い順，I＜Br＜Cl＜F が置換していた方が酸性度が高くなる（図 14.4）．

　A が原子の場合，周期表の同族列でみると下に行くにつれて，HF＜HCl＜HBr＜HI の順番で酸性度は高まる．周期表の下の原子ほど大きく，広く分散した原子軌道と，水素の 1s 軌道との重なりが弱くなる．結果的に H–A 結合が弱くなり，酸性度が増すのである．これは，H_2O＜硫化水素 H_2S（hydrogen sulfide）＜セレン化水素 H_2Se（hydrogen selenide）の関係でも同じである．

　アニオンである A^- の安定性も，酸性度を決める大きな要因となる．メタノール CH_3OH に比べたら酢酸の pK_a の値は小さい．これは何故であろうか．酢酸がプロトンを放出した後には，酢酸イオン $CH_3CO_2^-$（acetate）となる（図 14.5a）．酢酸イオンは，カルボニルを含んだ共鳴構造をかけ，共鳴安定化される．つまり，分子としては，酢酸の形でいるよりも酢酸イオンでいる方が「得」なのである．一方，メタノールがプロトンを放出した形のメトキシドイオン CH_3O^-（methoxide）には，共鳴による安定化はみられない．「得」なことがないのである．電子が複数の軌道に分散し，共鳴安定化による酸性度の上昇が予想できる別の例として，フェノール C_6H_5OH の場合を考えてみよう（図 14.5b）．フェノールがプロトンを放出すると，フェノキシドイオン $C_6H_5O^-$（phenoxide）になるが，これもやはり，共鳴構造をかくことができる．やはりフェノールも，メタノールよりもプロトンを放出しやすく，

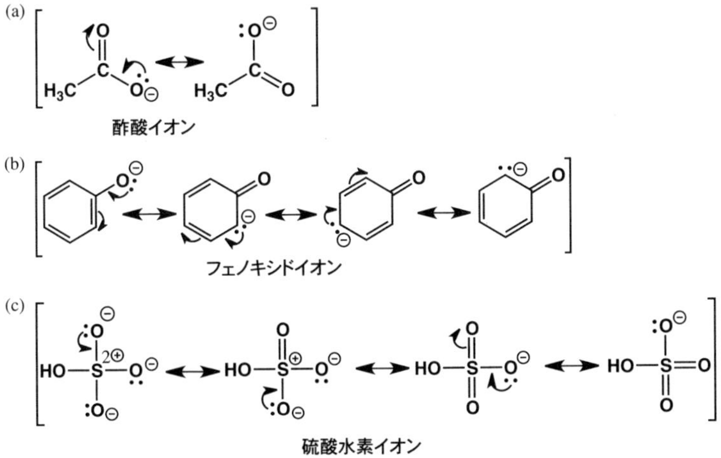

図 14.5　共役塩基の共鳴安定化

酸性度が高いと予測できる。同じことは，硫酸水素イオン HSO_4^-（hydrogen sulfate）でもいえる（図 14.5c）．硫酸でいるよりも，硫酸水素イオンになった方が共鳴安定化を受けるので，硫酸は強い酸性であると考えられる．

中和滴定

　水溶液中で酸性の物質と，同じく水溶液中で塩基性の物質を混合すると，H^+ と OH^- が反応して H_2O が生成し，中性（neutrality）になる．このような酸と塩基の打ち消しあいが，中和反応（neutralization reaction）である．既知の濃度の塩基または酸を元に，濃度がわからない酸または塩基の濃度を決定するために，中和反応を利用した中和滴定（acid-base titration）が行われる．その際，使用した既知の濃度の塩基または酸の量に対する pH 変化を描いた図を滴定曲線（titration curve）という．ちょうど中性になったところが中和点（point of titration）になり，中和点付近では pH 変化が激しい（図 14.6）．濃度をはかりたい溶液に，あらかじめ pH 変化を示す指示薬（pH indicator）を入れておき，その色の変化により中和点を知ることができる．最も一般的なのがフェノールフタレイン（phenolphthalein）で，酸性溶液中では無色であるが，pH 8.0〜9.8 で赤色になる（図 14.7）．例

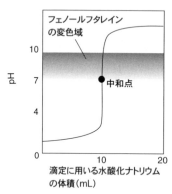

図 14.6　中和滴定における pH 変化
0.1 M 塩酸 10 mL を 0.1 M 水酸化ナトリウム水溶液で中和するとき．

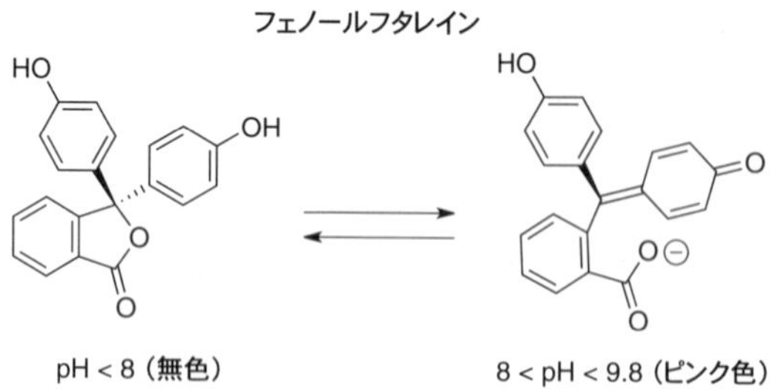

図 14.7　フェノールフタレイン

えば，濃度がわからない塩酸 10 mL にフェノールフタレイン溶液を入れておき（極少量で充分），これに対して，0.1 M の水酸化ナトリウム水溶液を滴下する．中和点付近では，水酸化ナトリウム1滴ごとに赤色がつくが，混ぜると消えてしまう．溶液を振り混ぜても消えずに赤色が残ったところが中和点である．ちょうど 8 mL 加えたときに中和したとすると，このときの OH^- の物質量は 8×10^{-4} mol であり，これが元の塩酸の H^+ の物質量と等しくなる．したがって，塩酸の濃度は 0.08 M ということが計算される．

緩衝液の作用

通常，水あるいは何らかの水溶液に酸や塩基を加えると，少量でも液のpHは大きく変化する．ところが，弱酸とその塩の混合溶液や，弱塩基とその塩の混合溶液の場合，少量の酸や塩基の添加ではpHの変化はほとんどない．このような性質をもつ溶液を緩衝液（buffer solution）という．化学実験において，pHをある程度一定に保つ必要がある場合，単なる水溶液ではなく緩衝液を用いるという工夫をする．pH変化に敏感な生体試料（例えば酵素）を用いる実験では，緩衝液を用いることは特に重要である．人間の血液や体液も緩衝作用を持っている．代表的な緩衝液の組み合わせを表 14.4 に示した．それぞれの酸，塩基の $pK_a \pm 1$ 位のpHで良い緩衝作用が期待できる．中性付近では，リン酸緩衝液（phosphate buffer）がよく用いられる．表以外に，グッド緩衝液（Good's buffers）とよばれる，生化学分野の実験でよく用いられる一連の緩衝液が知られている．1種類の緩衝液のまかなう

表 14.4 代表的な緩衝液

	酸の状態	塩基の状態	pK_a
リン酸緩衝液	$H_2PO_4^-$	HPO_4^{2-}	7.2（第二解離定数）
トリス塩酸緩衝液	$H_2NC(CH_2OH)_3$ (tris(hydroxymethyl)amino methane)	$H_3N^+C(CH_2OH)_3$	8.3
酢酸緩衝液	CH_3CO_2H	$CH_3CO_2^-$	4.8
塩化アンモニウム緩衝液	NH_4^+	NH_3	9.3

範囲は狭いが，これを 12 種類合わせることで，生理作用を示す pH 6〜8 位をきめ細かくカバーしているのである．

それでは，緩衝作用はどのように起こっているのであろうか．酢酸緩衝液 (acetate buffer) を例にして考えてみよう．弱酸の酢酸は，水溶液中で式 14-33 のような電離平衡の状態にあるが，ほとんど電離しない．

$$CH_3CO_2H \rightleftarrows CH_3CO_2^- + H^+ \quad (式 14\text{-}33)$$

一方，濃度 C_a の酢酸水溶液に強電解質の酢酸ナトリウムを濃度 C_b になるように水に溶かすと，酢酸ナトリウムは，ほぼ完全に電離する．

$$CH_3CO_2Na \rightarrow CH_3CO_2^- + Na^+ \quad (式 14\text{-}34)$$

つまり，水中にある酢酸イオン $CH_3CO_2^-$ は，ほとんど加えた酢酸ナトリウムの濃度 C_b に等しいと考えて良い．したがって，酢酸の平衡定数 K_a は，式 14-35 および式 14-36 で示される．

$$K_a = \frac{[H^+][CH_3CO_2^-]}{[CH_3CO_2H]} = \frac{[H^+]C_b}{C_a} \quad (式 14\text{-}35)$$

$$[H^+] = K_a \frac{C_a}{C_b} \quad (式 14\text{-}36)$$

したがって，溶液の pH は次式（ヘンダーソン - ハッセルバルヒ式 Henderson-Hasselbalch equation）で表される．

$$pH = -\log[H^+] = pK_a + \log \frac{C_b}{C_a} \quad (式 14\text{-}37)$$

この式から，溶液は酸の pK_a 付近の pH になることがわかる．この溶液に少量の塩酸を加えたとき，式 14-38 の反応が起こり，加えた塩酸分の酢酸イオンが系中から取り除かれて，酢酸ができる．

$$CH_3CO_2^- + H^+ \rightarrow CH_3CO_2H \quad (式 14\text{-}38)$$

例えば，C_a=1.0 M，C_b=1.0 M の水溶液に，0.10 M になる分の塩酸を加えたときの pH は式 14-39 で示され，pH の値はわずか 0.087 下がるだけである．

$$\mathrm{pH} = \mathrm{p}K_a + \log\frac{1.0-0.10}{1.0+0.10} = \mathrm{p}K_a + \log\frac{0.90}{1.10} = \mathrm{p}K_a - 0.087 \quad (式14\text{-}39)$$

溶液に少量の水酸化ナトリウム水溶液を加えた場合にも，式14-40のように，その分の酢酸が酢酸イオンに変わるだけで，pHに大きな影響は出ないのである．

$$CH_3CO_2H + OH^- \rightarrow CH_3CO_2^- + H_2O \quad (式14\text{-}40)$$

溶解度積

酸塩基の話とは直接関係ないが，難溶性の塩が水に溶ける際におこる溶解平衡 (solubility equilibrium) についてここに記しておこう．例えばハロゲン化銀は，どれも水には難溶性を示す．銀イオン Ag^+ を含む水溶液に，ハロゲン化物イオンの水溶液を加えると，沈殿を生じる．わかりやすくハロゲンを塩素 Cl として考えると，塩化銀 AgCl (silver chloride) はわずかながらも水に溶けて電離する．局所的にみると，沈殿物 AgCl (s) は水に溶けたり析出したりする溶解平衡の状態となっており，次式のようにかける．

$$AgCl\,(s) \rightleftarrows Ag^+ + Cl^- \quad (式14\text{-}41)$$

このときの平衡定数を K とすると，温度一定のとき次式が成立する．

$$K = \frac{[Ag^+][Cl^-]}{[AgCl\,(s)]} \quad (式14\text{-}42)$$

溶液での平衡反応なので，固体の $[AgCl(s)]$ は一定になる．あらたに平衡定数 K_{sp} をおくと，式14-43が誘導される．

$$K_{sp} = [Ag^+][Cl^-] \quad (式14\text{-}43)$$

一定の温度で一定になる値，K_{sp} を溶解度積 (solubility product) という．一般式として，難溶性の塩 A_mB_n (金属A，ハロゲンなど陰性のB) の溶解を示す式と溶解度積は，それぞれ式14-44および式14-45で示される．

$$A_mB_n\,(s) \rightleftarrows mA^{n+} + nB^{m-} \quad (式14\text{-}44)$$

表14.5 代表的な塩の溶解度積（25 ℃）

塩	イオン濃度積	K_{sp}
塩化銀	$[Ag^+][Cl^-]$	1.7×10^{-10}
臭化銀	$[Ag^+][Br^-]$	4.9×10^{-13}
ヨウ化銀	$[Ag^+][I^-]$	8.3×10^{-17}
硫化銅	$[Cu^{2+}][S^{2-}]$	4.0×10^{-36}
硫化亜鉛	$[Zn^{2+}][S^{2-}]$	1.1×10^{-24}
塩化水銀(II)	$[Hg^{2+}][Cl^-]^2$	1.3×10^{-18}
炭酸カルシウム	$[Ca^{2+}][CO_3^{2-}]$	3.6×10^{-9}
炭酸鉛	$[Pb^{2+}][CO_3^{2-}]$	8×10^{-14}
硫酸カルシウム	$[Ca^{2+}][SO_4^{2-}]$	6.1×10^{-5}
硫酸鉛	$[Pb^{2+}][SO_4^{2-}]$	1.6×10^{-8}

$$K_{sp} = [A^{n+}]^m [B^{m-}]^n \qquad (式\ 14\text{-}45)$$

金属イオンを含む溶液と陰イオンを含む溶液を混ぜたとき，式14-45で表される陽イオンと陰イオンの濃度の積が，その塩の溶解度積より大きい場合には溶けきれずに沈殿が生じることを意味している．逆に，溶解度積 K_{sp} より小さい場合には，沈殿は生じずに，すべてイオンのまま存在することになる．代表的な塩の25 ℃における溶解度積を表14.5に示した．

14.4　ルイスの酸塩基の定義

ルイスの酸塩基

ブレンステッド・ローリーの酸塩基の考え方は，あくまでプロトンの授受だけでしか酸や塩基を判断できなかった．これに対し，ルイスは，より一般的な酸塩基の定義である，ルイスの定義 (Lewis acid-base theory) を提唱した．酸塩基を電子対の共有に基づいて考えるもので，次のように定義している．

「酸……電子対を受け取ることができる物質」

「塩基……電子対を与えることができる物質」

これだけではわかりにくいので，表14.6にルイス酸とルイス塩基の例をまとめてみた．

ルイス酸は，外側の軌道に電子が満たされていない空の軌道を有するも

14.4 ルイスの酸塩基の定義

表 14.6 代表的なルイス酸・塩基の例

ルイス酸の例	ルイス塩基の例
H$^+$ プロトン / ボラン / 塩化アルミニウム / カルボカチオン	水 / 水酸化物イオン / アルコール / アルコキシドイオン / エーテル / カルボニル / アミン / スルフィド / ハロゲンイオン / ホスフィン

のである．ルイス酸の定義では，プロトン H$^+$ も酸の一種ということになり，多くの金属類がここに含まれる．ルイス酸はマイナス（電子対）を受け入れる「プラス性」のものと考えていい．9.3 節で紹介したベンゼン環への付加反応で触媒として用いられている臭化鉄(III) FeBr$_3$ や塩化アルミニウム AlCl$_3$ (aluminium chloride) もルイス酸の一種であり，これらの反応はルイス酸としての役割を応用した例であるといえよう．

一方，ルイス塩基は「マイナス性」のもので，酸素，窒素，硫黄原子などを含む分子が相当する．水酸化物イオンやアルコキシドイオンのように，明らかに電子過剰なものもルイス塩基であるが，中性でも非共有電子対を有しているものが全て含まれることになる．カルボニル基の場合，酸素部分がこれにあたる．

図 14.8 に，ルイス酸とルイス塩基の反応例を示した．どちらの場合も，ルイス塩基の非共有電子対がルイス酸を攻撃し，新しい結合ができていることがわかる．水とプロトンの反応はまさにブレンステッド・ローリーの定義

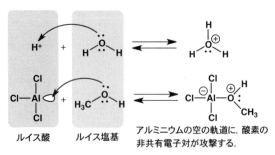

図 14.8 ルイス酸とルイス塩基の反応

によるものと同じであり，ルイスの定義が本質的にブレンステッド・ローリーの定義を包括するものであることがわかるであろう．ルイスによって定義づけされた酸と塩基の反応は，ほとんどの有機化学反応の本質である，プラスとマイナスの引きつけ合いによる反応（求核反応 nucleophilic reaction）を示すものであり，反応試薬の例を示した図 9.12 と表 14.6 は基本的に同じことを言っているのである．有機溶媒中での有機化学反応では，ルイスの定義が最も重要な定義となっている．

HSAB 則

ブレンステッド・ローリーの酸塩基においてはプロトンのやりとりだけを考えればよいので，尺度を一義的に決定することができた．しかし，ルイスの酸塩基においては，それらの組み合わせが多数あり，酸・塩基どうしの相性もあるので，簡単に強さを比較することはできない．1960 年代にピアソン（アメリカ Ralph G. Pearson, 1919–）は，ルイス酸および塩基を，それぞれ硬いものと軟らかいものに分類し，経験則として酸と塩基の相性を示す HSAB 則（エイチエスエービー則，hard and soft acids and bases theory）を提示した．HSAB 則による代表的なルイス酸・塩基の分類を，表 14.7 に示した．基本的に，硬い酸と硬い塩基，そして，軟らかい酸と軟らかい塩基の相性が高く，反応しやすい．

表 14.7 HSAB 則によるルイス酸・塩基の分類

	硬い (hard)	中間	軟らかい (soft)
酸 (acids)	H^+, Li^+, Na^+, K^+, Mg^{2+}, Ca^{2+}, Cr^{3+}, Al^{3+}, Ga^{3+}, Co^{3+}, Fe^{3+}, RCO^+, BF_3, $B(OR)_3$, $AlCl_3$, CO_2, SO_3	Cu^{2+}, Zn^{2+}, Pb^{2+}, Ni^{2+}, Co^{2+}, Fe^{2+}, R_3C^+, BR_3, SO_2	Cu^+, Au^+, Ag^+, Hg^{2+}, Hg^+, Cd^{2+}, BH_3, I_2, Br_2,
塩基 (bases)	H_2O, ROH, R_2O, RNH_2, N_2H_4, HO^-, RCO_2^-, CO_3^{2-}, SO_4^{2-}, NO_3^{2-}, PO_4^{3-}, F^-, Cl^-	$PhNH_2$, pyridine, imidazole, N_3^-, N_2, NO_2^-, SO_3^{2-}, Br^-	RSH, R_2S, R_3P, $(RO)_3P$, C_2H_4, PhR, H^-, R^-, RS^-, $S_2O_3^-$, NC^-, I^-,

硬いとか軟らかいとは何だろうか．硬い酸および硬い塩基には，どちらも，原子半径が小さいものが多く，物質として小さくまとまっており，分極しにくいので正および負の電子密度が高くなっている，という共通点がある．イメージとして「硬い」のである．また，硬い酸は電気陰性度が低く，硬い塩基は電気陰性度が高いものが多い．つまり，硬い酸と硬い塩基は，静電的に高い親和性を有しているのである．一方，軟らかい酸および軟らかい塩基は，原子半径が大きく，物質として比較的大きくなっており，分極しやすいので電子密度が低くなっている．「ふわふわ」としたイメージで，「軟らかい」．軟らかい酸と軟らかい塩基の場合は，静電的相互作用としては弱いけれども，原子軌道または分子軌道どうしのエネルギー差が少なく，軌道の強い相互作用によって反応しやすいと考えられている．最近では，HSAB 則を定量化する試みもなされている．

第15章 酸化と還元

15.1 酸化反応および還元反応

酸化と還元は同時に起こる

エタノール C_2H_5OH は燃えて，炭酸ガス CO_2 と水 H_2O になる．言葉でいうと簡単だが，これは，式15-1で表される一種の化学反応である．

$$C_2H_5OH + 3O_2 \rightarrow 2CO_2 + 3H_2O \qquad (式15\text{-}1)$$

ここではエタノールを用いているが，燃料として用いられるメタン CH_4 やプロパン C_3H_8 も同様な反応を起こす．発熱と発光を伴いながら「燃える」という化学反応（燃焼反応 combustion reaction）の途中経過は複雑なものであるが，結果だけ見れば，物質が酸素 O_2 と結合して，水素が奪われたものといえる．物質が酸素と結合したり水素を失ったりすることを，酸化 (oxidation) という．そして，「酸化」と対になる現象が「還元 (reduction)」である．式15-1で，酸化されたのはエタノールであるが，一方で，酸素の一部は形式上，水素と結合して水となっている．物質が水素と結合したり酸素を失ったりすることを，還元という．式15-1で還元されたのは酸素である．酸化と還元は必ず対になるもので，酸化されるものがあれば，必ず還元されるものがある．

酸化還元反応は電子のやりとり

燃焼のように極めて急な酸化もあるが，金属の鉄 Fe (iron) が長い時間を経てサビついていく場合も，鉄が酸素と結びついて酸化鉄(III) Fe_2O_3 (iron(III) oxide) に変化していく反応である．これも，一種の酸化反応といえよう．酸化された金属鉄は電子を3つ放出して鉄(III)イオン（正）Fe^{3+} に

なり，還元された酸素は電子を受け取って酸化物イオン（負）O^{2-}になっている．このそれぞれの電子の出入りを化学式でかくと，次のようになる．

$$Fe \rightarrow Fe^{3+} + 3e^- \qquad （式15\text{-}2）$$

$$O_2 + 4e^- \rightarrow 2O^{2-} \qquad （式15\text{-}3）$$

これらのように電子の出入りを明確にした化学式を半反応式(half-reaction equation)という．最終的には酸化鉄(III)ができているので，これらの式をあわせると（式15-2の両辺を4倍し，式15-3の両辺を3倍する），式15-4を経て式15-5となる．

$$4Fe + 3O_2 + 12e^- \rightarrow 4Fe^{3+} + 12e^- + 6O^{2-} \qquad （式15\text{-}4）$$

$$4Fe + 3O_2 \rightarrow 4Fe^{3+} + 6O^{2-} (4Fe_2O_3) \qquad （式15\text{-}5）$$

実は，酸化および還元というのは，お互いに電子の受け渡しをすることによって成り立っている反応なのである．そこで，あらためて広い意味での酸化還元について定義すると，「ある物質が電子を失うとき，物質が酸化された」といい，「ある物質が電子を受け取ったとき，物質が還元された」という．電子の授受は必ず同時におこるので，何かが酸化されれば，何かは還元されていなければならないのである．

すると，酸素が関与しない酸化反応があることに気づく．銅イオンCu^{2+}を含む水溶液に金属亜鉛Zn（zinc）を入れると，Znの方がZn^{2+}イオンとなり，Cu^{2+}は金属銅Cu（copper）として析出する．これを半反応式で示すと次のようになる．

$$Zn \rightarrow Zn^{2+} + 2e^- \qquad （式15\text{-}6）$$

$$Cu^{2+} + 2e^- \rightarrow Cu \qquad （式15\text{-}7）$$

これらを合わせると，式15-8を経て式15-9となる．

$$Zn + Cu^{2+} + 2e^- \rightarrow Zn^{2+} + 2e^- + Cu \qquad (式15\text{-}8)$$

$$Zn + Cu^{2+} \rightarrow Zn^{2+} + Cu \qquad (式15\text{-}9)$$

この例でわかるように，もはや酸化還元には酸素の関与の有無は，関係ないのである．

酸化数の概念

電子の受け渡しの関係を明確にするのに，ある原子に注目して，その酸化の状態を示す尺度，酸化数（oxidation number）を用いると便利である．以下のような規則により，原子・分子やイオンにおける各原子の酸化数が決定される．基本的には電子が少なくなれば，酸化数は増えていく，すなわち，より酸化されている状態になる．逆に，電子が増していけば，酸化数が負になり，還元されている状態を示すことになる．酸化数は，価数とも言われる．

① 単体は同じ原子どうしが結合したものなので，酸化も還元もされていないと考えて，それぞれの酸化数をゼロとする．H_2，O_2，C，Mg など，単体中のすべての原子の酸化数がゼロである．

② 1種類の原子からなる単原子イオンの場合は，イオンの電荷を酸化数とする．K^+ は酸化数 +1，Fe^{3+} は酸化数 +3，Cl^- は酸化数 −1，O^{2-} は酸化数 −2 となる．

③ 化合物中の酸素原子の酸化数を，通常 −2 とする．H_2O や CO_2 などのほとんどの酸素原子がこれにあたる．例外は，過酸化水素 H_2O_2 や過酸化物中の酸素原子で，この場合，酸素原子の酸化数は −1 とする．

④ 化合物中の水素原子の酸化数を，通常 +1 とする．H_2O や HCl などのほとんどの水素原子がこれにあたる．例外は，金属水素化物 NaH（sodium hydride），KH（potassium hydride）などや，還元性の水素を含む場合（例 水素化ホウ素ナトリウム $NaBH_4$，sodium borohydride）で，これらの水素原子の酸化数は −1 とする．

⑤ ハロゲンの酸化数は，基本的に −1 とする．ただし，次亜塩素酸 HClO（hypochlorous acid）や臭素酸カリウム $KBrO_3$（potassium bromate）

などのオキソ酸，オキソイオンになると酸化数は正になる．

⑥ 化合物中で，電子を出しやすい金属は，正電荷の形で書かれていなくても，イオンになったときの電荷が酸化数となる．Kの酸化数は+1であり，Mgの酸化数は+2である．

⑦ 中性分子において，それぞれの原子の酸化数の和はゼロである．また，2種類以上の原子からなる多原子イオンにおいて，それぞれの原子の酸化数の和はイオンの電荷と同じになる．イオン性物質の場合，上記の決められた酸化数をもつ原子から，全ての原子の酸化数が類推できる．

⑧ 共有結合からなる物質の場合，電気陰性度の大きさにより，分極している．σ結合において，どちらかの原子に電子がより偏っている現象である．電子が不足しているということは，より正電荷を帯びていることになり，そのような原子の酸化数は高くなる．わかりやすく，電気陰性度のより大きい原子には極端に電子が偏っていると考える．例えば四塩化炭素CCl_4の場合，ハロゲンに電子が極端によって，イオン結合に近い状態になっていると仮定すると，4つのClの酸化数が各々-1ずつなのに対し，Cの酸化数は$+4$ということができる．

以上のことを考慮すると，化合物中の各々の原子の酸化数が決定できる．また，ある原子に注目して，酸化還元反応の前後における酸化数を比較することで，酸化数が増えていれば，それは酸化されたことを意味しており，逆に酸化数が減っていれば，それは還元されたことを意味する．

いくつか例を挙げて見ていこう．水酸化ナトリウムNaOHにおいて，酸素の酸化数は-2，水素は$+1$，そしてナトリウムも$+1$で合計してゼロになるので，これで一致している．亜硝酸HNO_2 (nitrous acid) において，酸素の酸化数は-2（これが2つ含まれる），水素は$+1$となり，合計は-3である．中性分子において酸化数の総計がゼロになるので，残る窒素の酸化数は$+3$ということになる．

次に，式15-10の反応前後の酸化数を比較してみよう．

$$4Fe + 3O_2 \rightarrow 4Fe^{3+} + 6O^{2-} \qquad \text{(式 15-10)}$$

左辺の金属鉄Feの酸化数はゼロ，酸素もゼロ．右辺の鉄(III)イオンの酸

化数は+3，酸化物イオンの酸化数-2．鉄の酸化数は上がっているので，鉄が酸化されていることがわかる．また，酸素の酸化数は下がっているので，酸素は還元されていることが明らかである．

式15-11の反応の前後の酸化数も考えてみる．

$$Ca + 2H_2O \rightarrow Ca(OH)_2 + H_2 \qquad (式15\text{-}11)$$

左辺のカルシウム Ca の酸化数はゼロ，水の水素の酸化数は+1．右辺のカルシウムイオンの酸化数は+2，水素分子の酸化数はゼロ．したがって，カルシウムの酸化数は上がっており，水素の酸化数が下がっている．

有機化合物の酸化還元

無機化合物の酸化数を決めるのは比較的簡単だが，有機化合物になると話は少しややこしくなる．まずは，簡単なエタン C_2H_6 を例に考えてみよう．各々の炭素は等価なので同じ条件にあり，どちらも水素3つと炭素1つと共有結合している（図15.1a）．C-C結合のように同じ原子どうしの結合は，酸化数に影響を与えないので無視する．炭素と水素の電気陰性度は，炭素の方が若干大きいので，それぞれの水素の酸化数は+1，炭素の酸化数は-3になる．それでは，炭素を1個増やしたプロパン C_3H_8 ではどうだろうか（図15.1b）．この場合，端の炭素原子と中央の炭素原子は同じ環境になく，等価でない．したがって，両端の炭素の酸化数は-3で，中央の炭素の酸化数は-2となる．これで，分子全体の酸化数はゼロとなる．

次に，エタンに酸素が1個ついているエタノール C_2H_5OH を考えてみる（図15.2a）．C2はエタンと同じく，水素原子3個と炭素原子1個と結合し

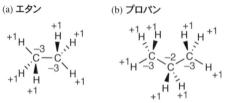

図 15.1 有機化合物の原子の酸化数
数字は各原子の酸化数を示す

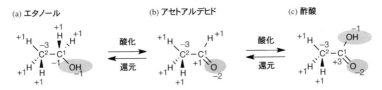

図 15.2 有機化合物の酸化還元の例
数字は各原子の酸化数を示す

ているので，C2 の酸化数は −3 である．一方，C1 は炭素原子 1 個，水素原子 2 個とヒドロキシ基 1 個と結合している．ヒドロキシ基は酸素 1 個と水素 1 個からなるので，基としての合計酸化数は −1 となる．したがって，分子全体がゼロになるには，C1 の酸化数は −1 ということになる．つまり，エタンの炭素に比べてエタノールの C1 炭素は酸化数が高いことを意味している．同じように考えると，アセトアルデヒド CH_3CHO の C1 の酸化数は +1，酢酸 CH_3CO_2H の C1 の酸化数は +3 ということになる．$C_2H_6 < C_2H_5OH <$ $CH_3CHO < CH_3CO_2H$ の順番で，炭素原子の酸化状態が高くなっている．エタノールを酸化するとアセトアルデヒドになり，アセトアルデヒドを酸化すると酢酸になる．これらの有機化学反応は C1 炭素の酸化数を比較することで理解できるのである．逆に，酢酸を還元すればアセトアルデヒドに，アセトアルデヒドを還元すればエタノールになる．

酸性水溶液中で，エタノールを二クロム酸イオン $Cr_2O_7^{2-}$ (dichromate) で酸化するとアセトアルデヒドができるが，これは次のような半反応式でかける．

$$CH_3CH_2OH \rightarrow CH_3CHO + 2H^+ + 2e^- \qquad (式 15\text{-}12)$$

$$Cr_2O_7^{2-} + 14H^+ + 6e^- \rightarrow 2Cr^{3+} + 7H_2O \qquad (式 15\text{-}13)$$

式 15-12 の両辺に 3 をかけたものと式 15-13 を足すと，式 15-14 そして式 15-15 となる．

$$\begin{aligned}&3CH_3CH_2OH + Cr_2O_7^{2-} + 14H^+ + 6e^- \rightarrow 3CH_3CHO \\ &+ 6H^+ + 6e^- + 2Cr^{3+} + 7H_2O \qquad (式 15\text{-}14)\end{aligned}$$

$$3\text{CH}_3\text{CH}_2\text{OH} + \text{Cr}_2\text{O}_7^{2-}(\text{クロム酸化数}+6) + 8\text{H}^+$$
$$\rightarrow 3\text{CH}_3\text{CHO} + 2\text{Cr}^{3+}(\text{クロム酸化数}+3) + 7\text{H}_2\text{O} \quad (\text{式 15-15})$$

つまり，クロムが還元されて，エタノールが酸化されたわけである．二クロム酸ナトリウム $\text{Na}_2\text{Cr}_2\text{O}_7$ (sodium dichromate) や三酸化クロム CrO_3 (chromium trioxide)，過マンガン酸カリウム KMnO_4 (potassium permanganate) などのように，酸化数の大きい金属原子を含む化合物や，ハロゲン分子のように陰イオンをつくりやすい物質は，他の物質を酸化する能力が高く，酸化剤 (oxidant) として機能する．

それでは，始めに例示したエタノールの燃焼反応はどう説明できるだろうか (式 15-1)．エタノールの C2 の酸化数は -3，C1 の酸化数は -1 である (図 15.2a)．一方，右辺の二酸化炭素の炭素の酸化数は $+4$ であり，どちらの炭素に注目しても，明らかに炭素は酸化されたことがわかるであろう．

一方，スズ(II)イオンは有機化合物の還元剤 (reductant) としてよく用いられるが，これは，もともと小さい酸化数の原子が，大きい酸化状態に酸化されるときに生じる反応である (式 15-16)．

$$\text{Sn}^{2+} \rightarrow \text{Sn}^{4+} + 2\text{e}^- \quad (\text{式 15-16})$$

他にも，ナトリウム Na などの陽イオンになりやすいものや，分子内に酸化数 -1 の水素を有する NaBH_4 や水素化アルミニウムリチウム LiAlH_4 (lithium aluminium hydride) などが代表的な還元剤である (図 15.3)．表 15.1 に代表的な酸化剤，還元剤の半反応式を示した．

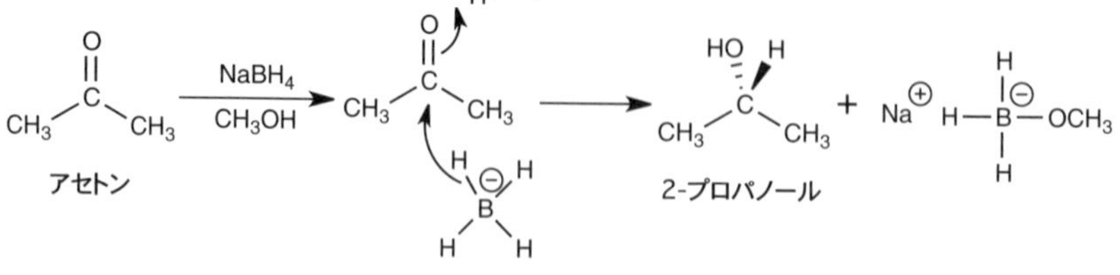

図 15.3 還元剤によるアセトンの還元

表 15.1 代表的な酸化剤・還元剤の半反応式

酸化剤	$K_2Cr_2O_7$	$Cr_2O_7^{2-}+14H^++6e^- \to 2Cr^{3+}+7H_2O$
	$KMnO_4$	$MnO_4^-+8H^++5e^- \to Mn^{2+}+4H_2O$
	Cl_2	$Cl_2+2e^- \to 2Cl^-$
	H_2O_2	$H_2O_2+2H^++2e^- \to 2H_2O$
還元剤	Na	$Na \to Na^++e^-$
	$SnCl_2$	$Sn^{2+} \to Sn^{4+}+2e^-$
	KI	$2I^- \to I_2+2e^-$
	H_2O_2	$H_2O_2 \to O_2+2H^++e^-$

15.2 酸化還元反応と電気エネルギー

酸化還元と化学電池

化学的な酸化還元反応によるエネルギーを，電気エネルギーとして取り出す装置を電池（battery，正確には化学電池 chemical battery）といい，酸化還元反応の1つの応用例である．図15.4のように，導線でつながった2種類の金属を，ある電解質の水溶液に浸すと考える．すると，2種類の金属のうち，電子を出しやすい方の金属 M_1 が酸化され，陽イオン M_1^+ となって水溶液に溶け出す．電子が放出されるこちら側が，負極（マイナス）である．出てきた電子は導線を伝ってもう一方の金属に流れ込み，ここで何らかのプラスのもの M_2^+ が電子を受け取って（つまり還元されて）中性原子あるいは分子 M_2 となる．電子が取り込まれるこちら側が，正極（プラス）である．そうすると，かならず両電極間に電位（electric potential，電気的なエネルギー）の差（電圧）ができる．この差のことを起電力（electromotive force）という．

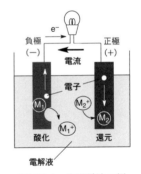

図 15.4 化学電池の例

標準電極電位

「電子の出しやすさ」とは「酸化されやすさ」と同じ意味である．それでは酸化されやすさは，どのように決まるのであろうか．ある物質が酸化され

る場合には，かならず次のような平衡反応が起こっていることになる．

$$\text{酸化状態} + e^- \rightleftarrows \text{還元状態} \qquad (\text{式 15-17})$$

例えば，銅イオン(II)Cu^{2+}だと次式になる．

$$Cu^{2+} + 2e^- \rightleftarrows Cu \qquad (\text{式 15-18})$$

この式を平衡状態にするには，外部からある電位を加えなければならない．温度と圧力が一定で，濃度1Mの物質の酸化還元反応を平衡状態に保

表15.2 代表的な酸化還元反応の標準電極電位

電子授受平衡	E^0 (V vs. SHE)
$Li^+ + e^- \rightleftarrows Li$	-3.045
$K^+ + e^- \rightleftarrows K$	-2.925
$Ca^{2+} + 2e^- \rightleftarrows Ca$	-2.84
$Na^+ + e^- \rightleftarrows Na$	-2.714
$Mg^{2+} + 2e^- \rightleftarrows Mg$	-2.356
$Al^{3+} + 3e^- \rightleftarrows Al$	-1.66
$Zn^{2+} + 2e^- \rightleftarrows Zn$	-0.763
$S + 2e^- \rightleftarrows S^{2-}$	-0.447
$Fe^{2+} + 2e^- \rightleftarrows Fe$	-0.44
$Ni^{2+} + 2e^- \rightleftarrows Ni$	-0.257
$Sn^+ + e^- \rightleftarrows Sn$	-0.138
$Pb^{2+} + 2e^- \rightleftarrows Pb$	-0.126
$2H^+ + 2e^- \rightleftarrows H_2$	0 (基準)
$Sn^{2+} + 2e^- \rightleftarrows Sn^{4+}$	$+0.15$
$CO_3^{2-} + 6H^+ + 4e^- \rightleftarrows HCHO + 2H_2O$	$+0.197$
$Cu^{2+} + 2e^- \rightleftarrows Cu$	$+0.340$
$I_2 + 2e^- \rightleftarrows 2I^-$	$+0.535$
$O_2 + 2H^+ + 2e^- \rightleftarrows H_2O_2$	$+0.695$
$Hg_2^{2+} + 2e^- \rightleftarrows 2Hg$	$+0.796$
$Ag^+ + e^- \rightleftarrows Ag$	$+0.799$
$Br_2 + 2e^- \rightleftarrows 2Br^-$	$+1.065$
$Pt^{2+} + 2e^- \rightleftarrows Pt$	$+1.188$
$MnO_2 + 4H^+ + 2e^- \rightleftarrows Mn^{2+} + 2H_2O$	$+1.23$
$Cl_2 + 2e^- \rightleftarrows 2Cl^-$	$+1.358$
$Cr_2O_7^{2-} + 14H^+ + 6e^- \rightleftarrows 2Cr^{3+} + 7H_2O$	$+1.36$
$MnO_4^- + 8H^+ + 5e^- \rightleftarrows Mn^{2+} + 4H_2O$	$+1.51$
$H_2O_2 + 2H + 2e^- \rightleftarrows 2H_2O$	$+1.763$
$Au^{3+} + 3e^- \rightleftarrows Au$	$+1.83$
$F_2 + 2e^- \rightleftarrows 2F^-$	$+2.87$

つ電位を標準電極電位（standard electrode potential，または標準酸化還元電位）といい，E^0 で表される．しかし，あくまで E^0 は相対的なものなので，何か基準となるものが必要である．その基準となるのが，酸性溶液中で水素を吹き込んだ際に起こる，次のような酸化還元反応である．

$$2H^+ + 2e^- \rightleftarrows H_2 \qquad \text{（式 15-19）}$$

これが水素電極（hydrogen electrode）で，25℃で，$[H^+] = 1$ M，吹き込む水素の圧力を 1 atm とした場合が，標準水素電極（standard hydrogen electrode, SHE）となる．つまり，標準水素電極が基準（$E^0 = 0.000$ V）となり，様々な物質の標準酸化還元電位が決まるのである．代表的な物質の標準電極電位を表 15.2 に示した．

金属のイオンのなりやすさを比較した「イオン化傾向（ionization tendency）」（K＞Ca＞Na＞Mg＞Al＞Zn＞Fe＞Ni＞Sn＞Pb＞H＞Cu＞Hg＞Ag＞Pt＞Au）は，E^0 の順番を示すものであり，E^0 が低いほどイオンになりやすい．つまり，負の数の大きいものほど強い還元剤ということになる．そして，E^0 の正の数が大きいものは，強い酸化剤であることを示している．

ダニエル電池

銅と亜鉛の酸化還元反応についてもう少し詳しく見てみよう．図 15.5 のようにある容器に液が混ざらないようにセロハンなどの半透膜（素焼きの板でも良い）をおく．この膜を隔てて，一方に硫酸亜鉛水溶液，もう一方に硫酸銅水溶液を入れる．それぞれの液に金属亜鉛板，金属銅板を浸して，両者の板を導線で結ぶと電流が流れる．これが，ダニエル（イギリス John Frederic Daniell，1790–1845）が発見したダニエル電池 (Daniell cell) である．ここでは，より E^0 の低い亜鉛が酸化されて Zn^{2+} となって溶液に溶け出し，一方，より E^0 の高い Cu^{2+} が還元されて銅板上に銅が析出していくことになる（式 15-20 および式 15-21）．

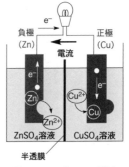

図 15.5 ダニエル電池

$$Zn \rightarrow Zn^{2+} + 2e^- \quad (負極) \qquad (式 15\text{-}20)$$

$$Cu^{2+} + 2e^- \rightarrow Cu \quad (正極) \qquad (式 15\text{-}21)$$

電子は負極から正極に移動しているが，電流は正極から負極に流れるものと定義されており，両者が逆になることに注意しよう．また，ダニエル電池の起電力は，亜鉛と銅の E^0 の差になるので，おおよそ＋1.10 V であると計算できる．

実用化する燃料電池

電解質の水溶液に電極を浸して，外部から電流を流すと，電極上で酸化還元が起こる（図 15.6a）．塩基（アルカリ）性水溶液中の場合，電子は陰極で水と作用して水素が発生する．

$$2H_2O + 2e^- \rightarrow H_2 + 2OH^- \quad (4H_2O + 4e^- \rightarrow 2H_2 + 4OH^-) \qquad (式 15\text{-}22)$$

一方，残った水酸化物イオン OH^- は電解液中で陽極に移動して，電子を失いながら酸素を発生する．

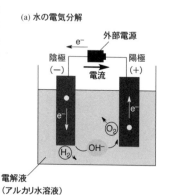

図 15.6　水の電気分解と燃料電池（アルカリ形）の仕組み

15.2 酸化還元反応と電気エネルギー

$$4OH^- \rightarrow 2H_2O + O_2 + 4e^- \quad \text{(式 15-23)}$$

式 15-22 と式 15-23 の式の両辺を足すと，次のシンプルな式になる．

$$2H_2O \rightarrow 2H_2 + O_2 \quad \text{(式 15-24)}$$

つまり，電気エネルギーによって水が水素と酸素に分解するので，これを水の電気分解（electrolysis of water）という．電気分解は吸熱反応なので，水の温度は若干下がっている．式 15-24 に，加えた電気エネルギー分を加えてやると，次のような平衡反応が成立する．

$$2H_2O + 電気エネルギー \rightleftarrows 2H_2 + O_2 \quad \text{(式 15-25)}$$

式 15-25 を右辺から左辺の反応で考えたら，電気分解の逆反応として，水素と酸素から電気エネルギーができるはず……．これを応用したのが，次世代エネルギーとして注目されている燃料電池（fuel cell）である（図 15.6b）．負極では水素と水酸化物イオンが反応して水ができるとともに，電子が放出される．

$$2H_2 + 4OH^- \rightarrow 4H_2O + 4e^- \quad \text{（負極）} \quad \text{(式 15-26)}$$

正極では電子を受け取り，水と酸素が反応して水酸化物イオンができる．

$$2H_2O + O_2 + 4e^- \rightarrow 4OH^- \quad \text{（正極）} \quad \text{(式 15-27)}$$

この過程で，負極から正極に電子が流れており，すなわち電流が流れて電気エネルギーとして取り出すことができるわけである．この反応は発熱反応であり，電気エネルギーとともに，熱エネルギーも発生する．燃料電池を使って発電する際，水を温められるのは，発生した熱エネルギーを利用するからである．図 15.6b に示したものはアルカリ形の燃料電池であるが，プロトン H^+ が電解液を移動する酸性形や，その他様々なタイプの燃料電池が開発されている．地球温暖化の原因と言われる二酸化炭素を一切排出せず，環境に優しい燃料電池は，今や家庭用発電システム，燃料電池車など，次世代とはいえもう既に実用段階に入ってきている．今後普及するかどうかは，製造コストの削減，電気エネルギーへの変換効率の上昇などにかかっており，ますますの発展が待たれている．

ファラデーの法則

　先のコラムに示したように，電解質水溶液中や高温融解塩に電極を入れ，電気エネルギーを外部から与えて酸化還元反応を起こさせることを電気分解（electrolysis）という．塩化銅(II)水溶液の場合，炭素や白金を電極とする．電源の負極につないだ方が陰極であり，電子が供給されることで Cu^{2+} が還元されて銅 Cu が析出する．

$$Cu^{2+} + 2e^- \rightarrow Cu \qquad (式 15\text{-}28)$$

　一方，電源の正極につないだ方が陽極となり，水溶液中の Cl^- が酸化されて電子を放出し，塩素ガス Cl_2 を生じる．

$$2Cl^- \rightarrow Cl_2 + 2e^- \qquad (式 15\text{-}29)$$

　電気分解においてファラデー（イギリス Michael Faraday, 1791-1867）は，「陰極や陽極で変化する物質量は，流した電気量に比例する」という，ファラデーの法則（Fraday's law of electrolysis）を 1833 年に発見した．これにより，電気分解に利用した電気量（C クーロン）から，電気分解で反応した物質，および生成した物質の物質量（mol）が求められる．電子 1 mol の電気量の絶対値をファラデー定数（Faraday constant, 記号 F）といい，電子 1 個が持つ電気量（1.602×10^{-19} C）とアボガドロ定数 N_A（6.022×10^{23} mol^{-1}）の積で求められる（$F = 96490$ C mol^{-1}）．

　例えば塩化銅(II)水溶液で，5.00 A（アンペア）の電流を 600 s（秒）流したとする．まず，流れた電気量は電流と時間の積で表されるので，5.00 (A) × 600 (s) = 3000 (C) と計算される．従って，流れた電子の物質量は，3000 (C) ÷ ファラデー定数 F（C mol^{-1}）= 0.03109（mol）となる．電子 2 mol の移動につき陰極で 1 mol の銅（原子量 63.5）が析出することになるので，銅の析出量は 0.03109（mol）÷ 2 × 63.5（g mol^{-1}）= 0.987 g である．同様に陽極では，電子 2 mol の移動につき 1 mol（標準状態で 22.4 L）の塩素分子が析出することになるので，発生する塩素ガスの体積は 0.03109（mol）÷ 2 × 22.4（L mol^{-1}）= 0.348 L と計算される．

主な参考文献

1. R. B. Heslop, K. Jones, 齋藤喜彦訳：ヘスロップ・ジョーンズ無機化学（上・下），東京化学同人（1977）
2. G. M. Barrow, 藤代亮一訳：バーロー物理化学（上）第4版，東京化学同人（1981）
3. J. D. Lee, 浜口 博，菅野 等訳：リー無機化学，東京化学同人（1982）
4. 藤谷正一，木野邑恭三、石原武司：絵とき 化学反応の見方・考え方，オーム社（1989）
5. M. D. Joesten, J. L. Wood：World of Chemistry 2nd Ed., Sounders College Publishing（1991）
6. A. Streiywieser, C. H. Heathcock, E. M. Kosower, 湯川泰秀監訳：ストライトウィーザー有機化学解説（1・2），廣川書店（1995）
7. 深澤義正，笛吹修治：はじめて学ぶ大学の有機化学，化学同人（1997）
8. 三吉克彦：はじめて学ぶ大学の無機化学，化学同人（1998）
9. W. H. Brown, 池田正澄，奥山格監訳：ブラウン基本有機化学，廣川書店（1999）
10. 大野惇吉：大学生の化学，三共出版（2001）
11. 加藤明良，鍋島達也：有機化学のしくみ，三共出版（2001）
12. 大野惇吉：大学生の有機化学，三共出版（2002）
13. 松本一嗣：生体触媒化学，幸書房（2003）
14. 下井 守，村田 滋：大学生のための基礎シリーズ3 化学入門，東京化学同人（2005）
15. 芝原寛泰，斉藤正治：大学への橋渡し 一般化学，化学同人（2006）
16. 宮本真敏，斉藤正治：大学への橋渡し 有機化学，化学同人（2006）
17. 東嶋和子：ブルーバックス 放射線利用の基礎知識，講談社（2006）

18. 長島弘三, 富田　功：一般化学（三訂版），裳華房（2007）
19. 鵜沼英郎, 尾形健明：理工系基礎レクチャー　無機化学, 化学同人（2007）
20. 北爪智哉, 北爪麻己：イオン液体の不思議, 工業調査会（2007）
21. 大山　隆監修, 西川一八, 清水光弘編：ベーシックマスター　生化学, オーム社（2008）
22. R. Chang, J. Overby, 村田　滋訳：化学　基本の考え方を学ぶ（上・下），東京化学同人（2010）
23. K. P. C. Vollhardt, N. E. Schore, 古賀憲司，野依良治，村橋俊一監訳：第6版ボルハルト・ショアー現代有機化学（上・下），化学同人（2011）
24. 齋藤勝裕：周期表に強くなる！，ソフトバンク　クリエイティブ（2012）
25. J. E. House, 山下正廣，塩谷光彦，石川直人訳：ハウス無機化学（上），東京化学同人（2012）
26. W. H. Brown, C. S. Foote, B. L. Iverson, E. V. Anslyn, 村上正浩監訳：ブラウン有機化学（上・下），東京化学同人（2014）
27. 数研出版編集部編：三訂版視覚でとらえるフォトサイエンス化学図録，数研出版（2017）
28. 日本化学会命名法専門委員会編：化合物命名法　第2版，東京化学同人（2016）
29. L. Öhström, J. Reedijk, *Pure Appl. Chem.*, **88**, 1225 (2016).
30. 国立天文台編：平成30年理科年表，丸善（2017）

索　引

【ア　行】

RS 表記法　153
R 効果　174
I 効果　142
IUPAC　32, 118
アキシアル　167
アキシアル水素　167
アキラル　149
アクチノイド系列　30
アジド基　135
アシル基　138, 198
アセチル基　138
アセトアミド基　196
圧平衡定数　252
アニオン　65, 72, 197
アボガドロ定数　34, 208, 288
アボガドロの法則　24, 35, 204
アミド　138
アミノ基　139
アミノ酸　139
アミン　139
アリール基　133
アリル基　128
アルカリ　259
アルカリ金属　30, 38, 259
アルカリ土類金属　30, 38
アルカン　112, 117
アルキニル基　128
アルキル基　122, 142, 192
アルキルスルファニル基　135
アルキン　117, 128
アルケニル基　128
アルケン　117, 128
アルコール　139
アルコキシ基　135

アルデヒド　138
アルデヒド基　138
α 線　25, 58
α 崩壊　58
α 粒子　25, 58
アレニウスの式　226
アレニウスの定義　256
アレニウスプロット　226
アンチ形　164
安定同位体　26
アンモニウムイオン　77, 95, 257

EZ 表記法　130
E 体　131
イオン　10, 65
イオン液体　72
イオン化エネルギー　67
イオン化傾向　285
イオン化ポテンシャル　67
イオン間相互作用　110
イオン結合　65, 66, 70
イオン結晶　70, 110
イオン性反応　179
イオン性百分率　105
いす形配座　166
異性体　121, 145
位相　51, 78
イソニトリル基　139
位置異性体　145
位置エネルギー　42, 44
一次反応　222
一分子求核置換反応　222
一般 IUPAC 名　119
陰イオン　31, 65

右旋性　150

索　引

運動エネルギー　42, 207

HSAB則　274
エーテル　139
液-液抽出　13, 234
液晶分子　3
液体　11, 199
エクアトリアル　167
エクアトリアル水素　167
SI単位　20
S_N2反応　219
S_N1反応　222
エステル　138
エチル基　122
X線　58
エナンチオマー　150
エナンチオマー過剰率　154
NMR　28, 143
エネルギー準位　39
エネルギー保存の法則　247
エノール形　148
エバポレーター　14, 201
エピマー　156
塩基　183, 255, 256, 261, 264, 272
塩基解離定数　264
塩基性　255, 259
塩基性度　258, 264
炎色反応　38
延性　109
塩析　240
エンタルピー変化　215, 247, 250
エントロピー　249
エントロピー増大の法則　250
エントロピー変化　250

オクタノール/水分配係数　234
オクテット則　55, 64, 82, 109
オルト　147
オルト・パラ配向性　191
オレフィン　117

オングストローム　21

【カ 行】

カーボンナノチューブ　10, 18
Cahn-Ingold-Prelog順位則　153
界面活性剤　242
化学式　7
化学種　84, 108
化学電池　283
化学平衡　222, 246
科学リテラシー　5
「化学」リテラシー　5
化学量論　212
可逆反応　222, 245
角運動量量子数　46
核磁気共鳴分光法　28, 143
核反応　59
核分裂反応　60
化合物　8, 9, 23
重なり形配座　161
加水分解　182, 185, 228
加水分解酵素　228
価数　65
カチオン　65, 72, 76, 175, 197
活性化エネルギー　215, 222
活性化状態　215
価電子　80
価標　75
カラムクロマトグラフィー　15
カルボキシ基　137
カルボニル基　137, 182
カルボン酸　137
カロリー　21
還元　276, 281
還元剤　282
環式化合物　117, 126, 164
緩衝液　269
官能基　128, 134, 141, 174, 266
官能基異性体　145
γ線　59

索　引

γ崩壊　59
慣用名　118
簡略化構造式　87

基　88, 121
幾何異性体　126, 130, 157
希ガス　28, 54, 79
気化熱　199
基質　180, 228
基質特異性　228
希少金属　31
キセロゲル　240
輝線スペクトル　38
気体　11, 23, 35, 199, 202
気体定数　204, 226
気体反応の法則　23
気体分子運動論　207
基底状態　39, 52
起電力　283
軌道　43, 49, 51
希土類元素　31
揮発性　200
ギブズの自由エネルギー変化　250
求核剤　180, 218
求核置換反応　217
求核反応　180, 274
求電子剤　180, 187
求電子置換反応　186
求電子反応　180
吸熱反応　216, 249
共役　173, 257
共役塩基　257
共役系　173
共役酸　257
強塩基　183
凝固　11, 199
凝固点　11, 199
凝固点降下度　237
凝固熱　199
凝縮　11, 199

凝析　240
鏡像異性体　14, 150
協奏反応　179
共鳴　101, 170
共鳴安定化エネルギー　171
共鳴寄与体　171
共鳴効果　174, 189
共鳴構造式　171
共鳴混成体　171
共有結合　65, 73, 103, 116
共有電子対　81, 102
極限構造式　171
極性分子　105, 230
キラル　149
均一混合物　7, 9
金属結合　109
金属元素　30

空間充填模型　90, 162
空軌道　84, 108, 186
クーロンの法則　64
クーロンの法則の定数　40
クーロン力　10, 44, 64, 110
クォーク　25
屈曲矢印　174
グッド緩衝液　269
クラウンエーテル　243
グラフェン　18
グリセロール　184
クロマトグラフィー　15

形式電荷　83
系統名　118
ケクレ構造式　86
結合距離　75
結合性分子軌道　78, 101
結晶水　232
ケト−エノール互変異性　148
ケト形　148
ケトン　138

ゲル　240
ケルビン　203, 254
ケン化　184
原子　6, 9, 22, 24, 37, 52
原子価　75
原子価殻電子対反発理論　102
原子価殻の拡大　85
原子核　25, 39, 48, 58
原子質量　33, 36
原子質量単位　33
原子団　88, 121
原子番号　26, 28
原子量　28, 34, 36
元素　6, 9, 22, 28, 32
元素記号　7, 26
元素の周期表　28
元素分析　143

光学異性体　151
光学活性体　151
光学純度　155
高級脂肪酸塩　184
酵素　228, 242, 269
構造異性体　145
構造式　7
酵素反応　228
ゴーシュ形　164
黒鉛　6
国際純正応用化学連合　32, 118
国際単位系　20
固体　11, 70, 199, 232
互変異性　148
互変異性体　148
孤立電子対　81
コロイド　239
コロイド粒子　239
混合物　6, 9
混成軌道　92, 177, 192
コンピュータ断層撮影　62

【サ 行】

最外殻　67
最外殻電子　31, 55, 67, 80
再結晶　14, 232
酢酸緩衝液　270
鎖式化合物　117
左旋性　151
酸　184, 255, 256, 261, 265, 272
酸化　276, 281
酸解離定数　261
酸化剤　282
酸化数　278, 280
三原子分子　6
三重結合　76, 96, 131
三重点　201
酸触媒　183
酸性　255, 261
酸性度　258, 261, 265
酸性度定数　261
酸ハロゲン化物　138
酸無水物　138

ジアステレオマー　156
シアノ基　139
脂環式化合物　118
式量　34
磁気量子数　47
軸不斉　150
σ 軌道　78
σ 結合　79, 91, 117, 141
σ^* 軌道　78
自己解離　259
指示薬　268
シス形　164
シス体　126, 130, 157
シス-トランス異性体　126, 130, 157
示性式　7, 88
実在気体　209
質量作用の法則　246

索　引　　　　　　　　　　　　**295**

質量数　　26, 33, 59
質量パーセント濃度　　230
質量分析法　　36, 144
質量保存の法則　　22
質量モル濃度　　231
自発的反応　　219
脂肪酸エステル　　184
脂肪族化合物　　117
試薬　　11, 180, 211
シャルルの法則　　203
周期　　30
周期表　　29, 67
周期律　　28
自由電子　　109
収率　　212
主基　　134
縮重　　47
縮退　　47
主鎖　　123, 133
主量子数　　44
純物質　　6, 9, 199
準閉殻構造　　55, 64
昇位　　92
昇華　　11, 16
昇華圧曲線　　200
蒸気圧　　200, 235
蒸気圧曲線　　200, 236
蒸気圧降下　　235
蒸気圧降下度　　236
状態図　　200
状態方程式　　207
蒸発　　11, 199, 235
蒸発熱　　199
蒸留　　13, 201
触媒　　184, 224, 228, 273
親水コロイド　　240
浸透　　238
浸透圧　　238
振動数　　40
人名反応　　197

Z体　　131
水化物　　232
水酸化物イオン　　256
水酸基　　139
水素イオン　　65, 255
水素イオン活量　　260
水素イオン指数　　260
水素イオン濃度　　260
水素化物イオン　　65
水素結合　　111, 230
水素電極　　285
水溶液　　13, 230, 255
水和　　112, 230
水和物　　99, 232
鈴木・宮浦クロスカップリング　　198
スピン量子数　　48
スルホ基　　138

精製　　12, 232, 241
生成物　　182, 211, 222, 251
生体触媒化学　　229
静電気力　　64, 110
生理活性　　158
赤外分光法　　75, 144
節　　51
絶対温度　　203, 226, 239, 254
絶対配置　　150
セルシウス温度　　203
セロハン　　238
全圧　　205
遷移元素　　31, 55
遷移状態　　178, 215, 222
全エネルギー　　42, 214
旋光　　150
旋光度　　151
旋光度計　　150
選択性　　222
選択的反応　　223

相間移動触媒　　244

296　索引

双極子　105
双極子相互作用　110
双極子モーメント　107
相対配置　156
族　30
束一的性質　235
側鎖　123
速度定数　217, 226, 246
速度論支配　223
疎水コロイド　240
疎水性相互作用　113
組成式　7, 34
素反応　221
素粒子　25
ゾル　240

【タ　行】

第一級炭素　121
体系的命名法　118
第三級炭素　122
第二級炭素　122
ダイヤモンド　6
第四級炭素　122
多原子イオン　65
多重結合　76, 128, 173
ダニエル電池　285
ダルトン　33
炭化水素　117
単結合　76
単原子イオン　65
単原子分子　6, 64, 79
炭素還式化合物　118
単体　8, 9, 278
単離　12

チオール　139
置換基　88, 121, 141, 147, 174
置換反応　186
置換命名法　134
中間体　219

抽出　13, 202, 234
中性　83, 260, 268
中性子　25, 58
中性子線　59
中和滴定　268
中和点　268
中和反応　268
超共役　193, 197
超分子化学　244
超臨界流体　202
直鎖化合物　117
チンダル現象　241

対イオン　183
通称名　118

TLC　16
DL 表記法　152
dl 表記法　151
定比例の法則　22
滴定曲線　268
δ 結合　99
電位　283
電解質　65, 71
電気陰性　69
電気陰性度　103, 142, 190, 266
電気素量　40, 44
電気分解　288
電気陽性　67
電気力　10
典型元素　33, 56
電子　25, 42, 51, 276
電子雲　25, 43, 170
電子殻　39, 44
電子求引性　174, 189
電子求引性基　141, 175, 190
電子供与性　174, 190
電子供与性基　141, 175
電子式　80
電子親和力　69

索 引　　　　297

電子遷移　40
電子対　75, 80, 180, 272
電子天秤　17
電子の押し　185
電子の引っ張り　185
電子配置　30, 52
電磁放射線　59
展性　109
電池　283
天然存在比　27
電離　65, 255
電離定数　258
電離度　263

同位体　26, 33, 36
同位体効果　28
透析　241
同素体　8, 9, 18
動力学支配　223
特性基　134
トランス形　164
トランス体　126, 130, 157
ドルトンの原子説　22
ドルトンの分圧の法則　205

【ナ 行】

内殻電子　80
内部エネルギー　247
内部エネルギー変化　247

二原子分子　6, 79
二次反応　219
二重結合　76, 96, 129, 157
ニトリル基　139
ニトロ基　135, 196
二分子求核置換反応　219
ニューマン投影式　160

ねじれ角　162
ねじれ形配座　160

熱時濾過　14
熱力学支配　224
熱力学第一法則　247
熱力学第三法則　250
熱力学第二法則　250
燃焼反応　276
年代測定　60
燃料電池　287

濃度　216, 230, 261

【ハ 行】

パープルベンゼン　243
配位結合　108
配位数　71
π 軌道　101
π 結合　96, 117, 128, 157, 174, 190
配座異性体　160
倍数比例の法則　23
π* 軌道　101
π 電子　96, 109, 170, 185
π 電子の非局在化　170
パウリの排他原理　50
薄層クロマトグラフィー　16
8 電子則　55
波長　40
パッシェン系列　40
発熱反応　215, 249
波動方程式　43
ハミルトニアン　42
パラ　147
バルマー系列　40
ハロゲン　13, 30, 116, 135
半いす形配座　167
半金属元素　31
反結合性分子軌道　78, 101
半減期　59
反電子ニュートリノ　59
半透膜　238
反応機構　182, 217

反応固有の定数　226
反応座標　214
反応次数　219
反応速度　213, 226, 245
反応速度式　217, 226
反応熱　247
半反応式　277
ハンフリーズ系列　40
半閉殻構造　56
反芳香族　178

ビアリール化合物　198
pH　260
pK_a　261
PTLC　16
非共有電子対　81, 102, 179, 273
非局在化エネルギー　171
非金属元素　30
比旋光度　151, 155
ひだ付き濾紙　12
ヒドロキシ基　139
ヒドロニウムイオン　77, 108, 256
ビニル基　128
非芳香族性　179
ヒュッケル則　177
ビュレット　17, 19
標準酸化還元電位　285
標準自由エネルギー変化　251
標準状態　204
標準水素電極　285
標準生成自由エネルギー変化　251
標準電極電位　285
頻度因子　226

ファーレンハイト温度　204
ファラデー定数　288
ファラデーの法則　288
ファンデルワールスの状態方程式　210
ファンデルワールス力　113, 210

ファントホッフの式　239
VSEPR 理論　102
フィッシャー投影式　152
封筒形配座　166
フェニル基　133
不可逆反応　222
不活性ガス　28
不均一混合物　7, 9
複素環式化合物　118, 126
複素芳香族化合物　117
副量子数　46
プサイ　43
不斉合成　158
不斉炭素原子　149
不斉中心　149
ブチル基　122
不対電子　80
物質　5, 9
物質の三態　10, 199
物質量　34, 212, 231
push-pull　185
沸点　11, 13, 112, 200
沸点上昇　236
沸点上昇度　236
沸騰　11, 200
物理平衡　222
舟形配座　166
ブフナー漏斗　13
部分電荷　103, 179, 218
不飽和化合物　117
不飽和結合　98, 128, 134
不飽和度　145
フラーレン　10
ブラウン運動　241
ブラケット系列　40
＋－表記法　151
プランク定数　39
フリーデル・クラフツ反応　197
フリーラジカル　85

索　引

ブレンステッド・ローリーの定義　256
プロトン　65, 108, 184, 255, 256, 261, 272
プロピル基　122
分圧　205, 252
分液漏斗　13
分岐アルカン　121
分岐化合物　117
分極　105, 173
分散質　239
分散媒　239
分子　6, 24, 35, 87, 91, 199, 207
分子間力　10, 110, 209
分子軌道　78
分子式　7, 34, 145
分子質量　36, 144
分子内結合　77
分子量　34, 36, 205
プント系列　40
フントの規則　52
分配係数　233
分離　12, 15

閉殻構造　54, 64, 79
平衡定数　245, 261, 271
平衡反応　172, 222, 245, 261, 284
平面偏光　150
β崩壊　59
β粒子　59
ヘスの法則　248
ヘテロ原子　133
ペリ環状反応　179
ベンゼン　169
ベンゼン環　117, 147, 185
ヘンダーソン-ハッセルバルヒ式　270
ヘンリーの法則　234

ボイル・シャルルの法則　1, 204

ボイルの法則　203
方位量子数　46
芳香環　117, 132
芳香族化合物　117, 132, 147, 177
芳香族性　177
芳香族炭化水素　117
放射性核種　58
放射性元素　58
放射性同位元素　58
放射性同位体　26, 58
放射性崩壊　58
放射線　58
飽和化合物　117
飽和結合　98
飽和蒸気圧　200
飽和炭化水素　112
飽和溶液　232
ボーアの原子モデル　41
ボーアの水素原子モデル　39
ボーア半径　41, 48
保護コロイド　240
ポジトロン断層法　62
補色　41
ポテンシャルエネルギー　162, 214, 222
ポテンシャルエネルギー図　162, 215, 222
ボルツマン定数　227
ボルツマン分布　227, 251
ボルツマン分布曲線　227
ホルミル基　138

【マ　行】

巻矢印　174
マノメーター　13

水のイオン積　259
水の電気分解　287
ミセル　242
密度　13, 111

光延反応　198
mmHg　21

無機　115
無機化合物　115
無極性分子　106

メスシリンダー　17
メスピペット　17
メスフラスコ　17, 231
メソ体　157
メタ　147
メタ配向性　190
メタン　91
メチル基　88, 192
メニスカス　19

モーラー　231
モル　34
モル凝固点降下　237
モル体積　35
モル濃度　214, 231, 238, 252
モル沸点上昇　237
モル分率　205, 236

【ヤ 行】

融解　11, 199
融解曲線　201, 237
融解熱　199
有機　115
有機化合物　115
誘起効果　142, 174, 189, 197, 266
有効数字　19
優先IUPAC名　119
融点　11, 199
誘電率　40
誘導体　137
遊離基　85
油脂　184

陽イオン　30, 65, 109
溶液　7, 199, 230
溶解度　14, 232
溶解度曲線　232
溶解度積　271
溶解平衡　232, 271
陽子　25, 58
溶質　7, 230
陽電子　62
溶媒　7, 230
溶媒和　112

【ラ 行】

ライマン系列　40
ラウールの法則　236
ラザフォード散乱　25
ラジカル種　85, 179
ラジカル反応　179
ラセミ化　159
ラセミ体　159, 220
ラマン分光法　75
ランタノイド系列　30

理想気体　35, 204, 209
理想気体の状態方程式　204
律速段階　221, 246
立体異性体　145, 148, 155, 160
立体化学　148
立体構造式　89
立体障害　161
立体配座　148, 160
立体配置　148
リパーゼ　228, 242
粒子線　58
量子　39
量子数　44
両頭矢印　171
理論収量　212
臨界点　202
リン酸緩衝液　269

ルイス塩基　272
ルイス構造式　80, 102
ルイス酸　272
ルイスの定義　272
ルシャトリエの原理　252

レアアース　31
レアメタル　31
励起状態　40, 92

連鎖異性体　145
連続スペクトル　37

ローブ　92
濾過　12
ロンドン分散力　113

【ワ 行】

ワルデン反転　219

人名索引

【ア 行】

アインシュタイン　42
アボガドロ　23
アリストテレス　1
アレニウス　227, 255

飯島澄男　18
インゴルド　153

ヴィラール　59
ヴェーラー　115

大澤映二　18
オガネシアン　32

【カ 行】

カーン　153
カール　18
ガイガー　25
ガイム　18

ギブズ　250
キュリー（M. S.）　58
キュリー（P.）　58
ギレスピー　102

クーロン　64
クラウジウス　250, 254
クラフツ　198
クラム　244
グルベル　245
クロトー　18

ゲイリュサック　23, 203
ケクレ　86, 169

ケルビン　254

【サ 行】

シャープレス　158
シャルル　203
シュレーディンガー　42

鈴木章　198
スモーリー　18

【タ 行】

ダニエル　285

ティンダル　241

ド・ブロイ　42
トムソン（J. J.）　25
トムソン（W. T.）　254
ドルトン　22

【ナ 行】

ナイホルム　102

ニューマン　160

根岸英一　198

野依良治　158
ノールズ　158
ノーベル　196
ノボセロフ　18

【ハ 行】

ハイゼンベルク　42
パウリ　48

ハミルトン　43

ピアソン　274
ヒュッケル　177

ファラデー　288
ファンデルワールス　113, 210
ファントホッフ　238
フィッシャー　152
フラー　18
プランク　39
フリーデル　198
プルースト　22
プレローグ　153
ブレンステッド　256
フント　52

ベクレル　58
ヘス　248
ペダーセン　243
ヘック　198
ヘンリー　234

ボイル　1, 22, 203
ボーア　39
ポーリング　103
ボルツマン　227

【マ　行】

マイヤー　28
マルスデン　25

光延旺洋　198
ミリカン　25

メンデレーエフ　28

【ラ　行】

ラウール　236
ラザフォード　25, 59
ラボアジエ　22

ルイス　80, 272
ルシャトリエ　252

レーン　244
レントゲン　58

ローリー　256
ロンドン　113

【ワ　行】

ワーゲ　245
ワルデン　219

著者略歴

松本 一嗣（まつもと　かずつぐ）

1991年	慶應義塾大学大学院理工学研究科化学専攻後期博士課程（太田博道研究室）修了
1991年	理化学研究所　基礎科学特別研究員
1993年	福井大学工学部生物化学工学科（現　物質・生命化学科）助手
1995～2000年	福井工業高等専門学校　非常勤講師
1998～99年	カナダ・トロント大学化学科（Prof. J. Bryan Jones 研究室）文部省（現文部科学省）在外研究員
2000年	明星大学理工学部化学科　専任講師
2004年	明星大学理工学部化学科　助教授（後に准教授）
2008年	早稲田大学先進理工学部　非常勤講師（継続中）
2011年	明星大学理工学部総合理工学科生命科学・化学系　教授，現在に至る．

理学博士
専門分野：有機合成化学，生体触媒化学

改訂　大学生のための　化学の教科書

2014年4月10日　初版第1刷発行
2019年3月1日　改訂初版第1刷発行
2021年8月1日　改訂初版第2刷発行

著　者　松本一嗣
発行者　夏野雅博
発行所　株式会社　幸書房

〒101-0051　東京都千代田区神田神保町2-7
TEL 03-3512-0165　FAX 03-3512-0166
URL http://www.saiwaishobo.co.jp/

組　版：デジプロ
印　刷：平文社
装　幀：(株)クリエイティブ・コンセプト：松田晴夫
コラム・イラスト：安倍蓉子

Printed in Japan. Copyright Kazutsugu Matsumoto , 2019.
・無断転載を禁じます．
・ JCOPY 〈(社)出版社著作権管理機構　委託出版物〉
本書の無断複写は著作権法上での例外を除き禁じられています．
複写される場合は，そのつど事前に，(社)出版社著作権管理機構
（電話 03-5244-5088，FAX 03-5244-5089，e-mail : info@jcopy.or.jp）
の許諾を得てください．

ISBN978-4-7821-0435-4　C3043